高等院校理工类公共基础课"十三五"规划教材

UNIVERSITY PHYSICS

大学物理学

（上册）

主　编　魏健宁　徐高平

副主编　杨锋涛　孙光厚　张　逸　胡　华

参　编　吴俊青　周雪云　沈　红　余傲秋　周利玲

　　　　罗江龙　程　融　刘坚强　张伶伶　邹俊生

华中科技大学出版社

http://www.hustp.com

中国·武汉

内 容 简 介

　　本套书是根据教育部的非物理专业物理课程教学基本要求,借鉴国内外优秀大学物理教材,结合多年教学改革与实践经验,由多名富有教学经验的一线教师编写而成的。

　　本套书分为上、下两册。本书为上册,分力学和电磁学两篇,共十章,内容包括质点运动学、牛顿定律、动量和动量守恒定律、功和能、角动量和角动量守恒定律、刚体的转动、真空中的静电场、静电场中的导体和电介质、恒定磁场、电磁感应和电磁场。

　　本书可作为普通高校非物理专业本科生学习大学物理的教材,也可作为物理学爱好者阅读的参考资料。

图书在版编目(CIP)数据

　　大学物理学.上册/魏健宁,徐高平主编.—武汉:华中科技大学出版社,2018.2(2022.12重印)
　　高等院校理工类公共基础课"十三五"规划教材
　　ISBN 978-7-5680-3707-5

　　Ⅰ.①大…　Ⅱ.①魏…　②徐…　Ⅲ.①物理学-高等学校-教材　Ⅳ.①O4

中国版本图书馆 CIP 数据核字(2018)第 020684 号

大学物理学（上册）
Daxue Wulixue

魏健宁　　徐高平　主编

策划编辑:江　畅
责任编辑:段亚萍
封面设计:孢　子
责任监印:朱　玢
出版发行:华中科技大学出版社(中国·武汉)　　电话:(027)81321913
　　　　　武汉市东湖新技术开发区华工科技园　　邮编:430223
录　　排:武汉正风天下文化发展有限公司
印　　刷:武汉市籍缘印刷厂
开　　本:787mm×1092mm　1/16
印　　张:15.5
字　　数:403千字
版　　次:2022年12月第1版第7次印刷
定　　价:39.00元

前　言

　　物理学是研究物质的基本结构、基本运动形式和相互作用的自然科学。它的基本理论渗透到自然科学的各个领域,应用于生产技术的许多部门,是其他自然科学和工程技术的基础。

　　以物理学基础为内容的大学物理课程,是高等学校理、工、农、医学类各专业学生的一门重要的通识性必修基础课。该课程所教授的基本概念、基本理论和基本方法是构成学生科学素养的重要组成部分,是科学工作者和工程技术人员所必须具备的知识。

　　本书是依据编者多年的教学实践,根据教育部颁布的《非物理类理工学科大学物理课程教学基本要求》,借鉴国内外优秀大学物理教材编写而成的。在编写过程中,力求内容全面地涵盖大学生应掌握和了解的大学物理学知识,保证基本要求中 A 类知识点的宽度和深度,B 类知识点弱化处理,表述做到简明扼要,突出物理思想、物理图像,行文思路清晰,降低数学要求(避免复杂数学推导和运算)。根据目前高校课程改革和压缩课时的形势,编写中尽量将可写可不写的内容去掉,压缩整套书的篇幅,以达到内容精简的目的。

　　全套书分上、下册出版,上册包括第 1 篇力学,第 2 篇电磁学;下册包括第 3 篇热学,第 4篇机械振动和机械波,第 5 篇波动光学,第 6 篇近代物理学。书中除每章之后的阅读材料供学生选读外,凡冠有 * 的章节可供教师根据课时数和专业的需要选讲。

　　本书由魏健宁、徐高平任主编,杨锋涛、孙光厚、张逸和胡华任副主编。此外,参加本书编写的人员还有吴俊青、周雪云、沈红、余傲秋、周利玲、罗江龙、程融、刘坚强、张伶伶和邹俊生。

　　本书在编写的过程中,得到了编者单位领导们的大力支持。同时,编者们还参阅和引用了国内外许多同类教材的有关资料,受益匪浅,在此一并表示诚挚的谢意。

　　由于编者们识浅才庸,力不从心,加上编写时间较仓促,书中难免存在错漏和不当之处,衷心希望广大读者提出宝贵意见。

编　者

2017 年 10 月

目　　录

第1篇　力　　学

第2篇　电　磁　学

第1篇

力 学

自然界的一切物质都处于永恒的运动之中。物质的运动形式是多重的,其中,最普遍而又最基本的一种运动形式是一个物体相对于另一个物体(或一个物体的某一部分相对于另一部分)的空间位置的改变,这种运动形式称为机械运动(mechanical motion)。力学就是研究物体机械运动和相互作用的学科。由于机械运动的普遍性和基本性,物理学对物质、能量和相互作用的研究就是从力学开始的,所以,力学是整个物理学的基础。

　　力学是古老的学科之一,它的发展过程是人类对机械运动的认识过程。力学知识最早源于人们对自然现象的观察和生产劳动中的经验。在西方,古希腊伟大的科学家之一亚里士多德(公元前384年—前322年),17岁时就跟大哲学家柏拉图学习,当过教师,对物理和数学等多个学科进行过深入研究。可以说,他是古希腊各种知识集大成者。继亚里士多德之后,在物理学方面取得突出成就的要数阿基米德。阿基米德(Archimedes,公元前287年—前212年)对杠杆平衡、物体重心位置、物体在水中受到的浮力等做了系统研究,确定了它们的基本规律,初步奠定了静力学即平衡理论的基础。而早在我国春秋战国时期,以《墨经》为代表作的墨家,总结了大量力学知识,如时间与空间的联系、运动的相对性、力的概念、杠杆平衡、斜面的应用,以及滚动和惯性等现象的描述,涉及力学的许多方面。

　　16世纪以后,由于航海、战争和工业生产的需要,在欧洲,力学的研究得到了快速的发展。近代物理学的奠基人伽利略,在黑暗宗教的压迫下,坚持在实验研究和理论分析的基础上对力学开展广泛研究,得出了落体定律,阐明了自由落体运动的规律,提出加速度的概念。牛顿继承和发展前人的研究成果(特别是开普勒的行星运动三定律),提出牛顿三大定律,从而奠定了经典力学的基础。牛顿定律的建立也标志着力学开始成为一门独立学科。

　　到18世纪,经典力学已经相当成熟,成了自然科学中的主导和领先学科。但20世纪初,人们发现经典力学在解决宏观高速运动和微观低速运动问题领域有一定局限性,之后,分别建立了相对论和量子力学。

　　虽然经典力学有一定局限性,但在日常生活中,它是许多工程技术的理论基础,并在广泛的应用过程中得到不断发展。经典力学是物理学和自然科学的基础,学好力学对其他学科的学习是至关重要的。

　　本篇将重点介绍质点运动学、牛顿定律、动量和动量守恒定律、功和能、角动量和角动量守恒定律、刚体的转动等知识。

第1章 质点运动学

质点运动学研究作为理想化模型的质点做机械运动时运动状态随时间的变化关系。本章主要内容包括参考系和坐标系、质点、位置矢量、位移、速度、加速度等描述质点运动的物理量,要求理解并掌握它们之间的相互关系,用高等数学工具求解机械运动中质点的位置、速度和加速度。掌握自然坐标系下曲线运动中物理量的表述形式,了解圆周运动的角量表征,掌握圆周运动的线量与角量之间的关系。了解相对运动。

1.1 质点运动的描述

1.1.1 参考系和坐标系

1. 参考系

自然界中所有的物体都在不停地运动,绝对静止不动的物体是不存在的。在观察一个物体的位置及位置变化时,总要选定其他物体作为参考物体,然后把这个研究对象与这个参考物体进行比较,从而确定这个研究对象的运动形式。选择不同物体作为参考物体,对研究对象的运动描述也就不同。被选作参考的物体称为参考物,通常也称为参考系(reference system)。

2. 坐标系

定量地研究物体的运动,必须选择一个与参考系相对静止的坐标系(coordinate system),如图1-1所示。坐标系是参考系的数学表示。有了坐标系就可以定量研究物体的运动规律。常见的坐标系有直角坐标系(笛卡儿坐标系)、自然坐标系、极坐标系、球坐标系、柱坐标系等,在研究物体的运动规律时,要根据具体问题处理方便与否选择相应的坐标系。

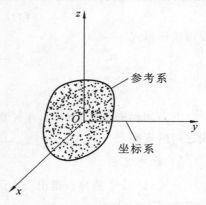

图 1-1 参考系与坐标系

1.1.2 质点

任何物体都有一定的大小、形状,要描述物体的运动,需要考虑到物体各个部分的运动形式,十分复杂。但在物理学中,为了研究问题方便,如果物体的大小和形状在研究的问题中不起作用或作用不明显,常常忽略物体的大小和形状,而把它看作一个具有质量、占据空间位置的几何点,把这样的物体称为质点(mass point)。

说明:(1)质点是一种理想模型,而不真实存在。(物理学中有很多理想模型)

(2)质点突出了物体的两个基本性质:具有质量,占有位置。

(3)物体能否被视为质点是有条件的、相对的。例如,在研究地球公转时,可将其看作质点;而在研究自转时,不能将其看作质点。

1.1.3　表征质点运动的物理量

1. 位置矢量

1) 位置矢量

定义:由坐标原点到某时刻质点所在位置的矢量称为质点在该时刻的位置矢量(position vector,简称径矢),用 $\vec{r}$ 来表示,大小为 $|\vec{r}|$,方向为 OP 。如图 1-2 所示,在直角坐标系中,某时刻质点所在的位置坐标为 (x,y,z) ,径矢 $\vec{r}$ 可以表示为

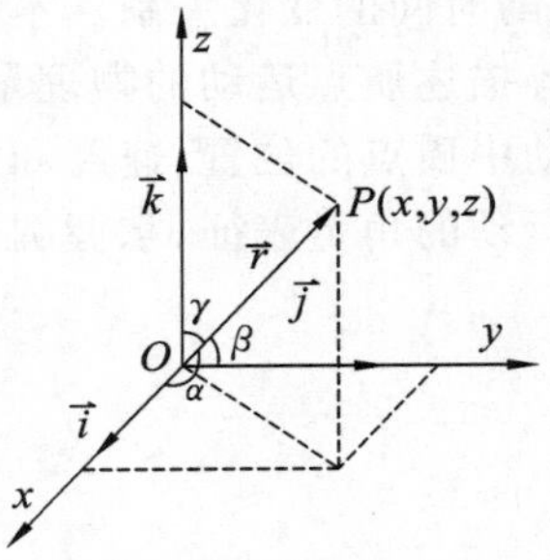

$$\vec{r} = x\vec{i} + y\vec{j} + z\vec{k} \tag{1-1}$$

其中 $\vec{i}, \vec{j}, \vec{k}$ 分别表示 x, y, z 方向的单位矢量。

位置矢量大小

$$r = |\vec{r}| = \sqrt{x^2 + y^2 + z^2} \tag{1-2}$$

方向由方向余弦表示

$$\cos\alpha = \frac{x}{r}, \quad \cos\beta = \frac{y}{r}, \quad \cos\gamma = \frac{z}{r} \tag{1-3}$$

图 1-2　位置矢量

2) 运动方程

当质点运动时,其位置矢量随时间变化。位置与时间的函数关系,称为运动方程(kinematical equation)。当径矢 $\vec{r}$ 随时间变化时,由式(1-1)可以得到运动方程的矢量式为

$$\vec{r}(t) = x(t)\vec{i} + y(t)\vec{j} + z(t)\vec{k} \tag{1-4}$$

或写成标量式

$$\begin{cases} x = x(t) \\ y = y(t) \\ z = z(t) \end{cases} \tag{1-5}$$

上面两种形式是等价的,在计算时要根据具体问题采用不同的形式,同时还要注意两种形式之间的变换。

3) 轨迹方程

从式(1-5)中消掉 t ,得出质点运动时其空间位置坐标 x, y, z 之间的关系式,即质点运动的轨迹方程。

2. 位移

如图 1-3 所示,设 t 和 $t+\Delta t$ 时刻质点在 P_1, P_2 的位置矢量分别为 $\vec{r}_1, \vec{r}_2$,则 Δt 时间间隔内位置矢量的变化为

$$\Delta\vec{r} = \vec{r}_2 - \vec{r}_1 \tag{1-6}$$

称 $\Delta\vec{r}$ 为 t 到 $t+\Delta t$ 时间间隔内质点的位移(displacement)。

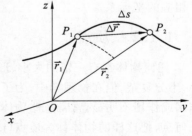

图 1-3　位移

在直角坐标系下,P_1 和 P_2 的坐标分别为 (x_1, y_1, z_1) 和 (x_2, y_2, z_2) ,则位移可以表示为

$$\Delta\vec{r} = \vec{r}_2 - \vec{r}_1 = (x_2 - x_1)\vec{i} + (y_2 - y_1)\vec{j} + (z_2 - z_1)\vec{k} \tag{1-7}$$

大小为

$$|\Delta\vec{r}| = \sqrt{(x_2 - x_1)^2 + (y_2 - y_1)^2 + (z_2 - z_1)^2}$$

说明：(1) 比较 $\Delta\vec{r}$ 与 $\vec{r}$：二者均为矢量；前者是过程量，后者为瞬时量。

(2) 比较 $\Delta\vec{r}$ 与路程 $\Delta s(\overset{\frown}{P_1 P_2})$：二者均为过程量；前者是矢量，后者是标量。一般情况下，$|\Delta\vec{r}| \neq \Delta s$，当 $\Delta t \to 0$ 或质点做单向直线运动时，$|\Delta\vec{r}| = \Delta s$。

3. 速度

为了能更准确地反映质点的运动状态，引进速度描述质点运动的快慢及方向。在研究速度时，通常考虑下面两种情况。

1）平均速度

如图 1-4 所示，将质点在 $t \to t + \Delta t$ 时间间隔内的位移 $\Delta\vec{r}$ 与时间间隔 Δt 的比值称为在这段时间间隔内质点的平均速度（average speed），表示为

$$\bar{v} = \frac{\Delta\vec{r}}{\Delta t}$$

说明：平均速度只是对质点在时间 Δt 内位移随时间变化情况的粗略描述，不能反映质点在某一时刻运动快慢程度与方向的细微变化。

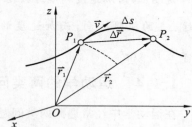

图 1-4　速度

2）瞬时速度

为了反映质点在某一时刻运动的快慢程度，引入瞬时速度（instantaneous velocity，简称速度），当 $\Delta t \to 0$ 时，平均速度的极限值称为瞬时速度，表示为

$$\vec{v} = \lim_{\Delta t \to 0} \bar{v} = \lim_{\Delta t \to 0} \frac{\Delta\vec{r}}{\Delta t} = \frac{d\vec{r}}{dt} \tag{1-8}$$

在直角坐标系中

$$\vec{v} = \frac{d\vec{r}}{dt} = \frac{dx}{dt}\vec{i} + \frac{dy}{dt}\vec{j} + \frac{dz}{dt}\vec{k} = v_x\vec{i} + v_y\vec{j} + v_z\vec{k} \tag{1-9}$$

$\vec{v}$ 的大小

$$|\vec{v}| = \left|\frac{d\vec{r}}{dt}\right| = \sqrt{\left(\frac{dx}{dt}\right)^2 + \left(\frac{dy}{dt}\right)^2 + \left(\frac{dz}{dt}\right)^2} = \sqrt{v_x^2 + v_y^2 + v_z^2}$$

方向也由其方向余弦表示。

在国际单位制中，速度的单位为米 / 秒（m/s）。

4. 加速度

质点沿某一轨迹运动时，其速度会随时间发生变化，为了描述质点速度的变化，引进加速度的概念。

1）平均加速度

质点在 $t \to t + \Delta t$ 时间间隔内的速度增量 $\Delta\vec{v}$ 与时间间隔 Δt 的比值称为 $t \to t + \Delta t$ 时间间隔内质点的平均加速度（average acceleration），表示为

$$\bar{a} = \frac{\Delta\vec{v}}{\Delta t} = \frac{\vec{v}_2 - \vec{v}_1}{\Delta t} \tag{1-10}$$

2）瞬时加速度

为了反映质点在某一时刻运动速度的变化，引入瞬时加速度（instantaneous acceleration，

简称加速度）。当 $\Delta t \to 0$ 时，平均加速度的极限值称为瞬时加速度，表示为

$$\vec{a} = \lim_{\Delta t \to 0} \overline{\vec{a}} = \lim_{\Delta t \to 0} \frac{\Delta \vec{v}}{\Delta t} = \frac{\mathrm{d}\vec{v}}{\mathrm{d}t} = \frac{\mathrm{d}^2 \vec{r}}{\mathrm{d}t^2} \tag{1-11}$$

在直角坐标系中

$$\vec{a} = \frac{\mathrm{d}\vec{v}}{\mathrm{d}t} = \frac{\mathrm{d}v_x}{\mathrm{d}t}\vec{i} + \frac{\mathrm{d}v_y}{\mathrm{d}t}\vec{j} + \frac{\mathrm{d}v_z}{\mathrm{d}t}\vec{k} = \frac{\mathrm{d}^2 x}{\mathrm{d}t^2}\vec{i} + \frac{\mathrm{d}^2 y}{\mathrm{d}t^2}\vec{j} + \frac{\mathrm{d}^2 z}{\mathrm{d}t^2}\vec{k} = a_x\vec{i} + a_y\vec{j} + a_z\vec{k}$$

$\vec{a}$ 的大小

$$|\vec{a}| = \sqrt{a_x^2 + a_y^2 + a_z^2} = \sqrt{\left(\frac{\mathrm{d}v_x}{\mathrm{d}t}\right)^2 + \left(\frac{\mathrm{d}v_y}{\mathrm{d}t}\right)^2 + \left(\frac{\mathrm{d}v_z}{\mathrm{d}t}\right)^2} = \sqrt{\left(\frac{\mathrm{d}^2 x}{\mathrm{d}t^2}\right)^2 + \left(\frac{\mathrm{d}^2 y}{\mathrm{d}t^2}\right)^2 + \left(\frac{\mathrm{d}^2 z}{\mathrm{d}t^2}\right)^2}$$

方向也由其方向余弦表示。

说明：瞬时加速度精确地描述了质点在某一时刻速度随时间的变化情况，$\vec{a}$ 的方向是 $\Delta t \to 0$ 时 $\Delta \vec{v}$ 的极限方向，而加速度的数值是 $\left|\dfrac{\Delta \vec{v}}{\Delta t}\right|$ 的极限值。在国际单位制中，加速度的单位是米／秒²（m/s²）。

1.1.4　运动学的两类问题

在运动学中经常遇到两类问题，一类是已知运动方程求解速度和加速度，另一类是已知速度或加速度及初始条件求解运动方程。

运动学中的两类问题的解决，分别采用了高等数学中的微分和积分。

1. 第一类问题 —— 已知运动方程求解速度和加速度

当径矢 $\vec{r}$ 随时间变化时，由式（1-8）得

$$\vec{v}(t) = \frac{\mathrm{d}\vec{r}(t)}{\mathrm{d}t} \tag{1-12}$$

由式（1-11）得

$$\vec{a} = \frac{\mathrm{d}\vec{v}(t)}{\mathrm{d}t} = \frac{\mathrm{d}^2 \vec{r}(t)}{\mathrm{d}t^2} \tag{1-13}$$

即把 $\vec{r}(t)$ 和 $\vec{v}(t)$ 对时间分别求一阶导或二阶导。

2. 第二类问题 —— 已知速度或加速度及初始条件求解运动方程

由式（1-12）和式（1-13）得

$$\vec{r}(t) = \vec{r}_0 + \int_0^t \vec{v}(t)\mathrm{d}t \tag{1-14}$$

$$\vec{v}(t) = \vec{v}_0 + \int_0^t \vec{a}(t)\mathrm{d}t \tag{1-15}$$

即利用初始条件把 $\vec{v}(t)$ 和 $\vec{a}(t)$ 对时间进行积分。

例 1-1　一质点在 xOy 平面内运动，运动方程为 $\begin{cases} x = t, \\ y = 2t^2 + 4 \end{cases}$ [SI]，求：

（1）质点的轨迹方程；

（2）$t = 5\,\mathrm{s}$ 时质点的位置、速度和加速度。

解　（1）根据质点运动方程，消去参数 t，可得轨迹方程为 $y = 2x^2 + 4$。

（2）运动方程有两种形式，由题目给出的标量形式 $\begin{cases} x = t, \\ y = 2t^2 + 4, \end{cases}$ 可以得到运动方程的矢

量式

$$\vec{r} = t\,\vec{i} + (2t^2 + 4)\,\vec{j} \qquad\qquad ①$$

根据式(1-8)有
$$\vec{v} = \frac{\mathrm{d}\vec{r}}{\mathrm{d}t} = \vec{i} + 4t\,\vec{j} \qquad\qquad ②$$

根据式(1-11),有
$$\vec{a} = \frac{\mathrm{d}\vec{v}}{\mathrm{d}t} = 4\,\vec{j} \qquad\qquad ③$$

把 $t = 5$ 代入式 ①、式 ②、式 ③,有 $\vec{r} = 5\,\vec{i} + 54\,\vec{j}, \vec{v} = \vec{i} + 20\,\vec{j}, \vec{a} = 4\,\vec{j}$。

解决这种问题通常的方法是先求导后代入具体时间。

例 1-2　一质点具有恒定的加速度 $\vec{a} = 6\,\vec{i} + 4\,\vec{j}$,在 $t = 0$ 时,其速度为零,位置矢量 $\vec{r}_0 = 10\,\vec{i} + 5\,\vec{j}$。求质点在 $t = 2\ \mathrm{s}$ 时刻的速度和位置矢量。

解　应用式(1-15)并进行积分,得

$$\vec{v}(t) = \vec{v}_0 + \int_0^t \vec{a}(t)\,\mathrm{d}t = \int_0^t (6\,\vec{i} + 4\,\vec{j})\,\mathrm{d}t = 6t\,\vec{i} + 4t\,\vec{j} \qquad\qquad ①$$

同理,应用式(1-14)并进行积分,得

$$\vec{r}(t) = \vec{r}_0 + \int_0^t \vec{v}(t)\,\mathrm{d}t = 10\,\vec{i} + 5\,\vec{j} + \int_0^t (6t\,\vec{i} + 4t\,\vec{j})\,\mathrm{d}t = (3t^2 + 10)\,\vec{i} + (2t^2 + 5)\,\vec{j} \qquad ②$$

把 $t = 2\ \mathrm{s}$ 代入式 ①、式 ②,有 $\vec{v} = 12\,\vec{i} + 8\,\vec{j}, \vec{r} = 22\,\vec{i} + 13\,\vec{j}$。

1.2　曲 线 运 动

1.2.1　自然坐标系

自然坐标系建立的前提是:①质点做平面运动;②运动轨迹已知。如图 1-5 所示,在质点运动轨迹上取 O 点作为自然坐标系原点,t 时刻 P 点与 O 点的距离为弧 $\overset{\frown}{OP}$ 长度,用 s 表示,即质点的空间位置由 s 确定。

$$s = s(t) \qquad\qquad (1\text{-}16)$$

在 P 点建立两条相互垂直的坐标轴,一个沿轨迹的切向,单位矢量用 $\vec{e}_t$ 表示;另一个沿轨迹法向(指向轨迹凹侧),单位矢量用 $\vec{e}_n$ 表示,这样自然坐标系(natural coordinate system)就建立起来了。若要研究

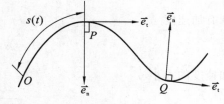

图 1-5　自然坐标系

P 点的运动特征,可以用 $s = s(t)$ 随时间的变化情况来研究其速度和加速度。自然坐标系在确定曲线运动中质点的位置、路程、速度和加速度方面与直角坐标系相比显得更加灵活。

例如在描述路程时,当质点经过 Δt 从 P 点到 Q 点时,Δt 时间内质点的运动路程为

$$\Delta s = s(t + \Delta t) - s(t)$$

质点处于 P 点时的速率

$$v = \lim_{\Delta t \to 0} \frac{\Delta s}{\Delta t} = \frac{\mathrm{d}s}{\mathrm{d}t} \qquad\qquad (1\text{-}17)$$

考虑到 $|\mathrm{d}\vec{r}| = \mathrm{d}s$,$v = \dfrac{\mathrm{d}s}{\mathrm{d}t} = \dfrac{|\mathrm{d}\vec{r}|}{\mathrm{d}t} = \left|\dfrac{\mathrm{d}\vec{r}}{\mathrm{d}t}\right| = |\vec{v}|$,则在自然坐标系中,质点的速度可表示为

$$\vec{v} = \frac{\mathrm{d}\vec{r}}{\mathrm{d}t} = \lim_{\Delta t \to 0} \frac{\Delta s}{\Delta t} \vec{e}_\mathrm{t} = \frac{\mathrm{d}s}{\mathrm{d}t} \vec{e}_\mathrm{t} \tag{1-18}$$

由加速度的定义，有

$$\vec{a} = \frac{\mathrm{d}}{\mathrm{d}t}(v\vec{e}_\mathrm{t}) = \frac{\mathrm{d}v}{\mathrm{d}t} \vec{e}_\mathrm{t} + v \frac{\mathrm{d}\vec{e}_\mathrm{t}}{\mathrm{d}t} \tag{1-19}$$

其中，$\frac{\mathrm{d}v}{\mathrm{d}t} \vec{e}_\mathrm{t}$ 表明质点速率的变化率，表示速度大小的变化，而方向沿切向，称之为**切向加速度** $\vec{a}_\mathrm{t}$，即

$$\vec{a}_\mathrm{t} = \frac{\mathrm{d}v}{\mathrm{d}t} \vec{e}_\mathrm{t} = \frac{\mathrm{d}^2 s}{\mathrm{d}t^2} \vec{e}_\mathrm{t} \tag{1-20}$$

下面借助几何方法来分析 $\frac{\mathrm{d}\vec{e}_\mathrm{t}}{\mathrm{d}t}$。如图 1-6(a) 所示，当时间间隔 Δt 足够小时，路程 Δs 可以看作半径为 ρ 的一段圆弧，设 t 时刻质点在 P 点，切向单位矢量为 $\vec{e}_\mathrm{t}(t)$，$t + \Delta t$ 时刻质点运动到 Q 点，切向单位矢量为 $\vec{e}_\mathrm{t}(t + \Delta t)$，$\Delta \vec{e}_\mathrm{t} = \vec{e}_\mathrm{t}(t + \Delta t) - \vec{e}_\mathrm{t}(t)$。当 $\Delta t \to 0$，Q 点趋近 P 点时，由图 1-6(b) 可见，$|\Delta \vec{e}_\mathrm{t}| = |\vec{e}_\mathrm{t}| \Delta \theta$，因为 $|\vec{e}_\mathrm{t}| = 1$，所以 $|\Delta \vec{e}_\mathrm{t}| = \Delta \theta$；又因为 $\Delta t \to 0$ 时，$\Delta \theta$ 越来越小，$\Delta \vec{e}_\mathrm{t}(t)$ 的方向趋近于与 $\vec{e}_\mathrm{t}(t)$ 垂直的方向，即 $\vec{e}_\mathrm{n}$ 方向，即

$$\frac{\mathrm{d}\vec{e}_\mathrm{t}}{\mathrm{d}t} = \lim_{\Delta t \to 0} \frac{\Delta \vec{e}_\mathrm{t}}{\Delta t} = \lim_{\Delta t \to 0} \frac{\Delta \theta}{\Delta t} \vec{e}_\mathrm{n} \tag{1-21}$$

由图 1-6(a) 有 $\Delta \theta = \frac{\Delta s}{\rho}$，代入式(1-21)，有

$$\frac{\mathrm{d}\vec{e}_\mathrm{t}}{\mathrm{d}t} = \lim_{\Delta t \to 0} \frac{\Delta s}{\rho \Delta t} \vec{e}_\mathrm{n} = \frac{1}{\rho} \frac{\mathrm{d}s}{\mathrm{d}t} \vec{e}_\mathrm{n} = \frac{v}{\rho} \vec{e}_\mathrm{n}$$

则式(1-19) 右边第二项的方向沿 $\vec{e}_\mathrm{n}$ 与第一项切向加速度垂直，称为**法向加速度**，记为 $\vec{a}_\mathrm{n}$，则

$$\vec{a}_\mathrm{n} = v \frac{\mathrm{d}\vec{e}_\mathrm{t}}{\mathrm{d}t} = \frac{v^2}{\rho} \vec{e}_\mathrm{n} \tag{1-22}$$

则有加速度

$$\vec{a} = \vec{a}_\mathrm{t} + \vec{a}_\mathrm{n} = \frac{\mathrm{d}v}{\mathrm{d}t} \vec{e}_\mathrm{t} + \frac{v^2}{\rho} \vec{e}_\mathrm{n} \tag{1-23}$$

加速度的大小

$$a = \sqrt{a_\mathrm{t}^2 + a_\mathrm{n}^2} = \sqrt{\left(\frac{\mathrm{d}v}{\mathrm{d}t}\right)^2 + \left(\frac{v^2}{\rho}\right)^2} \tag{1-24}$$

加速度方向与切线方向的夹角 $\alpha = \arctan \frac{a_\mathrm{n}}{a_\mathrm{t}}$。

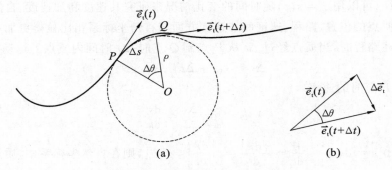

图 1-6　　自然坐标系中的 $\vec{a}_\mathrm{t}$ 和 $\vec{a}_\mathrm{n}$

可见,$\vec{a}_t$ 反映速度大小的变化,$\vec{a}_n$ 反映速度方向的变化。

1.2.2 圆周运动

如图 1-7 所示,质点沿固定圆轨道的运动叫作**圆周运动**(circular motion),它是曲线运动的一个重要特例,对定轴转动规律的研究也有重要意义。

1. 自然坐标系中对圆周运动的描述

自然坐标系中圆周运动速度和加速度可分别表示为

$$\vec{v} = \frac{\mathrm{d}s}{\mathrm{d}t}\vec{e}_t \tag{1-25}$$

$$\vec{a} = \vec{a}_t + \vec{a}_n = a_t\vec{e}_t + a_n\vec{e}_n = \frac{\mathrm{d}v}{\mathrm{d}t}\vec{e}_t + \frac{v^2}{r}\vec{e}_n \tag{1-26}$$

2. 圆周运动的角量描述

1)角位置

如图 1-8 所示,t 时刻质点在 A 处,$t+\Delta t$ 时刻质点在 B 处,θ 是 OA 与 x 轴正向夹角,$\theta+\Delta\theta$ 是 OB 与 x 轴正向夹角,称 θ 为 t 时刻质点角位置,$\Delta\theta$ 为 $t \to t+\Delta t$ 时间间隔内角位置的增量,称为在该时间间隔内的角位移(angular displacement)。

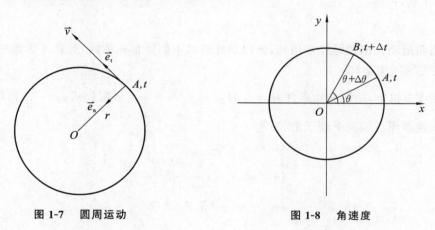

图 1-7　圆周运动　　　　　　图 1-8　角速度

2)角速度

为了描述质点做圆周运动角位置的变化,引进角速度(angular velocity),用 $\vec{\omega}$ 表示,其大小为

$$\omega = \lim_{\Delta t \to 0} \frac{\Delta\theta}{\Delta t} = \frac{\mathrm{d}\theta}{\mathrm{d}t} \tag{1-27}$$

角速度的大小等于角位置对时间的一阶导数,角速度是矢量,它的方向用右手定则来确定:让右手的四指顺着转动的方向,大拇指的指向即为角速度 $\vec{\omega}$ 的方向。

3)角加速度

为了描述角速度的变化,引进角加速度(angular acceleration),用 $\vec{\beta}$ 表示,其大小为

$$\beta = \lim_{\Delta t \to 0} \frac{\Delta\omega}{\Delta t} = \frac{\mathrm{d}\omega}{\mathrm{d}t} = \frac{\mathrm{d}^2\theta}{\mathrm{d}t^2} \tag{1-28}$$

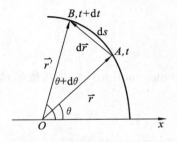

图 1-9　线量与角量间的关系

角加速度等于角速度对时间的一阶导数或等于角位置对时间的二阶导数,角加速度是矢量,方向沿 d$\vec{\omega}$ 方向。当 $\vec{\omega}$ 增大时,$\vec{\beta}$ 和 $\vec{\omega}$ 方向相同;当 $\vec{\omega}$ 减小时,$\vec{\beta}$ 和 $\vec{\omega}$ 方向相反。

4) 线量与角量的关系

把物理量 $\vec{v}, v, \vec{a}, \vec{a}_t, \vec{a}_n$ 等称为线量,$\vec{\omega}, \vec{\beta}$ 等称为角量。

(1) $\vec{v}$ 与 $\vec{\omega}$ 的关系。

如图 1-9 所示,当 d$t \to 0$ 时,$|d\vec{r}| = ds = rd\theta$。于是有

$$v = \frac{|d\vec{r}|}{dt} = \frac{ds}{dt} = \frac{rd\theta}{dt} = r\omega \tag{1-29}$$

(2) 加速度 $\vec{a}$ 与 $\vec{\beta}$ 的关系。

$$\vec{a} = \vec{a}_t + \vec{a}_n = \frac{dv}{dt}\vec{e}_t + \frac{v^2}{r}\vec{e}_n = \frac{d(\omega \cdot r)}{dt}\vec{e}_t + \frac{(\omega r)^2}{r}\vec{e}_n = \beta r \vec{e}_t + \omega^2 r \vec{e}_n \tag{1-30}$$

5) 匀速圆周运动和匀变速圆周运动

(1) 匀速圆周运动。

由于角速度 ω 为常数,切向加速度 $\vec{a}_t = \frac{dv}{dt}\vec{e}_t = 0$,即 $\vec{a} = \vec{a}_n$,若已知初始条件 $t = 0, \theta = \theta_0$,根据 $\omega = \frac{d\theta}{dt}$,可得

$$\theta = \theta_0 + \omega t \tag{1-31}$$

匀速圆周运动在解题时经常用到,所以对此运动不但要直观掌握,更要灵活运用。

(2) 匀变速圆周运动。

角加速度 β 恒定,给定初始条件:$t = 0$ 时,$\theta = \theta_0, \omega = \omega_0$。根据公式 $\omega = \frac{d\theta}{dt}$ 和 $\beta = \frac{d\omega}{dt}$,可以得到匀变速圆周运动的下面三个公式

$$\begin{cases} \omega = \omega_0 + \beta t \\ \theta = \theta_0 + \omega_0 t + \frac{1}{2}\beta t^2 \\ \omega^2 = \omega_0^2 + 2\beta(\theta - \theta_0) \end{cases} \tag{1-32}$$

1.2.3　一般曲线运动

常见曲线运动如下:

$$曲线运动 \begin{cases} 圆周运动 \begin{cases} 加速圆周运动 \\ 减速圆周运动 \\ 匀速圆周运动 \end{cases} \\ 抛体运动 \begin{cases} 竖直上(下)抛 \\ 平抛 \\ 斜上(下)抛 \end{cases} \end{cases}$$

一般曲线运动问题的处理,要根据具体问题要求选择合适的坐标系,给出相应的运动量的关系,并进行求解。

例 1-3　如图 1-10 所示,一质点做斜上抛运动,初速率为 v_0,仰角为 α,求质点运动轨道在

起点 P_1 和顶点 P_2 的曲率半径。

解　根据曲线运动中法向加速度公式(1-22),可以知道
法向加速度和曲率半径有关。在抛出点处

$$a_n = g\cos\alpha$$

所以　　　　　　　　　$g\cos\alpha = v_0^2/\rho_1$

即抛出点 P_1 的曲率半径

$$\rho_1 = \frac{v_0^2}{g\cos\alpha}$$

在最高点法向加速度的大小为 g,根据式(1-22)可知

$$g = v_0^2 \cos^2\alpha/\rho_2$$

即　　　　　　　　　　$$\rho_2 = \frac{v_0^2 \cos^2\alpha}{g}$$

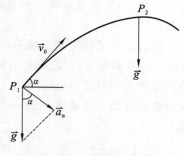

图 1-10　例 1-3 用图

例 1-4　一质点沿半径为 R 的圆周运动,运动方程为 $s = v_0 t - \frac{1}{2}bt^2$,其中 v_0, b 都是常量。
求:

（1）t 时刻质点的加速度大小及方向;

（2）在何时加速度大小等于 b;

（3）到加速度大小等于 b 时质点沿圆周运动的圈数。

解　（1）根据自然坐标系下的速度公式,可知

$$v = ds/dt = v_0 - bt, \quad dv/dt = -b$$

根据圆周运动的加速度公式,有

$$\vec{a} = \frac{dv}{dt}\vec{e}_t + \frac{v^2}{\rho}\vec{e}_n = -b\,\vec{e}_t + \frac{(v_0 - bt)^2}{R}\vec{e}_n$$

则加速度的大小可以表示为

$$a = \sqrt{a_t^2 + a_n^2} = \sqrt{b^2 + \left[\frac{(v_0 - bt)^2}{R}\right]^2} \qquad\qquad ①$$

其方向与切线方向的夹角为

$$\theta = \arctan\left[-\frac{(v_0 - bt)^2}{bR}\right]$$

（2）当 $a = b$ 时,由 ① 可得

$$t = \frac{v_0}{b}$$

（3）当 $a = b$ 时,把 $t = \frac{v_0}{b}$ 代入 $s = v_0 t - \frac{1}{2}bt^2$,可得 $s = \frac{v_0^2}{2b}$,则运行的圈数

$$N = \frac{s}{2\pi R} = \frac{v_0^2}{4\pi bR}$$

1.3　相　对　运　动

在不同参考系下描述同一物体的运动,其描述的规律通常是不同的,相对运动就是要研究
在不同参考系下描述同一个物体运动规律的内在联系,以便清晰地掌握不同坐标系下的速度、
加速度之间的关系。

习惯上,把相对观察者静止的参考系称为静参考系,把相对观察者运动的参考系称为动参考系。

把研究对象相对动参考系的运动称为相对运动(relative motion),相应的速度称为相对速度(relative velocity);把研究对象相对静参考系的运动称为绝对运动(absolute motion),相应的速度称为绝对速度(absolute velocity);把动参考系相对静参考系的运动称为牵连运动,相应的速度称为牵连速度(convected velocity)。

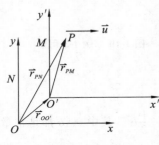

图 1-11　相对运动

如图 1-11 所示,有两个参考系 M 和 N,两坐标系相应的坐标轴平行,N 为静参考系,M 为动参考系,M 参考系相对 N 参考系以速度 $\vec{u}$ 运动,一质点处于空间 P 位置,该质点相对于 M 和 N 的径矢分别为 $\vec{r}_{PM}$ 和 $\vec{r}_{PN}$,O' 相对 O 的径矢表示为 $\vec{r}_{OO'}$,则径矢间的关系可以表示为

$$\vec{r}_{PN} = \vec{r}_{PM} + \vec{r}_{OO'} \tag{1-33}$$

两边对时间求一阶导数,有

$$\frac{\mathrm{d}\vec{r}_{PN}}{\mathrm{d}t} = \frac{\mathrm{d}\vec{r}_{PM}}{\mathrm{d}t} + \frac{\mathrm{d}\vec{r}_{OO'}}{\mathrm{d}t} \tag{1-34}$$

可以表示为绝对速度等于相对速度与牵连速度的矢量和,即

$$\vec{v}_{绝对速度} = \vec{v}_{相对速度} + \vec{u}_{牵连速度} \tag{1-35}$$

式(1-35)是速度的相对性关系。在研究问题时,首先要确定研究对象,之后再确定静参考系和动参考系,最后才能用式(1-35)。

例 1-5　一个人骑车以 18 km/h 的速率自东向西行进时,看见雨滴垂直落下;当他的速率增加至 36 km/h 时,看见雨滴与他前进的方向成 120° 角落下。求雨滴对地的速度。

解　如图 1-12 所示,为了应用公式

$$\vec{v}_{绝对速度} = \vec{v}_{相对速度} + \vec{u}_{牵连速度}$$

首先设雨滴为研究对象,以地面为静参考系,以人或车为动参考系。

设 $\vec{v}_r$ 为雨滴对地的速度,即为绝对速度;人骑车的速率 18 km/h 为人相对地面的速度,是动参考系相对静参考系的速度,即为牵连速度;雨滴对人(车)的速度为相对速度。

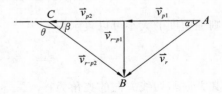

图 1-12　例 1-5 用图

设 $\vec{v}_{p1}$,$\vec{v}_{p2}$ 分别为第一次、第二次人对地的速度,$\vec{v}_{r-p1}$,$\vec{v}_{r-p2}$ 分别为第一次、第二次雨滴对人的速度,由于 $\theta = 120°$,所以由三角形全等知识,可知 $\alpha = \beta = 180° - 120° = 60°$。由于 $\triangle ABC$ 为正三角形,则 $v_r = v_{p2} = 36$ km/h,方向竖直向下偏西 30°。

例 1-6　如图 1-13 所示,一汽车在雨中沿直线行驶,下落雨滴的速度方向偏于竖直方向向车后方 θ 角,速率为 v_2。若车后有一长方形物体,问车速为多大时,此物体刚好不会被雨水淋湿。

解　首先设雨滴为研究对象,以地面为静参考系,以车为动参考系。

根据式(1-35)有

$$\vec{v}_{雨地} = \vec{v}_{雨车} + \vec{u}_{车地}$$

如图 1-14(a)所示,车中物体与车篷之间的夹角 $\alpha = \arctan\dfrac{l}{h}$,若 $\theta > \alpha$,则无论车速多大,物体均不会被雨水淋湿。

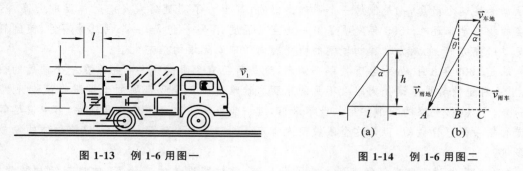

图 1-13　例 1-6 用图一　　　　　　　　**图 1-14　例 1-6 用图二**

若 $\theta < \alpha$，如图 1-14(b) 所示，根据矢量三角形在水平方向的分量形式有

$$v_{车地} = |BC| = |AC| - |AB|$$
$$= v_{雨车}\sin\alpha - v_{雨地}\sin\theta = v_{雨地}(\cos\theta\tan\alpha - \sin\theta)$$

又

$$v_{雨地} = v_2$$

则

$$v_{车地} = v_2\left(\frac{l\cos\theta}{h} - \sin\theta\right)$$

阅读材料一　　伽利略·伽利雷

　　伽利略·伽利雷(Galileo Galilei，1564 年 2 月 15 日—1642 年 1 月 8 日)是 16—17 世纪的意大利物理学家、天文学家。伽利略发明了摆针和温度计，他在科学上为人类作出了巨大贡献，是近代实验科学的奠基人之一。他被誉为"近代力学之父""现代科学之父"和"现代科学家的第一人"。他在力学领域进行过著名的比萨斜塔重物自由下落实验(两个铁球同时落地)，推翻了亚里士多德关于"物体落下的速度与重量成正比例"的学说，建立了自由落体定律；还发现物体的惯性定律、摆振动的等时性和抛体运动规律，并确定了伽利略相对性原理。他是利用望远镜观察天体取得大量成果的第一人，重要发现有：月球表面凹凸不平、木星有四个卫星、太阳黑子、银河由无数恒星组成，以及金星、水星的盈亏现象等。伽利略的科学发现，不仅在物理学史上而且在整个科学史上都占有极其重要的地位。他不仅纠正了统治欧洲近两千年的亚里士多德的错误观点，更创立了研究自然科学的新方法。伽利略在总结自己的科学研究方法时说过，"这是第一次为新的方法打开了大门，这种将带来大量奇妙成果的新方法，在未来的年代里，会博得许多人的重视"。后来，惠更斯继续了伽利略的研究工作，他导出了单摆的周期公式和向心加速度的数学表达式。牛顿在系统地总结了伽利略、惠更斯等人的工作后，得到了万有引力定律和牛顿三定律。伽利略留给后人的精神财富是宝贵的。爱因斯坦曾这样评价："伽利略的发现，以及他所用的科学推理方法，是人类思想史上最伟大的成就之一，而且标志着物理学的真正的开端！"为了纪念伽利略的功绩，人们把木卫一、木卫二、木卫三和木卫四命名为伽利略卫星。

　　伽利略的主要贡献如下。

1. 望远镜

　　伽利略在帕多瓦大学工作的 18 年间，最初把主要精力放在他一直感兴趣的力学研究方面，他发现了物理上的重要现象 —— 物体运动的惯性；做过有名的斜面实验，总结了物体下落的距离与所经过的时间之间的数量关系；他还研究了炮弹的运动，奠定了抛物线理论的基础；

关于加速度这个概念，也是他第一个明确提出的；甚至为了测量病人发烧时体温的升高，这位著名的物理学家还在 1593 年发明了第一支空气温度计 …… 但是，一个偶然的事件，使伽利略改变了研究方向。他从力学和物理学的研究转向了广漠无垠的茫茫太空。

那是 1609 年 6 月，伽利略听到一个消息，说是荷兰有个眼镜商人利帕希在一个偶然的机会下，用一种镜片看见了远处肉眼看不见的东西。"这难道不正是我需要的千里眼吗？"伽利略非常高兴。不久，伽利略的一个学生从巴黎来信，进一步证实了这个消息的准确性，信中说尽管不知道利帕希是怎样做的，但是这个眼镜商人肯定是制造了一个镜管，用它可以使物体的像放大许多倍。

"镜管！"伽利略把来信翻来覆去看了好几遍，急忙跑进他的实验室。他找来纸和鹅管笔，开始画出一张又一张透镜成像的示意图。伽利略由镜管这个提示受到启发，想到镜管能够放大物体的秘密在于选择怎样的透镜，特别是凸透镜和凹透镜如何搭配。他找来有关透镜的资料，不停地进行计算，忘记了暮色爬上窗户，也忘记了曙光是怎样射进房间的。

整整一个通宵，伽利略终于明白，把凸透镜和凹透镜放在一个适当的距离，就像那个荷兰人看见的那样，遥远的肉眼看不见的物体经过放大也能看清了。

伽利略非常高兴。他顾不上休息，立即动手磨制镜片，这是一项很费时间又需要细心的活儿。他一连干了好几天，磨制出一对对凸透镜和凹透镜，然后又制作了一个精巧的可以滑动的双层金属管。该试验一下他的发明了。

伽利略小心翼翼地把一片大一点的凸透镜安在管子的一端，另一端安上一片小一点的凹透镜，然后把管子对着窗外。当他从凹透镜的一端望去时，奇迹出现了，那远处的教堂仿佛近在眼前，可以清晰地看见钟楼上的十字架，甚至连一只在十字架上落脚的鸽子也看得非常清楚。

伽利略制成望远镜的消息马上传开了。"我制成望远镜的消息传到威尼斯"，在一封写给妹夫的信里，伽利略写道，"一星期之后，就命我把望远镜呈献给议长和议员们观看，他们感到非常惊奇。绅士和议员们，虽然年纪很大了，但都按次序登上威尼斯最高的钟楼，眺望远在港外的船只，看得都很清楚；如果没有我的望远镜，就是眺望两个小时，也看不见。这仪器的效用可使 50 英里以外的物体，看起来就像在 5 英里以内那样。"

伽利略发明的望远镜，经过不断改进，放大率提高到 30 倍以上，能把实物的像放大 1000 倍。他犹如有了千里眼，可以窥探宇宙的秘密了。

这是天文学研究中具有划时代意义的一次革命，几千年来天文学家单靠肉眼观察日月星辰的时代结束了，代之而起的是光学望远镜，有了这种有力的武器，近代天文学的大门被打开了。

每当星光灿烂或是皓月当空的夜晚，伽利略便把他的望远镜瞄准深邃遥远的苍穹，不顾疲劳和寒冷，夜复一夜地观察着。

过去，人们一直以为月亮是个光滑的天体，像太阳一样自身发光。但是伽利略透过望远镜发现，月亮和我们生存的地球一样，有高峻的山脉，也有低凹的洼地（当时伽利略称它是"海"）。他还从月亮上亮的和暗的部分的移动，发现了月亮自身并不能发光，月亮的光是通过太阳得来的。

伽利略又把望远镜对准横贯天穹的银河，以前人们一直认为银河是地球上的水蒸气凝成的白雾，亚里士多德就是这样认为的。伽利略决定用望远镜检验这一说法是否正确。他用望远镜对准夜空中雾蒙蒙的光带，不禁大吃一惊，原来那根本不是云雾，而是千千万万颗星星聚集在一起。伽利略还观察了天空中的斑斑云彩，即通常所说的星团，发现星团也是很多星体聚集在一起，像猎户座星团、金牛座的昂星团、蜂巢星团都是如此。

伽利略的望远镜揭开了一个又一个宇宙的秘密,他发现了木星周围环绕着它运动的卫星,还计算了它们的运行周期。我们知道,木星拥有 60 多颗卫星,伽利略所发现的是其中最大的 4 颗。除此之外,伽利略还用望远镜观察到太阳的黑子,他通过黑子的移动现象推断,太阳也是在转动的。

一个又一个振奋人心的发现,促使伽利略动笔写一本最新的天文学发现的书,他要向全世界公布他的观测结果。1610 年 3 月,伽利略的著作《星际使者》在威尼斯出版,立即在欧洲引起轰动。

但是,他没有想到,望远镜揭开的宇宙的秘密大大触怒了很多人,一场可怕的厄运即将降临在这位杰出的科学家的头上。

2. 力学

伽利略是第一个把实验引进力学的科学家,他利用实验和数学相结合的方法确定了一些重要的力学定律。1582 年前后,他经过长久的实验观察和数学推算,得到了摆的等时性定律。接着在 1585 年因家庭经济困难辍学。离开比萨大学期间,他深入研究古希腊学者欧几里得、阿基米德等人的著作。他根据杠杆原理和浮力原理写出了第一篇题为《天平》的论文。不久又写了论文《论重力》,第一次揭示了重力和重心的实质并给出准确的数学表达式,因此声名大振。与此同时,他对亚里士多德的许多观点提出疑问。

在 1589—1591 年间,伽利略对落体运动进行了细致的观察。从实验和理论上否定了统治千余年的亚里士多德的"落体运动法则",确立了正确的"自由落体定律",即在忽略空气阻力条件下,重量不同的球在下落时同时落地,下落的速度与重量无关。根据伽利略晚年的学生 V. 维维亚尼的记载,落体实验是在比萨斜塔上公开进行的:1589 年某一天,伽利略将一个重 10 磅、一个重 1 磅的铁球同时抛下,两个铁球几乎同时落地,在场的竞争者个个目瞪口呆,在大笑中耸耸肩走了。但在伽利略的著作中并未明确说明实验是在比萨斜塔上进行的。因此对此存在争议。

伽利略对运动基本概念,包括重心、速度、加速度等都做了详尽的研究并给出了严格的数学表达式。尤其是加速度概念的提出,在力学史上是一个里程碑。有了加速度的概念,力学中的动力学部分才能建立在科学基础之上,而在伽利略之前,只有静力学部分有定量的描述。

伽利略曾非正式地提出过惯性定律和外力作用下物体的运动规律,这为牛顿正式提出运动第一、第二定律奠定了基础。在经典力学的创立上,伽利略可说是牛顿的先驱。

伽利略还提出过合力定律、抛射体运动规律,并确立了伽利略相对性原理。伽利略在力学方面的贡献是多方面的。这在他晚年写出的力学著作《关于两门新科学的谈话和数学证明》中有详细的描述。在这本不朽的著作中,除动力学外,还有不少关于材料力学的内容。例如,他阐述了关于梁的弯曲试验和理论分析,正确地断定梁的抗弯能力和几何尺寸的力学相似关系。他指出,对于长度相似的圆柱形梁,抗弯力矩和半径的三次方成比例。他还分析过受集中载荷的简支梁,正确指出最大弯矩在载荷下,且与它到两支点的距离之积成比例。伽利略还对梁弯曲理论用于实践所应注意的问题进行了分析,指出工程结构的尺寸不能过大,因为它们会在自身重量作用下发生破坏。他根据实验得出,动物形体尺寸减小时,躯体的强度并不按比例减小。他说:"一只小狗也许可以在它背上驮两三只同样大小的狗,但我相信一匹马也许连一匹和它同样大小的马也驮不起。"

3. 天文学

伽利略是利用望远镜观测天体取得大量成果的第一位科学家。这些成果包括:发现月球表面凹凸不平,木星有四个卫星(现称伽利略卫星),太阳黑子和太阳的自转,金星、木星的盈亏现象以及银河由无数恒星组成等。他用实验证实了哥白尼的"地动说",彻底否定了统治千余年的亚里士多德和托勒密的"天动说"。

4. 哲学

伽利略一生坚持与唯心论和教会的经院哲学作斗争,主张用具体的实验来认识自然规律,认为实验是理论知识的源泉。他不承认世界上有绝对真理和掌握真理的绝对权威,反对盲目迷信。他承认物质的客观性、多样性和宇宙的无限性,这些观点对发展唯物主义的哲学具有重要的意义。但由于历史的局限性,他强调只有可归纳为数量特征的物质属性才是客观存在的。

伽利略因为支持日心说入狱后,"放弃"了日心说,他说,"考虑到种种阻碍,两点之间最短的不一定是直线",正是因为他有这样的思想,暂时的放弃换得永远的支持,没有像布鲁诺那样去为科学的真理而牺牲,但却可以为科学继续贡献自己的力量。

5. 热学

最早的温度计是在 1593 年由意大利科学家伽利略发明的。他的第一支温度计是一根一端敞口的玻璃管,另一端带有核桃大的玻璃泡。使用时先给玻璃泡加热,然后把玻璃管插入水中。随着温度的变化,玻璃管中的水面会上下移动,根据移动的多少就可以判定温度的变化和温度的高低。温度计有热胀冷缩的作用,所以这种温度计受外界大气压强等环境因素的影响较大,测量误差较大。后来伽利略的学生和其他科学家,在这个基础上进行了反复改进,如把玻璃管倒过来,把液体放在管内,把玻璃管封闭等。

6. 相对论先导

在发现惯性定律的基础上,伽利略提出了相对性原理:力学规律在所有惯性坐标系中是等价的。力学过程对于静止的惯性系和运动的惯性系是完全相同的。换句话说,在一系统内部所做的任何力学实验都不能够确定一惯性系是在静止状态还是在做等速直线运动。伽利略在他的著作中写道:"当你在密闭的运动着的船舱里观察力学过程时,只要运动是匀速的,决不忽左忽右摆动,你将发现,所有上述现象丝毫没有变化,你也无法从其中任何一个现象来确定,船是在运动还是停着不动。即使船运动得相当快,在跳跃时,你将和以前一样,在船底板上跳过相同的距离,你跳向船尾也不会比跳向船头来得远,虽然你跳到空中时,脚下的船底板向着你跳的相反方向移动。你把不论什么东西扔给你的同伴时,不论他是在船头还是在船尾,只要你自己站在对面,你也并不需要用更多的力。水滴将像先前一样,垂直滴进下面的罐子,一滴也不会滴向船尾,虽然水滴在空中时,船已行驶了许多拃。鱼在水中游向水碗前部所用的力,不比游向水碗后部来得大;它们一样悠闲地游向放在水碗边缘任何地方的食饵。最后,蝴蝶和苍蝇将继续随便地到处飞行,它们也决不会向船尾集中,并不因为它们可能长时间留在空中,脱离了船的运动,为赶上船的运动显出累的样子。如果点香冒烟,则将看到烟像一朵云一样向上升起,不向任何一边移动。所有这些一致的现象,其原因在于船的运动是船上一切事物所共有的,也是空气所共有的。"相对性原理是伽利略为了答复地心说对哥白尼体系的责难而提出的。这个原理的意义远不止此,它第一次提出惯性参照系的概念,这一原理被爱因斯坦称为伽利略相对性原理,是狭义相对论的先导。

习　题

1-1　一运动质点在 xOy 平面上运动，某瞬时运动到位置 $\vec{r}$ 处，其速度为（　　）。

A. $\mathrm{d}\vec{r}/\mathrm{d}t$　　　　B. $\mathrm{d}|\vec{r}|/\mathrm{d}t$　　　　C. $\mathrm{d}r/\mathrm{d}t$　　　　D. $|\mathrm{d}\vec{r}|/\mathrm{d}t$

1-2　一质点在平面上运动，已知质点位置矢量的表达式为 $\vec{r} = at^2\vec{i} + bt^2\vec{j}$（其中 a,b 为常量），则该质点做（　　）。

A. 匀速直线运动　　　　　　　　B. 变速直线运动

C. 抛物线运动　　　　　　　　　D. 一般曲线运动

1-3　以下说法中，正确的是（　　）。

A. 做曲线运动的物体，必有切向加速度

B. 做曲线运动的物体，必有法向加速度

C. 具有加速度的物体，其速率必随时间改变

D. 物体做匀速率运动，其总加速度必为零

1-4　一个质点在做匀速圆周运动时（　　）。

A. 切向加速度改变，法向加速度也改变

B. 切向加速度不变，法向加速度改变

C. 切向加速度不变，法向加速度也不变

D. 切向加速度改变，法向加速度不变

1-5　质点做曲线运动，$\vec{r}$ 表示位置矢量，s 表示路程，a_t 表示切向加速度，有如下表达式：(1)$\mathrm{d}v/\mathrm{d}t = a$；(2)$\mathrm{d}r/\mathrm{d}t = v$；(3)$\mathrm{d}s/\mathrm{d}t = v$；(4)$|\mathrm{d}\vec{v}/\mathrm{d}t| = a_t$。下列说法中正确的是（　　）。

A. 只有(1)、(4)是正确的　　　　　B. 只有(2)、(4)是正确的

C. 只有(2)是正确的　　　　　　　D. 只有(3)是正确的

1-6　质点运动方程为 $\vec{r} = a\sin(\omega t)\vec{i} + a\cos(\omega t)\vec{j}$，其中 a,ω 均为正常数，求质点速度和加速度与时间的关系式。

1-7　一质点在 xOy 平面内运动，运动函数为 $x = 2t,y = 4t^2$。(1)求质点的轨迹方程，并画出轨迹曲线；(2)求 $t = 1\ \mathrm{s}$ 时质点的位置、速度和加速度。

1-8　一质点的运动方程为 $\vec{r_1} = (3+2t)\vec{i} + 5\vec{j},\vec{r_2} = \vec{i} + 4t^2\vec{j} + t\vec{k}$，式中 r,t 分别以 m，s 为单位。试求：(1)它的速度与加速度；(2)它的轨迹方程。

1-9　一质点的运动方程为 $x = 3t+5,y = 0.5t^2 + 3t + 4\ [\mathrm{SI}]$。(1)以 t 为变量，写出径矢的表达式；(2)求质点在 $t = 4\ \mathrm{s}$ 时速度的大小和方向。

1-10　一质点的运动方程为 $x = 2t^2 + 3,y = t^2 + 2t + 4\ [\mathrm{SI}]$。(1)以 t 为变量，写出径矢的表达式；(2)求质点在 $t = 2\ \mathrm{s}$ 时的速度和加速度。

1-11　一质点在 xOy 平面内运动，运动方程为 $\begin{cases} x = 2t, \\ y = 4t^2 + 5 \end{cases}$ $[\mathrm{SI}]$，求：(1)质点的轨迹方程；(2)$t = 1\ \mathrm{s}$ 时质点的位置、速度和加速度。

1-12　一质点自原点开始沿抛物线 $2y = x^2$ 运动，它在 x 轴上的分速度为一恒量，其值为 $v_x = 4.0\ \mathrm{m/s}$，求质点位于 $x = 5.0\ \mathrm{m}$ 处的速度和加速度。

1-13　一质点具有恒定的加速度 $\vec{a} = 6\vec{i} + 4\vec{j}$，在 $t = 0$ 时，其速度为 0，位置矢量 $\vec{r_0} = 10\vec{i} + 5\vec{j}$。求 $t = 5\ \mathrm{s}$ 时的速度和位置矢量。

1-14　在 x 轴上做变加速直线运动的质点,已知其初速度为 v_0,初始位置为 x_0,加速度为 $a = Ct^2$（其中 C 为常量）,求:(1) 速度与时间的关系;(2) 运动方程。

1-15　汽车在半径为 400 m 的圆弧弯道上减速行驶,设在某一时刻,汽车的速率为 10 m/s,切向加速度的大小为 0.2 m/s²。求汽车的法向加速度和总加速度的大小和方向。

1-16　一质点沿半径为 2 m 的圆周运动,运动方程为 $\theta = 1 + 3t^2$,式中,θ 以弧度计,t 以 s 计。(1) 求 $t = 2$ s 时,质点的切向加速度和法向加速度;(2) 当加速度的方向和半径成 45° 角时,其角位移是多少?

1-17　如图 1-15 所示,质点 P 在水平面内沿一半径为 $R = 2$ m 的圆轨道转动,转动的角速度 ω 与时间 t 的函数关系为 $\omega = kt^2$（k 为常量）。已知 $t = 2$ s 时,质点 P 的速度值为 32 m/s,试求 $t = 1$ s 时,质点 P 的速度与加速度的大小。

1-18　如图 1-16 所示,一弹性球直落在一斜面上,下落高度 $h = 20$ cm,斜面对水平方向的倾角 $\theta = 30°$,问小球第二次碰到斜面的位置距原来的下落点多远（假设小球碰斜面前后速度的数值相等,碰撞时入射角等于反射角）。

图1-15　习题 1-17 图

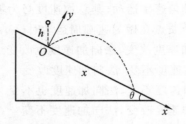

图 1-16　习题 1-18 图

1-19　如图 1-17 所示,湖中有一条小船,岸边有人用绳子通过岸上高于水面 h 的滑轮拉船,设人收绳的速率为 v_0,求船的速度。

1-20　A 船以 30 km/h 的速度向东航行,B 船以 40 km/h 的速度向正北航行,求 A 船上的人观察到的 B 船的速度和航向。

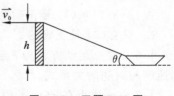

图 1-17　习题 1-19 图

第2章 牛顿定律

上一章中指出,位置矢量和速度是描述质点运动状态的量,而加速度则是描述质点运动状态变化的量,但没有涉及质点运动状态变化的原因。质点运动状态的变化,则是与作用在质点上的力有关的,这部分内容属牛顿定律涉及的范围。以牛顿定律为基础建立起来的宏观物体运动的动力学理论,称为牛顿力学或经典力学。本章将概括地阐述牛顿定律的内容及其在质点运动方面的初步应用。

2.1 牛顿定律

2.1.1 牛顿第一定律

两千年前,古希腊哲学家亚里士多德认为,静止是物体的自然状态,要使物体以某一速度做匀速运动,必须有力对它作用才行。意大利科学家伽利略从根本上批判了亚里士多德的观点,指出力不是维持物体运动的原因,而是使物体运动状态改变的原因。

牛顿继承和发展了伽利略的观点。1687 年,他在名著《自然哲学的数学原理》中写道:**任何物体都要保持静止或匀速直线运动状态,直到有外力迫使它改变运动状态为止。**这就是**牛顿第一定律**(Newton's first law)。

牛顿第一定律表明:一切物体都有保持其运动状态的性质,这种性质叫作**惯性**。它是物体本身的固有属性,惯性的大小与其是否运动无关。因此,牛顿第一定律也叫**惯性定律**。惯性定律是经典物理学的基础之一。惯性定律可以对质点运动的某一分量成立。

牛顿第一定律还阐明,其他物体的作用才是改变物体运动状态的原因,这种"其他物体的作用",称之为"力"(force)。由于不可能有物体完全不受其他物体的力的作用,所以牛顿第一定律是理想化抽象思维的产物,不能简单地用实验加以验证。但是,从定律得出的一切推论,都经受住了实践的检验。

一切物体的运动只有相对于某个参考系才有意义,牛顿第一定律定义了惯性系,牛顿第一定律严格成立的参考系称为惯性系。相对一惯性系静止或做匀速直线运动的参考系是惯性系。若一参考系相对惯性系做加速运动,则这个参考系就是非惯性系。参考系是否为惯性系,只能根据观察和实验的结果来判断。在力学中,通常把太阳参考系认为是惯性系;在一般精度范围内,地球和静止在地面上的任一物体可近似地看作惯性系。

牛顿第一定律涉及**两个重要的力学概念:**

(1)**惯性**　　物体在不受外力作用时都具有保持静止或者匀速直线运动状态的性质,物体的这种保持其原有运动状态的性质称为物体的惯性(inertia)。因此牛顿第一定律又称为惯性定律。

(2)**力**　　力是物体之间的相互作用,力是使物体运动状态发生变化的原因。

2.1.2　牛顿第二定律

牛顿第二定律(Newton's second law)：**运动的变化和所加的力成正比,并且发生在所加的力的那个直线方向上**。其中,"运动"即物体的动量,为 $\vec{p} = m\vec{v}$;"变化"应理解为"对时间的变化率"。另一种说法**"动量的变化率与外力成正比"**,被称为欧拉表述。

牛顿第二定律在数学上可以表述为

$$\vec{F} = \frac{\mathrm{d}\vec{p}}{\mathrm{d}t} = \frac{\mathrm{d}(m\vec{v})}{\mathrm{d}t} \tag{2-1}$$

物体在低速运动的情况下,即 $v \ll c$ 时,质量 m 与时间 t 无关,式(2-1)可以变为

$$\vec{F} = m\frac{\mathrm{d}\vec{v}}{\mathrm{d}t} = m\vec{a} \tag{2-2}$$

说明:

(1) 适用范围。牛顿第二定律适用于惯性系、质点及低速平动的宏观物体。

(2) 瞬时关系。当物体(质量一定)所受外力发生突然变化时,作为由力决定的加速度的大小和方向也要同时发生突变;当合外力为零时,加速度同时为零,加速度与合外力保持一一对应关系。力和加速度同时产生、同时变化、同时消失。牛顿第二定律是一个瞬时对应的规律,表明了力的瞬间效应,加速度只有在外力作用时才产生。

(3) 矢量性。力和加速度都是矢量,物体加速度方向由物体所受合外力的方向决定。牛顿第二定律数学表达式中,等号不仅表示左右两边数值相等,也表示方向一致,即物体加速度方向与所受合外力方向相同。

(4) 叠加性(或力的独立性原理)。什么方向的力只产生什么方向的加速度,而与其他方向的受力及运动无关。牛顿第二定律中的 $\vec{F}$ 可以是单个的力,也可以是合力。当力 $\vec{F}_i$ 单独作用在物体上时,它使物体具有的加速度为 $\vec{a}_i$, $\vec{F}_i = m\vec{a}_i (i = 1, 2, \cdots, n)$。当物体受到两个以上的力的作用时,以 $\vec{F}$ 表示合力, $\sum\limits_{i=1}^{n} m\vec{a}_i$ 表示各分力作用效果的矢量和,则 $\vec{F} = \sum\limits_{i=1}^{n}\vec{F}_i = \sum\limits_{i=1}^{n} m\vec{a}_i$。

(5) 通常在研究牛顿第二定律时会将其放在笛卡儿直角坐标系和自然坐标系中具体应用。式(2-2)在直角坐标系中表示为

$$\vec{F} = m\frac{\mathrm{d}\vec{v}}{\mathrm{d}t} = m\frac{\mathrm{d}^2\vec{r}}{\mathrm{d}t^2} = m\frac{\mathrm{d}v_x}{\mathrm{d}t}\vec{i} + m\frac{\mathrm{d}v_y}{\mathrm{d}t}\vec{j} + m\frac{\mathrm{d}v_z}{\mathrm{d}t}\vec{k} \tag{2-3}$$

在 x 轴、y 轴、z 轴上的分量式方程为

$$F_x = ma_x, \quad F_y = ma_y, \quad F_z = ma_z \tag{2-4}$$

或者

$$F_x = m\frac{\mathrm{d}v_x}{\mathrm{d}t} = m\frac{\mathrm{d}^2x}{\mathrm{d}t^2}, \quad F_y = m\frac{\mathrm{d}v_y}{\mathrm{d}t} = m\frac{\mathrm{d}^2y}{\mathrm{d}t^2}, \quad F_z = m\frac{\mathrm{d}v_z}{\mathrm{d}t} = m\frac{\mathrm{d}^2z}{\mathrm{d}t^2} \tag{2-5}$$

如果讨论曲线运动采用自然坐标系,牛顿第二定律表示为

$$\vec{F} = m\vec{a}_t + m\vec{a}_n = m\frac{\mathrm{d}v}{\mathrm{d}t}\vec{e}_t + m\frac{v^2}{\rho}\vec{e}_n \tag{2-6}$$

在切线方向和法线方向的分量式方程为

$$F_t = m\frac{\mathrm{d}v}{\mathrm{d}t} = m\frac{\mathrm{d}^2s}{\mathrm{d}t^2}; \quad F_n = ma_n = m\frac{v^2}{\rho} \tag{2-7}$$

2.1.3　牛顿第三定律

牛顿第三定律(Newton's third law)说明物体间相互作用力的性质。两个物体之间的作用力与反作用力大小相等,方向相反,沿同一条直线,分别作用在两个物体上,这就是牛顿第三定律,数学表达式为

$$\vec{F} = -\vec{F'}$$

作用力和反作用力同时产生,同时消失;作用力与反作用力是性质相同的力。牛顿第三定律反映了力的物质性。力是物体之间的相互作用,作用于物体,必然会同时反作用于物体。离开物体谈力是没有意义的。

2.2　自然力与常见力

2.2.1　基本自然力

自然界存在引力、电磁力、强力和弱力四种基本作用力,其他力都是这四种力的不同表现形式。

1. 引力

引力也称为万有引力(gravitation),这种力存在于宇宙万物之间。也就是说,每一粒子都因它的质量或能量而感受到引力。引力比其他三种力弱得多。它是如此之弱,以至于若不是它具有特别的性质,人们根本就不可能注意到它。特别之处在于,它是整个宇宙星系间的主要相互作用,是长程的作用力。

万有引力定律指出任何两个质点都互相吸引,引力大小与它们质量的乘积成正比,和它们距离的平方成反比,其方向沿它们的连线,用数学式可表示为

$$\vec{F}_{12} = -G\frac{m_1 m_2}{r^2}\vec{e}_r \tag{2-8}$$

其中,$\vec{F}_{12}$ 表示 m_1 对 m_2 的万有引力。$\vec{e}_r = \dfrac{\vec{r}}{r}$ 为 m_1 指向 m_2 方向的单位矢量。G 为万有引力常数,最早由英国物理学家卡文迪许(H. Cavendish)于1798年由实验测出,大小为 $G = 6.67 \times 10^{-11}\ \mathrm{N \cdot m^2 / kg^2}$。负号表示 m_1 施于 m_2 的万有引力方向始终与 $\vec{e}_r$ 方向相反。

2. 电磁力

静止电荷间的相互作用力叫库仑力(Coulomb force,静电力),运动电荷或电流间的相互作用力称为磁力,电磁力是电力和磁力的总称,它也是一种长程的作用力。

3. 强力

强力(brute force)是作用于粒子之间的一种强相互作用力,它是物理学研究深入到原子核及粒子范围内才发现的一种基本作用力。它能将核子紧紧地束缚在一起形成原子核。它是粒子间最重要的相互作用力,是一种短程力,力的强度是最大的。

4. 弱力

弱力(weak force)也是各种粒子之间的一种相互作用力,1934年由意大利物理学家费米

首先提出，认为是 β 衰变过程的原因，是比强力更短的短程力。

表 2-1 给出了 4 种基本自然力的特征。

表 2-1　4 种相互作用的力程和强度的比较

种　　类	相互作用粒子	力 的 强 度	力　程　/m
引力作用	所有粒子、质点	∞	10^{-39}
电磁作用	带电粒子	∞	10^{-3}
弱相互作用	强子等大多数粒子	10^{-18}	10^{-12}
强相互作用	核子、介子等强子	10^{-15}	10^{-1}

注：表中强度是以两质子间相距 10^{-15} m 时的相互作用强度为 1 给出的。

1967 年，伦敦帝国学院的阿布杜斯·萨拉姆和哈佛的史蒂芬·温伯格提出了弱相互作用和电磁作用的统一理论后，弱作用被很好地理解。此后的十几年里，在低能量下这个理论的其他预言和实验符合得非常好，他们和谢尔登·格拉肖一起获得 1979 年的诺贝尔物理学奖。格拉肖提出过一个类似的统一电磁和弱相互作用的理论，把弱相互作用和电磁相互作用统一起来。对电磁力和弱相互作用力统一的成功，使许多人试图将这两种力和强相互作用力合并在所谓的大统一理论之中。大部分物理学家希望最终找到一个统一理论，该理论将四种力解释为一个单独的力的不同方面。

2.2.2　常见的力

1. 重力

重力（gravity）是地球表面附近的物体受到的地球万有引力的一个分力，其中另一个分力为物体随地球绕地轴转动时产生的向心力。重力的大小和万有引力的大小近似相等，方向为竖直向下，并非指向地心。由万有引力公式（2-8）有

$$F = G\frac{m_E}{R^2}m = mg \tag{2-9}$$

式中，m_E 为地球的质量，g 为地球表面的重力加速度。由式（2-9）可得

$$g = G\frac{m_E}{R^2} \tag{2-10}$$

一般计算时，g 通常取 9.80 m/s²，赤道为 9.78 m/s²，北极为 9.83 m/s²。R 和海拔的不同将导致不同地方的重力加速度不同。月球表面附近的重力加速度近似为地球表面附近的重力加速度的 $\frac{1}{6}$。

2. 弹力

当物体间相互接触并挤压时，物体将发生形变，这时物体间就会产生因形变而欲使其恢复原来形状的力，称为弹性力，简称弹力。常见的弹性力有桌面的正压力和支持力、弹簧的弹性力、绳子被拉紧时出现的拉力。

（1）正压力。

正压力是两个物体彼此接触产生了挤压而形成的。正压力的方向沿着接触面的法线方向，

即与接触面垂直,大小则视挤压的程度而决定。

（2）拉力。

拉力的方向沿着杆或者绳的切线方向,拉力的大小要根据拉扯的程度而定。

（3）弹簧的弹性力。

弹簧在受到拉伸或压缩的时候产生弹性力,这种力总是力图使弹簧恢复原来的形状。

在弹性限度内,弹性力由胡克定律给出:$F = -kx$。负号表示弹性力的方向始终与弹簧位移的方向相反,指向弹簧恢复原长的方向。

3. 摩擦力

两个相互接触的物体间有相对运动的趋势或有相对运动,则在接触面上便会产生阻碍相对运动趋势或相对运动的力,这个力称为摩擦力(friction force)。

（1）静摩擦力。

静摩擦力是两个彼此接触的物体相对静止而又具有相对运动的趋势时出现的。静摩擦力出现在接触面的表面上,沿着表面的切线方向,与相对运动的趋势相反,阻碍相对运动的发生。

最大静摩擦力的大小表示为 $F_{smax} = \mu_s F_n$,其中 μ_s 为静摩擦系数,F_n 为正压力。静摩擦力的范围是 $0 \leqslant F_s \leqslant F_{smax}$。

（2）滑动摩擦力。

相互接触的物体之间有相对运动时,接触面的表面出现的阻碍相对运动的阻力,称滑动摩擦力。滑动摩擦力的方向沿接触面的切线方向,与相对运动方向相反。

滑动摩擦力的大小表示为 $F_k = \mu_k F_n$,其中 μ_k 为滑动摩擦系数,F_n 为正压力。

2.3　牛顿定律的应用

牛顿定律是物体做机械运动的基本规律,在生产实践中有广泛的应用。本节通过举例说明牛顿定律的具体应用。

牛顿定律的应用大体上可以分为以下两个方面。

（1）已知物体的运动状态,求物体所受的力。

（2）已知物体的受力情况,求物体的运动状态。（求物体的加速度、速度,进而求物体的运动方程。）

应用牛顿定律的解题步骤如下:

（1）隔离物体,受力分析。首先选择研究对象。研究对象可能是一个,也可能是若干个。分别将这些研究对象隔离出来,依次对其做受力分析,并画出受力图。

（2）对研究对象的运动状况做定性分析。分析研究对象是做直线运动还是做曲线运动,是否具有加速度,它们的加速度、速度、位移具有什么联系。

（3）建立适当的坐标系。坐标系设置得恰当,可以使方程的数学表达式以及运算求解达到最大的简化。

（4）列方程。一般情况下可以先列出牛顿第二定律的矢量形式的方程,也可以直接列出分量式方程。

（5）解方程。特别注意微积分在解题中的应用。

例 2-1　将质量为 10 kg 的小球用轻绳挂在倾角 $\alpha = 30°$ 的光滑斜面上，如图 2-1(a) 所示。

(1) 当斜面以加速度 $g/3$ 沿图 2-1 所示的方向运动时，求绳的张力及小球对斜面的正压力。

(2) 当斜面的加速度至少为多大时，小球对斜面的正压力为零？

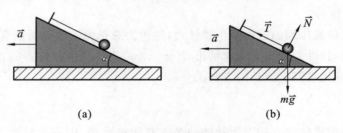

(a)　　　　　　　　　　　　(b)

图 2-1　例 2-1 用图

解　(1) 取地面为参考系，对小球进行受力分析。如图 2-1(b) 所示，设小球质量是 m，则小球受到自身重力 $m\vec{g}$、轻绳拉力 $\vec{T}$ 以及斜面支持力 $\vec{N}$ 的作用，斜面的支持力大小等于小球对斜面的正压力。根据牛顿第二定律，可得

水平方向

$$T\cos\alpha - N\sin\alpha = ma \qquad\qquad ①$$

竖直方向

$$T\sin\alpha + N\cos\alpha - mg = 0 \qquad\qquad ②$$

①、② 两式联立，可得

$$T = mg\sin\alpha + ma\cos\alpha$$

即

$$T = mg\sin\alpha + \frac{1}{3}mg\cos\alpha$$

代入数值，得

$$T = 77.3 \text{ N}$$

同理

$$N = mg\cos\alpha - ma\sin\alpha = 68.4 \text{ N}$$

(2) 当对斜面的正压力 $N = 0$ 时，①、② 两式可写成

$$T\cos\alpha = ma$$

$$T\sin\alpha - mg = 0$$

将两式联立，可得

$$a = \frac{g}{\tan\alpha} = 17 \text{ m/s}^2$$

例 2-2　如图 2-2 所示，这是一个圆锥摆，摆长为 l，小球质量为 m，欲使小球在锥顶角为 θ 的圆周内做匀速圆周运动，给予小球的速度为多大？此时绳子的张力多大？

解　竖直方向　　　$T\cos\theta - mg = 0$

水平方向上充当向心力　　$T\sin\theta = m\dfrac{v^2}{r} = m\dfrac{v^2}{l\sin\theta}$

解得　　　　　　　$v = \sin\theta\sqrt{\dfrac{gl}{\cos\theta}}$

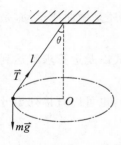

图 2-2　例 2-2 用图

$$T = \frac{mg}{\cos\theta}$$

例 2-3　如图 2-3 所示，一质量为 m 的物体从高空中某处由静止开始下落，下落过程中所受空气阻力与物体速率的一次方成正比，比例系数 $c > 0$。求：

（1）物体落地前其速率随时间变化的函数关系；

（2）物体的运动方程。

解　（1）选定该物体为研究对象，受力分析如图 2-3 所示。物体所受重力为 $\vec{G}$，空气阻力为 $-c\vec{v}$，负号表示阻力与速度方向相反。取 y 轴竖直向下，并以物体开始下落时为计时起点和坐标原点。

图 2-3　例 2-3 用图

由牛顿第二定律有　　$mg - cv = ma$

考虑到此题是在已知力的情况下求速率 v 与时间 t 的关系，因此应将 $a = \dfrac{\mathrm{d}v}{\mathrm{d}t}$ 代入上式，得

$$mg - cv = m\frac{\mathrm{d}v}{\mathrm{d}t}$$

令 $k = \dfrac{c}{m}$，化简得

$$\frac{\mathrm{d}v}{\mathrm{d}t} = g - kv$$

$$\frac{\mathrm{d}v}{g - kv} = \mathrm{d}t$$

根据计时起点和坐标原点的确定，初始条件为 $t = 0$ 时，$v_0 = 0$，$y_0 = 0$，现在对上式两边积分并将初始条件代入，有

$$\int_0^v \frac{\mathrm{d}v}{g - kv} = \int_0^t \mathrm{d}t$$

积分得

$$\ln\frac{g - kv}{g} = -kt$$

解出物体速率随时间变化的函数关系为

$$v = \frac{g}{k}(1 - \mathrm{e}^{-kt})$$

（2）根据（1）求出的结果及 $v = \dfrac{\mathrm{d}y}{\mathrm{d}t}$，有

$$\frac{\mathrm{d}y}{\mathrm{d}t} = \frac{g}{k}(1 - \mathrm{e}^{-kt})$$

分离变量并将初始条件代入，有

$$\int_0^y \mathrm{d}y = \frac{g}{k}\int_0^t (1 - \mathrm{e}^{-kt})\mathrm{d}t$$

积分可得物体的运动方程为

$$y = \frac{g}{k}t - \frac{g}{k^2}(1 - \mathrm{e}^{-kt}) = \frac{mg}{c}t - \frac{m^2 g}{c^2}(1 - \mathrm{e}^{-\frac{c}{m}t})$$

例 2-4　如图 2-4 所示，已知两物体 A、B 的质量均为 $m = 3.0$ kg，物体 A 以加速度 1.0 m/s^2 运动，求物体 B 与桌面间的摩擦力。（滑轮与绳子的质量不计）

解　把 A、B 分别作为隔离物体进行受力分析，A、B 的受力图分别如图 2-5(a)、图 2-5(b)所示。以 A 为研究对象，有

$$m_A g - F_L - F_R = m_A a_A, \quad F_L = F_R$$

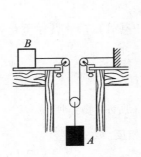

图 2-4　例 2-4 用图一

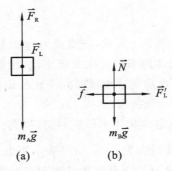

图 2-5　例 2-4 用图二

以 B 为研究对象，在水平方向上，有

$$F'_L - f = m_B a_B$$

又因为　　　　　$F'_L = F_L,\quad a_B = 2a_A,\quad a_A = 1.0\ \text{m/s}^2,\quad m_A = m_B = m = 3\ \text{kg}$

可解得　　　　　$$f = \frac{mg - 2ma_B - ma_A}{2} = 7.2\ \text{N}$$

*2.4　非惯性系　惯性力

　　一切物体的运动是绝对的，但是描述物体的运动只有相对于参考系才有意义。如果在某个参考系中观察，物体不受其他物体作用力时，保持匀速直线运动或者静止状态，那么这个参考系就是惯性系。相对于惯性系做匀速直线运动或者静止的参考系也是惯性系。而如果某个参考系相对于惯性系做加速运动，则这个参考系就称为**非惯性系**。换言之，由于一般精度内可以选择地面为惯性系，那么凡是相对地面参考系做加速运动的物体，都是非惯性系。由于牛顿定律只适用于惯性系，因此，在应用牛顿定律时，参考系的选择就不再是任意的了，因为在非惯性系中，牛顿定律不再成立。下面举例说明一下。

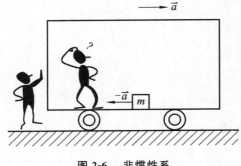

图 2-6　非惯性系

　　例如，一列火车，其光滑地板上放置一物体，质量为 m，如图 2-6 所示。当车相对于地面静止或匀速向前运动时，坐在车里以车为参考系的人，和站在地面上以地面为参考系的人对车上的物体观测的结果是一致的。

　　但是，当车以加速度 $\vec{a}$ 向前突然加速时，在车里的人以车为参考系，会发现车上的物体突然以加速度 $-\vec{a}$ 向车加速的相反方向运动起来，即有了一个向后的加速度，车厢的地板越光滑，效果越明显。但此时物体所受到的水平方向的合外力为零，显然这是违反牛顿定律的。而在车外以地面为参考系的人看来，当车相对于地面做加速运动时，火车里的物体由于水平方向不受力，所以仍要保持其原来的静止状态。可以看出，地面是惯性系，在这里牛顿定律是成立的，而相对地面做加速运动的火车则是非惯性系，牛顿定律不成立。也就是说，在不同参考系上观察物体的运动，观察的结果会截然不同。

　　在实际生活和工程计算中，会遇到很多非惯性系中的力学问题。在这类问题中，人们引入了惯性力的概念,以便仍可方便地运用牛顿定律来解决问题。

惯性力找不到施力物体,它是一个虚拟的力,它是在非惯性系中来自参考系本身加速效应的力。其大小等于物体的质量 m 乘以非惯性系的加速度的大小 a,方向和 $\vec{a}$ 的方向相反。用 $\vec{F_i}$ 表示惯性力,则

$$\vec{F_i} = -m\vec{a} \tag{2-11}$$

这样,在上述例子中,可以认为有一个 $-m\vec{a}$ 的惯性力作用在物体上面,这样,就不难在火车这个非惯性系中用牛顿定律来解释这个现象了。

一般来说,作用在物体上的力若既包含真实力 $\vec{F}$,又包含惯性力 $\vec{F_i}$,则以非惯性系为参考系,对物体受力应用牛顿第二定律

$$\vec{F} + \vec{F_i} = m\vec{a'} \tag{2-12}$$

或

$$\vec{F} - m\vec{a} = m\vec{a'} \tag{2-13}$$

式中,$\vec{a}$ 是非惯性系相对于惯性系的加速度,$\vec{a'}$ 是物体相对于非惯性系的加速度。

再例如,如图 2-7 所示,在水平面上放置一圆盘,用轻弹簧将一质量为 m 的小球与圆盘的中心相连。圆盘相对于地面做匀速圆周运动,角速度为 ω。另外,有两个观察者,一个位于地面上,以地面(惯性系)为参考系;另一个位于圆盘上,与圆盘相对静止并随圆盘一起转动,以圆盘(非惯性系)为参考系。圆盘转动时,地面上的观察者发现弹簧拉长,小球受到弹簧的拉力作用,显然,此拉力为向心力,大小为 $F = ml\omega^2$。小球在向心力的作用下,做匀速圆周运动。用牛顿定律的观点来看是很好理解的。

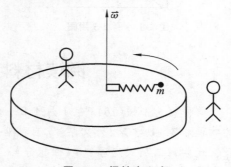

图 2-7　惯性离心力

同时,在圆盘上的观察者看来,弹簧拉长了,即有向心力作用在小球上,但小球却相对于圆盘保持静止。于是,圆盘上的观察者认为小球必受到一个惯性力 $\vec{F}$ 的作用,这个惯性力的大小和向心力相等,方向与之相反。这样就可以用牛顿定律解释小球保持平衡这一现象了。这里,这个惯性力称为**惯性离心力**。

例 2-5　如图 2-8 所示,质量为 m 的人站在升降机内的一磅秤上,当升降机以加速度 $\vec{a}$ 向上匀加速上升时,求磅秤的示数。(试用惯性力的方法求解)

解　磅秤示数的大小即为人对升降机地板的压力的大小。取升降机这个非惯性系为参考系,可知,当升降机相对于地面以加速度 $\vec{a}$ 上升时,与之对应的惯性力为 $\vec{F_i} = -m\vec{a}$。在这个非惯性系中,人除了受到自身重力 $m\vec{g}$、磅秤对他的支持力 $\vec{N}$,还受到一个惯性力 $\vec{F_i}$ 的作用。由于此人相对电梯静止,所以以上 3 个力为平衡力。

$$N - mg - F_i = 0$$

即

$$N = mg + F_i = m(g + a)$$

由此可见,此时磅秤上的示数并不等于人自身重力。当加速上升时,$N > mg$,此时称之为"超重";当加速下降时,$N < mg$,称之为"失重"。当升降机自由降落时,人对地板的压力减为

0，此时人处于完全失重状态。

人造地球卫星、宇宙飞船、航天飞机等航天器进入太空轨道后，可以认为是绕地球做圆周运动。其加速度为向心加速度，大小等于卫星所在高度处重力加速度的大小。这与在以重力加速度下降的升降机中发生的情况类似。航天器中的人和物都处于完全失重状态，如图 2-9所示。

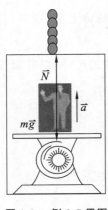

图 2-8　　例 2-5 用图

图 2-9　　太空失重

阅读材料二　　艾萨克·牛顿

艾萨克·牛顿（1643 年 1 月 4 日—1727 年 3 月 31 日）爵士，英国皇家学会会员，英国伟大的物理学家、数学家、天文学家、自然哲学家，百科全书式的"全才"，著有《自然哲学的数学原理》《光学》《二项式定理》和《微积分》。

从 12 岁到 17 岁，牛顿在金格斯皇家中学学习。在该校图书馆的窗台上还可以看见他当年的签名。他曾从学校退学，并在 1659 年 10 月回到埃尔斯索普村，因为他再度守寡的母亲想让牛顿当一名农夫。牛顿虽然顺从了母亲的意思，但据牛顿的同侪后来的叙述，耕作让牛顿相当不快乐。所幸金格斯皇家中学的校长亨利·斯托克斯（Henry Stokes）说服了牛顿的母亲，牛顿又被送回了学校以完成他的学业。他在 18 岁时完成了中学的学业，并得到了一份完美的毕业报告。

1661 年 6 月 3 日，牛顿进入剑桥大学的三一学院。在那时，该学院的教学基于亚里士多德的学说，但牛顿更喜欢笛卡儿等现代哲学家以及伽利略、哥白尼和开普勒等天文学家更先进的思想。1665 年，他发现了广义二项式定理，并开始发展一套新的数学理论，也就是后来为世人所熟知的微积分学。在 1665 年，牛顿获得了学位，而大学为了预防伦敦大瘟疫而关闭了。在此后两年里，牛顿在家中继续研究微积分学、光学和万有引力定律。

牛顿的主要成就如下。

1. 力学成就

1679 年，牛顿重新回到力学的研究中：引力及其对行星轨道的作用、开普勒的行星运动定律、与胡克和弗拉姆斯蒂德在力学上的讨论。他将自己的成果归结在《物体在轨道中之运动》（1684 年）一书中。该书包含初步的、后来在《自然哲学的数学原理》（现常简称《原理》）中形成的运动定律。

《原理》在埃德蒙·哈雷的鼓励和支持下出版于 1687 年 7 月 5 日。牛顿在该书中阐述了其后两百年间都被视作真理的三大运动定律。牛顿使用拉丁单词"gravitas"(沉重)来为现今的引力(gravity)命名,并定义了万有引力定律。在这本书中,他还基于波义耳定律提出了首个分析测定空气中音速的方法。

由于《原理》的成就,牛顿得到了国际性的认可,并赢得了一大群支持者,牛顿与其中的瑞士数学家尼古拉·法蒂奥·丢勒建立了非常亲密的关系,直到 1693 年,他们的友谊破裂。这场友谊的结束让牛顿患上了神经衰弱。

牛顿在伽利略等人工作的基础上进行深入研究,总结出了物体运动的三个基本定律(牛顿三定律)。

牛顿第二定律不适用于微观原子。参照系应为惯性系。两个物体之间的作用力和反作用力,在同一直线上,大小相等,方向相反。

牛顿是万有引力定律的发现者。他在 1665—1666 年开始考虑这个问题。万有引力定律(law of universal gravitation)是艾萨克·牛顿 1687 年在《自然哲学的数学原理》中发表的。1679 年,R·胡克在写给他的信中提出,引力应与距离的平方成反比,地球高处抛体的轨道为椭圆,假设地球有缝,抛体将回到原处,而不是像牛顿所设想的轨道是趋向地心的螺旋线。牛顿没有回信,但采用了胡克的见解。在开普勒行星运动定律以及其他人的研究成果上,他用数学方法导出了万有引力定律。

牛顿把地球上物体的力学和天体力学统一到一个基本的力学体系中,创立了经典力学理论体系,正确地反映了宏观物体低速运动的宏观运动规律,实现了自然科学的第一次大统一。这是人类对自然界认识的一次飞跃。

牛顿指出流体黏性阻力与剪切速率成正比。他说,流体部分之间由于缺乏润滑性而引起的阻力,如果其他都相同,与流体部分之间分离的速度成比例。因此把符合这一规律的流体称为牛顿流体,其中包括最常见的水和空气;不符合这一规律的称为非牛顿流体。

在给出平板在气流中所受阻力时,牛顿对气体采用粒子模型,得到阻力与攻角正弦平方成正比的结论。这个结论一般地说并不正确,但由于牛顿的权威地位,后人曾长期奉为信条。20世纪,T·卡门在总结空气动力学的发展时曾风趣地说,牛顿使飞机晚一个世纪上天。

关于声音的速度,牛顿正确地指出,声速与大气压力的平方根成正比,与密度的平方根成反比。但由于他把声传播当作等温过程,结果与实际不符。后来拉普拉斯从绝热过程考虑,修正了牛顿的声速公式。

2. 数学成就

大多数现代历史学家都相信,牛顿与莱布尼茨独立发展出了微积分学,并为之创造了各自独特的符号。根据牛顿周围的人所述,牛顿要比莱布尼茨早几年得出他的方法,但在 1693 年以前他几乎没有发表任何内容,直至 1704 年他才给出了其完整的叙述。其间,牛顿已在 1684 年发表了他的方法的完整叙述。此外,莱布尼茨的符号和"微分法"被欧洲大陆全面地采用。大约1820 年以后,英国也采用了该方法。莱布尼茨的笔记本记录了他的思想从初期到成熟的发展过程,而在牛顿已知的记录中只发现了他最终的结果。牛顿声称他一直不愿公布他的微积分学,是因为他怕被人们嘲笑。牛顿与瑞士数学家尼古拉·法蒂奥·丢勒的联系十分密切,后者一开始便被牛顿的引力定律所吸引。1691 年,丢勒打算编写新版本的牛顿《自然哲学的数学原理》,但从未完成它。

1699 年年初,皇家学会(牛顿也是其中的一员)的其他成员指控莱布尼茨剽窃了牛顿的成果,争论在 1711 年全面爆发了。牛顿所在的英国皇家学会宣布,一项调查表明了牛顿才是真正的发现者,而莱布尼茨被斥为骗子。但后来,发现该调查中评论莱布尼茨的结语是由牛顿本人书写的,因此该调查遭到了质疑。这导致了激烈的牛顿与莱布尼茨的微积分学论战,并破坏了牛顿与莱布尼茨的生活,直到后者 1716 年逝世。这场争论在英国和欧洲大陆的数学家间划出了一道鸿沟,并可能阻碍了英国数学至少一个世纪的发展。

牛顿被广泛认可的一项成就是广义二项式定理,它适用于任何幂。他发现了牛顿恒等式、牛顿法,对立方面曲线(两个变量的三次多项式)进行了分类,为有限差理论作出了重大贡献,并首次使用了分式指数和坐标几何学得到丢番图方程的解。他用对数趋近了调和级数的部分和(这是欧拉求和公式的一个先驱),并首次有把握地使用幂级数和反转(revert)幂级数。他还发现了 π 的一个新公式。

他在 1669 年被授予卢卡斯数学教授职位。在那天以前,剑桥或牛津的所有成员都是经过任命的圣公会牧师。不过,卢卡斯教授之职的条件要求其持有者不得活跃于教堂(大概是如此可让持有者把更多时间用于科学研究上)。牛顿认为应免除他担任神职工作的条件,这需要查理二世的许可,后者接受了牛顿的意见。这样避免了牛顿的宗教观点与圣公会信仰之间的冲突。

17 世纪以来,原有的几何和代数已难以解决当时生产和自然科学所提出的许多新问题,例如,如何求出物体的瞬时速度与加速度,如何求曲线的切线及曲线长度(行星路程)、矢径扫过的面积、极大极小值(如近日点、远日点、最大射程等)、体积、重心、引力等。尽管牛顿以前已有对数、解析几何、无穷级数等成就,但还不能圆满或普遍地解决这些问题。当时笛卡儿的《几何学》和沃利斯的《无穷算术》对牛顿的影响最大。牛顿将古希腊以来求解无穷小问题的种种特殊方法统一为两类算法 —— 正流数术(微分)和反流数术(积分),反映在 1669 年的《运用无限多项方程》、1671 年的《流数术与无穷级数》、1676 年的《曲线求积术》三篇论文和《原理》一书,以及被保存下来的他在 1666 年 10 月写的一篇手稿《论流数》中。所谓“流量”,就是随时间而变化的自变量,如 x、y、s、u 等;“流数”就是流量的改变速度,即变化率等。他说的“差率”“变率”就是微分。与此同时,他还在 1676 年首次公布了他发明的二项式展开定理。牛顿利用它还发现了其他无穷级数,并用来计算面积、积分、解方程等。1684 年,莱布尼茨从对曲线的切线研究中引入了拉长的 S 作为微积分符号,从此牛顿创立的微积分学在欧洲大陆各国迅速推广。

微积分的出现,成了数学发展中除几何与代数以外的另一重要分支 —— 数学分析(牛顿称之为“借助于无限多项方程的分析”),并进一步发展为微分几何、微分方程、变分法等。这些又反过来促进了理论物理学的发展。例如瑞士 J·伯努利曾征求最速降落曲线的解答,这是变分法的最初始问题。半年内,全欧洲数学家无人能解答。1697 年,一天牛顿偶然听说此事,当天晚上一举解出,并匿名刊登在《哲学学报》上。伯努利惊异地说:“从这锋利的爪中我认出了雄狮。”

微积分的创立是牛顿最卓越的数学成就。牛顿为解决运动问题,才创立了这种和物理概念直接联系的数学理论,牛顿称之为“流数术”。它所处理的一些具体问题,如切线问题、求积问题、瞬时速度问题以及函数的极大值和极小值问题等,在牛顿前已经得到人们的研究了。但牛顿超越了前人。他站在了更高的角度,对以往分散的结论加以综合,将自古希腊以来求解无限小问题的各种技巧统一为两类普通的算法 —— 微分和积分,并确立了这两类运算的互逆关系,从而完成了微积分发明中最关键的一步,为近代科学发展提供了最有效的工具,开辟了数学上的一个新纪元。

牛顿没有及时发表微积分的研究成果。他研究微积分可能比莱布尼茨早一些,但是莱布尼茨所采取的表达形式更加合理,而且关于微积分著作的出版时间也比牛顿早。

在牛顿和莱布尼茨之间为争论谁是这门学科的创立者的时候,竟然引起了一场轩然大波。这种争吵在各自的学生、支持者和数学家中持续了相当长的一段时间,造成了欧洲大陆的数学家和英国数学家的长期对立。英国数学在一个时期里闭关锁国,囿于民族偏见,过于拘泥在牛顿的"流数术"中停步不前,因而数学发展整整落后了一百年。

1707 年,牛顿的代数讲义经整理后出版,定名为《普遍算术》。他主要讨论了代数基础及其(通过解方程)在解决各类问题中的应用。书中陈述了代数基本概念与基本运算,用大量实例说明了如何将各类问题化为代数方程,同时对方程的根及其性质进行了深入探讨,引出了方程论方面的丰硕成果。例如,他得出了方程的根与其判别式之间的关系,指出可以利用方程系数确定方程根之幂的和数,即"牛顿幂和公式"。

牛顿对解析几何与综合几何都有贡献。他在《解析几何》中引入了曲率中心,给出密切线圆(或称曲线圆)概念,提出曲率公式及计算曲线的曲率方法,并将自己的许多研究成果总结成专论《三次曲线枚举》,于 1704 年发表。此外,他的数学工作还涉及数值分析、概率论和初等数论等众多领域。

牛顿在前人工作的基础上,提出"流数法",建立了二项式定理,并和莱布尼茨几乎同时创立了微积分学,得出了导数、积分的概念和运算法则,阐明了求导数和求积分是互逆的两种运算,为数学的发展开辟了一个新纪元。

1665 年,刚好 22 岁的牛顿发现了二项式定理,这对于微积分的充分发展是必不可少的一步。二项式定理在组合理论、开高次方、高阶等差数列求和,以及差分法中有广泛的应用。二项式级数展开式是研究级数论、函数论、数学分析、方程理论的有力工具。在今天我们会发觉这个方法只适用于 n 是正整数的情况,当 n 是正整数 $1,2,3,\cdots$,级数终止在 $n+1$ 项。如果 n 不是正整数,级数就不会终止,这个方法就不适用了。但是我们要知道那时,莱布尼茨在 1694 年才引进函数这个词,在微积分早期阶段,研究超越函数时用它们的级数来处理是所用方法中最有成效的。

3. 光学成就

牛顿曾致力于颜色的现象和光的本性的研究。1666 年,他用三棱镜研究日光,得出结论:白光是由不同颜色(不同波长)的光混合而成的,不同波长的光有不同的折射率。在可见光中,红光波长最长,折射率最小;紫光波长最短,折射率最大。牛顿的这一重要发现成为光谱分析的基础,揭示了光色的秘密。牛顿还曾把一个磨得很精、曲率半径较大的凸透镜的凸面,压在一个十分光洁的平面玻璃上,在白光照射下可看到,中心的接触点是一个暗点,周围则是明暗相间的同心圆圈,后人把这一现象称为"牛顿环"。他创立了光的"微粒说",从一个侧面反映了光的运动性质。但牛顿对光的"波动说"并不持反对态度。

1704 年,牛顿著成《光学》,系统阐述他在光学方面的研究成果,其中详述了光的粒子理论。他认为光是由非常微小的微粒组成的,而普通物质由较粗的微粒组成,并推测如果通过某种炼金术的转化"难道物质和光不能互相转变吗?物质不可能由进入其结构中的光粒子得到主要的动力(activity)吗?"牛顿还使用玻璃球制造了原始形式的摩擦静电发电机。

从 1670 年到 1672 年,牛顿负责讲授光学。在此期间,他研究了光的折射,表明棱镜可以将白光发散为彩色光谱,而透镜和第二个棱镜可以将彩色光谱重组为白光。

牛顿还通过分离出单色的光束,并将其照射到不同的物体上的实验,发现了色光不会改变自身的性质。他还注意到,无论是反射、散射还是发射,色光都会保持同样的颜色。因此,人们观察到的颜色是物体与特定有色光相结合的结果,而不是物体产生颜色的结果。

从这项工作中,牛顿得出了结论 —— 任何折光式望远镜都会受到光散射成不同颜色的影响,并因此发明了反射式望远镜(现称作牛顿望远镜)来回避这个问题。他自己打磨镜片,使用牛顿环来检验镜片的光学品质,制造出了优于折光式望远镜的仪器,而这主要归功于其大直径的镜片。1671 年,他在皇家学会上展示了自己的反射式望远镜。皇家学会的兴趣鼓励了牛顿发表他关于色彩的笔记,这在后来扩大为《光学》(Opticks)一书。

牛顿认为光是由粒子或微粒组成的,并会因加速通过光密介质而折射,但他也不得不将它们与波联系起来,以解释光的衍射现象。而其后世的物理学家则更加偏爱以纯粹的光波来解释衍射现象。现代的量子力学、光子以及波粒二象性的思想与牛顿对光的理解只有很小的相同点。

在 1675 年的著作《解释光属性的解说》(*Hypothesis Explaining the Properties of Light*)中,牛顿假定了以太的存在,认为粒子间力的传递是透过以太进行的。不过牛顿在与神智学家亨利·莫尔(Henry More)接触后重新燃起了对炼金术的兴趣,并改用源于汉密斯神智学中粒子相吸互斥思想的神秘力量来解释,替换了先前假设以太存在的看法。拥有许多牛顿炼金术著作的经济学大师约翰·梅纳德·凯恩斯曾说:"牛顿不是理性时代的第一人,他是最后的一位炼金术士。"但牛顿对炼金术的兴趣与他对科学的贡献息息相关,而且在那个时代,炼金术与科学也还没有明确的区别。如果他没有依靠神秘学思想来解释穿过真空的超距作用,他可能也不会发展出引力理论。

4. 热学成就

牛顿确定了冷却定律,即当物体表面与周围有温差时,单位时间内从单位面积上散失的热量与这一温差成正比。

5. 天文成就

牛顿于 1671 年创制了反射式望远镜。他用质点间的万有引力证明,密度呈球对称的球体对外的引力都可以用同质量的质点放在中心的位置来代替。他还用万有引力原理说明潮汐的各种现象,指出潮汐的大小不但同月球的位相有关,而且同太阳的方位有关。牛顿预言地球不是正球体。岁差就是由于太阳对赤道突出部分的摄动造成的。

6. 哲学成就

牛顿的哲学思想基本属于自发的唯物主义,他承认时间、空间的客观存在。如同历史上一切伟大人物一样,牛顿虽然对人类作出了巨大的贡献,但他也不能不受时代的限制。例如:他把时间、空间看作同运动着的物质相脱离的东西,提出了所谓绝对时间和绝对空间的概念;他将那些暂时无法解释的自然现象归结为上帝的安排,提出一切行星都是在某种外来的"第一推动力"作用下才开始运动的说法。

《自然哲学的数学原理》是牛顿最重要的著作,于 1687 年出版。该书总结了他一生中许多重要发现和研究成果,其中包括上述关于物体运动的定律。他说,该书"所研究的主要是关于重、轻流体抵抗力及其他吸引运动的力的状况,所以我们研究的是自然哲学的数学原理。"该书传入中国后,中国数学家李善兰曾译出一部分,但未出版,译稿也遗失了。现有的中译本是数学家郑太朴翻译的,书名为《自然哲学之数学原理》,1931 年由商务印书馆出版,1957 年、1958年、2006 年三次重印。

习　　题

2-1　下述说法正确的是（　　　）。

A. 物体运动的速度越大,惯性越大　　　　B. 作用力与反作用力是一对平衡力

C. 牛顿第二定律适用于任何参考系　　　　D. 力是物体运动状态改变的原因

2-2　用水平压力 $\vec{F}$ 把一个物体压在粗糙的竖直墙面上保持静止,当 $\vec{F}$ 逐渐增大时,物体所受的静摩擦力（　　　）。

A. 恒为零　　　　　　　　　　　　　　　B. 不为零,但保持不变

C. 随 $\vec{F}$ 成正比增大　　　　　　　　　　D. 开始随 $\vec{F}$ 增大,达到某值后,就保持不变

2-3　如图 2-10 所示,一只质量为 m 的猴子,原来抓住一根用绳子吊在天花板上的质量为 M 的直杆,悬线突然断了,小猴则沿杆子竖直向上爬以保持它离地面的高度不变,此时直杆下落的加速度为（　　　）。

A. g　　　　　　B. $\dfrac{mg}{M}$　　　　　　C. $\dfrac{Mg-mg}{M}$　　　　　　D. $\dfrac{Mg+mg}{M}$

2-4　两个质量相等的小球由一轻弹簧相连接,再用一细绳悬挂于天花板上,处于静止状态,如图 2-11 所示,则将绳子剪断的瞬间,球 1 和球 2 的加速度分别为（　　　）。

A. $a_1=2g,a_2=0$　　　　　　　　　　B. $a_1=0,a_2=g$

C. $a_1=g,a_2=0$　　　　　　　　　　D. $a_1=g,a_2=g$

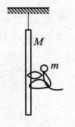

图 2-10　习题 2-3 图　　　　　　　　　　图 2-11　习题 2-4 图

2-5　一质量为 80 kg 的人,站在质量为 40 kg 的底板上,用绳和滑轮连接,如图 2-12 所示。设滑轮、绳的质量及轴处的摩擦可以忽略不计,绳子不可伸长。欲使人和底板能以 1 m/s² 的加速度上升,人对绳子的拉力多大?人对底板的压力多大?（取 $g=10$ m/s²）

2-6　如图 2-13 所示,一小环套在光滑细杆上,细杆以倾角 α 绕竖直轴做匀角速度转动,角速度为 ω,求小环平衡时距杆端点 O 的距离 r。

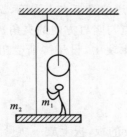

图 2-12　习题 2-5 图　　　　　　　　　图 2-13　习题 2-6 图

2-7　　几个不同倾角的光滑斜面,有共同的底边,顶点也在同一竖直面上,如图 2-14 所示。求为使小球从斜面上端由静止滑到下端的时间最短的斜面倾角。

2-8　　质量为 2 kg 的质点的运动方程为 $\vec{r} = (6t^2 - 1)\vec{i} + (3t^2 + 3t + 1)\vec{j}$($t$ 为时间,单位为 s;长度单位为 m),求质点所受力的大小和方向。

2-9　　一质量为 4 kg 的质点在变力 $F = 48t + 24$ 的作用下沿 x 轴运动,设 $t = 0$ s 时,质点速度 $v_0 = 2$ m/s,质点位置 $x_0 = 0$ m。试求质点在 $t = 2$ s 末的速度和位置。

2-10　　两质量分别为 m 和 M 的物体并排放在光滑的水平桌面上。现有一水平力 $\vec{F}$ 作用在物体 m 上,使两物体一起向右运动,如图 2-15 所示。求两物体间的相互作用力。若水平力 $\vec{F}$ 作用在 M 上,使两物体一起向左运动,则两物体间相互作用力的大小是否发生变化?

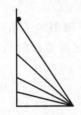
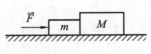

图 2-14　习题 2-7 图　　　　　　　　　图 2-15　习题 2-10 图

2-11　　如图 2-16 所示,质量为 $m_1 = 10$ kg 和 $m_2 = 20$ kg 的两个物体,用轻弹簧连接在一起放在光滑水平桌面上,以 $F = 100$ N 的力沿弹簧方向作用于 m_2,使 m_1 得到加速度 $a_1 = 1.2$ m/s^2,求 m_2 获得的加速度的大小。

2-12　　如图 2-17 所示,这是一个圆锥摆,摆长为 l,小球质量为 m,欲使小球在锥顶角为 θ 的圆周内做匀速圆周运动,给予小球的速度为多大?此时绳子的张力多大?

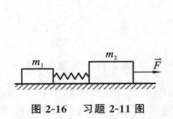
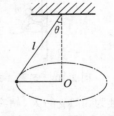

图 2-16　习题 2-11 图　　　　　　　　图 2-17　习题 2-12 图

2-13　　一木块能在与水平面成 α 角的斜面上匀速下滑,若使它以速率 v_0 沿此斜面向上滑动,试证明它能沿该斜面向上滑动的距离为 $\dfrac{v_0^2}{4g\sin\alpha}$。

2-14　　一质量为 m 的小球,从一半径为 r 的光滑圆轨道的最高点 A 滑下,试求小球到达图 2-18 所示的 C 点时的速度和对圆轨道的作用力(已知 C 点与竖直方向的夹角 $\theta = 60°$)。

2-15　　质量为 m 的子弹以速度 v_0 水平射入固定的木块中,设子弹所受阻力与速度成正比,比例系数为 k,忽略子弹的重力,求:

(1) 子弹射入木块后,速度随时间变化的函数关系式;

(2) 子弹射入木块的最大深度。

2-16　　如图 2-19 所示,桌面上有一质量 $M = 1.50$ kg 的板,板上放一质量为 $m = 2.45$ kg 的另一物体,设物体与板、板与桌面之间的摩擦系数均为 0.25,要将板从物体下面抽出,至少需要多大的水平力?

2-17　如图2-20所示,两质量均为 m 的小球穿在一光滑圆环上,并由一轻绳相连,环竖直固定放置,在图示位置由静止释放,试问释放瞬间绳上张力为多少?

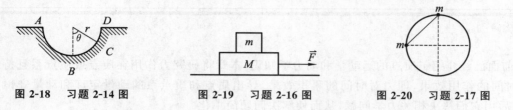

图 2-18　习题 2-14 图　　　　　图 2-19　习题 2-16 图　　　　　图 2-20　习题 2-17 图

2-18　质量为 m 的汽车,在恒定的牵引力 $\vec{F}$ 的作用下工作,它所受的阻力与其速率的平方成正比,它能达到的最大速率是 v_m,试计算汽车从静止加速到 $\dfrac{v_m}{2}$ 所需的时间。

第3章 动量和动量守恒定律

前面已经介绍了质点的运动学和动力学知识。本章将研究力作用在质点或质点系且持续一段时间的作用效果,即力对时间的累积效果,导出质点和质点系的动量定理和动量守恒定律,然后用它们解决相关力学问题,从而使解决问题简单化。

3.1 冲量 动量定理

3.1.1 冲量

力和时间的乘积,或者说力对时间累积的效果叫冲量(impulse),用 $\vec{I}$ 表示,单位为牛·秒(N·s)。下面具体介绍几种力的冲量。

1. 恒力的冲量

当一质点受到恒定外力 $\vec{F}$ 时,作用时间为 Δt,则冲量表示为

$$\vec{I} = \vec{F} \Delta t$$

2. 变力在 dt 时间内的微冲量

$$d\vec{I} = \vec{F}dt \tag{3-1}$$

变力对单个质点作用一段时间 $t_1 \sim t_2$ 过程中的冲量用积分形式表示,即

$$\vec{I} = \int_{t_1}^{t_2} \vec{F}dt \tag{3-2}$$

在一维情况下,冲量就是 $F\text{-}t$ 曲线图中冲力曲线与横轴之间的面积。

3. 合力的冲量

当质点同时受到多个力的作用时,作用于该质点的合力在一段时间内的冲量等于各分力在同一段时间内冲量的矢量和,可以表示为

$$\vec{I} = \int_{t_1}^{t_2} \vec{F}dt = \int_{t_1}^{t_2} \sum \vec{F}_i dt = \sum \int_{t_1}^{t_2} \vec{F}_i dt = \sum \vec{I}_i \tag{3-3}$$

3.1.2 质点的动量定理

一质点的动量被定义为其质量和速度的乘积,用 $\vec{p}$ 表示,即写成

$$\vec{p} = m\vec{v}$$

牛顿第二定律表明质点所受的合外力等于质点动量对时间的变化率,即

$$\vec{F} = \frac{d\vec{p}}{dt}$$

将它进行变形可得到

$$\vec{F}\mathrm{d}t = \mathrm{d}\vec{p} \tag{3-4a}$$

左边是变力在 $\mathrm{d}t$ 时间内的微冲量,右边则为动量的变化。此式的物理意义是**力 $\vec{F}$ 在 $\mathrm{d}t$ 时间内的累积效果等于质点动量的增量**。考虑一段时间 t_1 到 t_2 过程中的变化,则可以分别对两边积分

$$\int_{t_1}^{t_2} \vec{F}\mathrm{d}t = \int_{\vec{p}_1}^{\vec{p}_2} \mathrm{d}\vec{p} = \vec{p}_2 - \vec{p}_1 \tag{3-4b}$$

式(3-4b)的物理意义为**质点在运动过程中所受合外力在给定时间内的冲量等于质点在此时间内动量的增量**。式(3-4a)和式(3-4b)分别为质点动量定理(theorem of momentum)的微分形式和积分形式。

动量定理还可以表示成
$$\vec{I} = \vec{p}_2 - \vec{p}_1 = \Delta\vec{p} \tag{3-5}$$
即在一个过程中,质点受到的合外力的冲量等于质点动量的增量。几何上, $\vec{I}, \vec{p}_1, \vec{p}_2$ 构成闭合矢量三角形(见图 3-1)。

在处理具体问题时经常要单独考虑某一方向的情况,会用到直角坐标系下质点动量定理的分量形式:

$$\begin{cases} I_x = \displaystyle\int_{t_1}^{t_2} F_x\mathrm{d}t = p_{2x} - p_{1x} \\[2mm] I_y = \displaystyle\int_{t_1}^{t_2} F_y\mathrm{d}t = p_{2y} - p_{1y} \\[2mm] I_z = \displaystyle\int_{t_1}^{t_2} F_z\mathrm{d}t = p_{2z} - p_{1z} \end{cases} \tag{3-6}$$

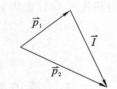

图 3-1　动量定理

式(3-6)表明,**合外力的冲量在某个方向上的分量等于质点动量在该方向上的分量的增量**。

在研究质点动量定理时需注意如下几点:

(1) 力是改变物体运动状态的原因,冲量是改变物体动量的原因。动量是描述运动物体力学特征的物理量,是物理学中相当重要的概念。这一概念是单一的质量概念、单一的速度概念无法替代的。

(2) 冲量、动量都是矢量,动量定理在使用时一定要注意方向。物体只在一维空间中运动,各力也都在同一直线上时,动量、冲量的方向可用正、负号表示。

(3) 动量定理是由牛顿第二定律推导出来的,但它与牛顿第二定律又有区别,牛顿第二定律表示动量的变化率与外力的关系,而动量定理则表示在力的持续作用下质点动量连续变化的结果,即在一段时间内合外力对时间的累积效果。

(4) 冲量是过程量,动量是状态量。动量定理表明,冲量这个过程量可以用作为状态量的动量的变化来表征。

(5) 动量定理在处理碰撞、打击问题时,由于力作用时间很短且数值幅度变化非常大,冲力的变化函数一般很难确定,通常用平均冲力 $\overline{\vec{F}}$ 来处理冲力的变化,即

$$\overline{\vec{F}} = \frac{\displaystyle\int_{t_1}^{t_2} \vec{F}\mathrm{d}t}{t_2 - t_1} = \frac{\vec{I}}{\Delta t} \tag{3-7}$$

例 3-1　一质量为 0.15 kg 的棒球以 $v_0 = 40$ m/s 的水平速度飞来,被棒打击后,速度仍沿水平方向,但与原来的方向成 $135°$ 角,大小为 $v = 50$ m/s。如果棒与球的接触时间为 0.02 s,求棒对球的平均打击力的大小及方向。

解　　在初速度方向上，由动量定理有

$$-F_1 \Delta t = mv\cos 135° - mv_0 \qquad ①$$

与初速度垂直的方向上，由动量定理有

$$-F_2 \Delta t = mv\cos 45° \qquad ②$$

$$\overline{F} = \sqrt{F_1^2 + F_2^2} \qquad ③$$

由式 ①、②、③，代入数据得　　　　　　$\overline{F} \approx 624 \text{ N}$

$\overrightarrow{F}$ 与原方向成 $\arctan\left(\dfrac{F_2}{-F_1}\right) \approx 155°$ 角。

本题还可以根据动量定理 $\vec{I} = \vec{p}_2 - \vec{p}_1 = \Delta\vec{p}$，按照矢量三角形来分析，根据余弦定理来求 $\vec{I}$，再根据平均打击力公式求平均打击力。读者可以按照这个思路去解一解，可得

$$\overline{F} = \frac{\int_{t_1}^{t_2} \vec{F}\mathrm{d}t}{t_2 - t_1} = \frac{\vec{I}}{\Delta t}$$

3.1.3　质点系的动量定理

对于多个质点组成的系统即质点系，它的动量定理又是如何？在学习质点系动量定理之前需要了解下面三个概念。

质点系：由若干个相互作用的质点组成的系统，质点间存在相互作用力。

内力：质点系内各个质点之间的相互作用力。

外力：质点系外的其他质点（物体）对质点系内任一质点的作用力。

设系统内每个质点的质量分别为 $m_1, m_2, \cdots, m_i, \cdots, m_n$，分别受外力和相互作用内力 $\vec{F}_1$，$\vec{F}_2, \cdots, \vec{F}_i, \cdots, \vec{F}_n$ 作用。对 i 质点应用质点的动量定理有

$$\vec{F}_i \mathrm{d}t = (\vec{F}_{i外} + \vec{F}_{i内})\mathrm{d}t = \mathrm{d}\vec{p}_i$$

其中，$\vec{F}_{i外}$ 表示作用在第 i 个质点上的外力，$\vec{F}_{i内}$ 表示作用在第 i 个质点上的内力。

对质点系中 n 个质点对应的动量定理求和：

$$\left(\sum_i \vec{F}_{i外} + \sum_i \vec{F}_{i内}\right)\mathrm{d}t = \sum_i \mathrm{d}\vec{p}_i$$

由于内力总是成对出现的，$\sum_i \vec{F}_{i内} = 0$，故

$$\left(\sum_i \vec{F}_{i外}\right)\mathrm{d}t = \sum_i \mathrm{d}\vec{p}_i \qquad (3\text{-}8)$$

令 $\vec{F}_外 = \sum_i \vec{F}_{i外}$，$\vec{p}_1$ 和 $\vec{p}_2$ 分别为质点系的初总动量和末总动量，在 t_1 到 t_2 时间间隔内，式 (3-8) 的积分形式为

$$\vec{I} = \int_{t_1}^{t_2} \vec{F}_外 \mathrm{d}t = \int_{\vec{p}_1}^{\vec{p}_2} \mathrm{d}\vec{p} = \vec{p}_2 - \vec{p}_1 \qquad (3\text{-}9)$$

在一段时间内，作用于质点系的外力的矢量和的冲量等于质点系总动量的增量，这就是质点系的动量定理。从上面的推导结果看，内力不改变系统的总动量。

例 3-2　　如图 3-2 所示，木板 B 静止置于水平台面上，小木块 A 放在 B 板的一端上，已知 $m_A = 0.25 \text{ kg}$，$m_B = 0.75 \text{ kg}$，小木块 A 与木板 B 之间的摩擦系数 $\mu_1 = 0.5$，木板 B 与台面间的摩擦系数 $\mu_2 = 0.1$。现在给小木块 A 一向右的水平初速度 $v_0 = 40 \text{ m/s}$，问：经过多长时间

A、B 恰好具有相同的速度?(设 B 板足够长)

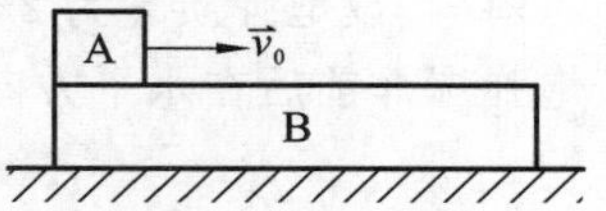

解　根据质点系的动量定理有

$$-F_{rk}\Delta t = (m_A + m_B)v - m_A v_0$$

其中

$$F_{rk} = \mu_2(m_A + m_B)g$$

对小木块 A 应用质点的动量定理

$$-F'_{rk}\Delta t = m_A v - m_A v_0$$

其中

$$F'_{rk} = \mu_1 m_A g$$

联立以上方程求解,可得

$$v = \left(\frac{m_A\mu_1}{m_A + m_B} - \mu_2\right)\cdot\frac{v_0}{\mu_1 - \mu_2}, \quad \Delta t = \frac{v_0 - v}{\mu_1 g}$$

代入有关数据得

$$v = 2.5 \text{ m/s}, \quad \Delta t = 7.65 \text{ s}$$

图 3-2　例 3-2 用图

3.2　动量守恒定律

如果质点系所受的合外力为零,质点系的动量将保持不变,即 $\vec{F}_{外} = 0$,则有

$$\vec{p} = \sum_i m_i \vec{v}_i = 恒矢量 \tag{3-10}$$

注意:

(1)动量守恒是指质点系总动量不变,$\sum_i m_i \vec{v}_i = 恒矢量$。各质点的动量是可以变化的。

(2)动量守恒定律的分量形式为:

$$\begin{cases} 若 F_x = 0,则 \sum_i m_i v_{ix} = 常量 \\ 若 F_y = 0,则 \sum_i m_i v_{iy} = 常量 \\ 若 F_z = 0,则 \sum_i m_i v_{iz} = 常量 \end{cases} \tag{3-11}$$

当合外力不为零,质点系总动量不守恒。但合外力在某一个坐标轴上的分量为零,质点系总动量在该方向上的分量守恒。

(3)动量守恒定律是从动量定理得出来的,而动量定理又是从牛顿第二定律推导出来的,所以动量守恒定律只有在惯性系中才成立,且各个质点的运动是以同一个惯性系作为参考系的。

(4)当质点系的内力远远大于外力($F_内 \gg F_外$),或者外力不太大而作用时间很短促时,可以忽略外力的效果,近似地应用动量守恒定律。

(5)动量守恒定律是物理学中最普遍、最基本的定律之一。它不仅适用于宏观领域,也适用于微观粒子,具有普遍性。在微观粒子做高速运动(速度接近光速)的情况下,牛顿定律已经不适用,但是动量守恒定律仍然适用。

例 3-3　一炮弹以速率 v_0 沿仰角 α 的方向发射出去后,在到达最高点时爆炸为质量相等的两块碎片,一块以 45° 仰角向上飞,一块以 30° 俯角向下冲,求刚爆炸后这两块碎片的速率各为多大。(炮弹飞行时的空气阻力不计。)

解　　设炮弹质量为 $2m$,爆炸后的两块碎片中向上飞的速率为 v_1,向下冲的速率为 v_2。由于炮弹爆炸前后在水平方向上不受外力作用,于是其在水平方向动量守恒,故有

$$2mv_0\cos\alpha = mv_1\cos45° + mv_2\cos30°$$

在爆炸的瞬间,炮弹受的重力相对于爆炸内力可忽略,因此可以认为在竖直方向上动量亦守恒,因此有

$$mv_1\sin45° = mv_2\sin30°$$

联立以上两式,可得

$$\begin{cases} v_1 = \dfrac{4v_0\cos\alpha}{\sqrt{2}+\sqrt{6}} \\[3mm] v_2 = \dfrac{4v_0\cos\alpha}{1+\sqrt{3}} \end{cases}$$

3.3　质心　质心运动定理

为了深入理解质点系和实际物体的运动,通常要研究质点系分布情况,从而更好地研究其运动形式,比如日常生活中水平上抛三角板(见图 3-3)、跳水(见图 3-4)、掷铁饼等都需要研究其质心的运动。

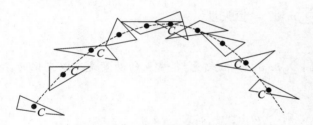

图 3-3　三角板质心的抛物线路径

图 3-4　跳水运动员

3.3.1　质心

质心(center of mass)就是质点系的质量中心。如图 3-5 所示,一个物体由 n 个质点组成,质量分别为 $m_1,m_2,\cdots,m_i,\cdots,m_n$,位置矢量分别为 $\vec{r}_1,\vec{r}_2,\cdots,\vec{r}_i,\cdots,\vec{r}_n$。定义质心的位置矢量为

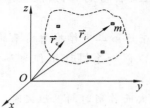

图 3-5　质心

$$\vec{r}_c = \frac{m_1\vec{r}_1 + m_2\vec{r}_2 + \cdots + m_i\vec{r}_i + \cdots + m_n\vec{r}_n}{m_1 + m_2 + \cdots + m_i + \cdots + m_n} = \frac{\sum\limits_{i=1}^{n} m_i\vec{r}_i}{\sum\limits_{i=1}^{n} m_i} \quad (3-12)$$

在直角坐标系中,质心位置矢量各分量的表达式(质量不连续分布)为

$$x_c = \frac{\sum\limits_{i=1}^{n} m_i x_i}{\sum\limits_{i=1}^{n} m_i}, \quad y_c = \frac{\sum\limits_{i=1}^{n} m_i y_i}{\sum\limits_{i=1}^{n} m_i}, \quad z_c = \frac{\sum\limits_{i=1}^{n} m_i z_i}{\sum\limits_{i=1}^{n} m_i} \quad (3-13)$$

对于质量连续分布的物体,质心的计算公式为

$$\vec{r}_c = \frac{1}{M}\int \vec{r}\,\mathrm{d}m \tag{3-14}$$

分量形式为

$$x_c = \frac{1}{M}\int x\mathrm{d}m, \quad y_c = \frac{1}{M}\int y\mathrm{d}m, \quad z_c = \frac{1}{M}\int z\mathrm{d}m \tag{3-15}$$

对于具有对称性且质量分布均匀的物体,质心在其对称中心。

3.3.2　质心运动定理

质心公式(3-12)中,令 $M = \sum_{i=1}^{n} m_i$,并对时间求导有

$$M\frac{\mathrm{d}\vec{r}_c}{\mathrm{d}t} = \sum_{i=1}^{n} m_i \frac{\mathrm{d}\vec{r}_i}{\mathrm{d}t}$$

$\dfrac{\mathrm{d}\vec{r}_c}{\mathrm{d}t}$ 为质心的速度 $\vec{v}_c$,$\dfrac{\mathrm{d}\vec{r}_i}{\mathrm{d}t}$ 为第 i 个质点的速度 $\vec{v}_i$,因而上式为

$$M\vec{v}_c = \sum_{i=1}^{n} m_i\vec{v}_i = \sum_{i=1}^{n} \vec{p}_i \tag{3-16}$$

上式表明,系统内各质点的动量的矢量和等于系统质心的速度与系统质量的乘积。式 (3-16) 两边对时间求导,由质点系的动量定理,系统所受的合外力可以写成

$$\vec{F}_c = M\frac{\mathrm{d}\vec{v}_c}{\mathrm{d}t} = M\vec{a}_c \tag{3-17}$$

上式表明,**作用在系统上的合外力等于系统的总质量与系统质心加速度的乘积**。它与牛顿第二定律在形式上完全相同,相当于系统的质量全部集中于系统的质心,在合外力的作用下,质心以加速度 $\vec{a}_c$ 运动,称为**质心运动定理**(theorem of motion of mass center)。

说明:

(1) 坐标系的选择不同,质心的坐标也不同,但质心的相对位置不变。质心的空间位置不随坐标系的选取而改变。

(2) 质心是由质量分布决定的特殊的点,重心是地球对物体各部分引力的合力的作用点。当物体远离地球时,重力不存在,重心的概念失去意义,但是质心还是存在的。

(3) 内力不能改变质心的运动状态。

例 3-4　一均质材料做成正方形,每边长 4.0 m,在其一角上切去边长为 1.0 m 的小正方形后成为图 3-6 所示的形状,求余下物体的质心位置 (x_c, y_c)。

解　由题意可知原正方形的质心位置为 $(0,0)$,切去的小正方形的质心位置为 $(1.5, -1.5)$。设原正方形的质量为 m,则小正方形的质量为 $m/16$,所以有

$$0 = \frac{\frac{15m}{16}x_c + \frac{m}{16} \times 1.5}{m}, \quad 0 = \frac{\frac{15m}{16}y_c - \frac{m}{16} \times 1.5}{m}$$

得余下物体的质心位置为 $(-0.1, 0.1)$。

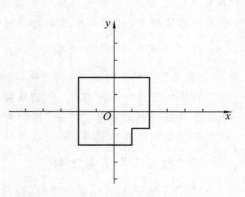

图 3-6　例 3-4 用图

阅读材料三　　宇宙飞船

宇宙飞船（spaceship）是一种运送航天员、货物到达太空并安全返回的一次性使用的航天器。它能基本保证航天员在太空短期生活并进行一定的工作。它的运行时间一般是几天到半个月，一般载 2 名到 3 名航天员。

世界上第一艘载人飞船是"东方"1 号宇宙飞船。它由两个舱组成，上面的是密封载人舱，又称航天员座舱。这是一个直径为 2.3 米的球体。舱内设有能保障航天员生活的供水、供气的生命保障系统，以及控制飞船姿态的姿态控制系统、测量飞船飞行轨道的信标系统、着陆用的降落伞回收系统和应急救生用的弹射座椅系统。另一个舱是设备舱，它长 3.1 米，直径为 2.58 米。设备舱内有使载人舱脱离飞行轨道而返回地面的制动火箭系统、供应电能的电池、储气的气瓶、喷嘴等系统。"东方"1 号宇宙飞船总质量约为 4700 千克。它和运载火箭都是一次性的，只能执行一次任务。至今，人类已先后研究制出三种构型的宇宙飞船，即单舱型、双舱型和三舱型。其中单舱型最为简单，只有宇航员的座舱，美国第一个宇航员格伦就是乘单舱型的"水星"号飞船上天的；双舱型飞船是由座舱和提供动力、电源、氧气和水的服务舱组成，它改善了宇航员的工作和生活环境，世界第一个男女宇航员乘坐的苏联"东方"号飞船、世界第一个出舱宇航员乘坐的苏联"上升"号飞船以及美国的"双子星座"号飞船均属于双舱型；最复杂的就是三舱型飞船，它是在双舱型飞船的基础上或增加一个轨道舱（卫星或飞船），用于增加活动空间、进行科学实验等，或增加一个登月舱（登月式飞船），用于在月面着陆或离开月面，苏联的"联盟"系列和美国的"阿波罗"号飞船是典型的三舱型。

一、苏联宇宙飞船

1. "东方"号宇宙飞船

"东方"1 号宇宙飞船，由乘员舱和设备舱及末级火箭组成，总重 6.17 吨，长 7.35 米。乘员舱呈球形，直径 2.3 米，重 2.4 吨，外侧覆盖有耐高温材料，能承受再入大气层时因摩擦产生的 5000 ℃ 左右的高温。乘员舱只能载一人，有三个舱口，一个是宇航员出入舱口，另一个是与设备舱连接的舱口，再一个是返回时乘降落伞的舱口。宇航员可通过舷窗观察或拍摄舱外情景。宇航员的座椅装有弹射装置，在发生意外事故时可紧急弹出脱险。同时在飞船下降到距离地面 7000 米的地方，宇航员连同座椅一起弹出舱外，并张开降落伞下降。在到达 4000 米高度时，宇航员与座椅分离，只身乘降落伞返回地面。"东方"1 号宇宙飞船打开了人类通往太空的道路。

2. "上升"号宇宙飞船

"上升"号宇宙飞船重 5.32 吨，球形乘员舱直径与"东方"号飞船大体相同，改进之处是提高了舱体的密封性和可靠性。宇航员在座舱内可以不穿宇航服，返回时不再采用弹射方式，而是随乘员舱一起软着陆。"上升"1 号宇宙飞船载 3 名宇航员，在太空飞行 24 时 17 分；"上升"2 号宇宙飞船载 2 名宇航员，在太空飞行 26 时 2 分。

3. "联盟"号宇宙飞船

"联盟"号宇宙飞船由轨道舱、指令舱和设备舱三部分组成，重约 6.5 吨，全长约 7 米，宇航员在轨道舱中工作和生活；设备舱呈圆柱形，长 2.3 米，直径 2.3 米，重约 2.6 吨，装有遥测、通信、能源、温控等设备;指令舱呈钟形,底部直径 3 米,长约 2.3 米,重约 2.8 吨。飞船在返回大气层之前,将轨道舱和设备舱抛掉,指令舱装载着宇航员返回地面。从"联盟"10 号飞船开始,苏联的宇宙飞船转到与空间站对接载人飞行,把载人航天活动推向了更高的阶段。

4. "联盟"号系列载人飞船和"进步"号系列货运飞船

苏联的空间站上天以来,一直与"联盟"号系列载人飞船和"进步"号系列货运飞船一起,共同组成轨道联合体执行载人航天飞行任务。

"联盟"号系列载人飞船已更换三代,作为空间站的载人工具,从"联盟"10 号开始,到 1993 年年底,共有 30 艘"联盟"号、14 艘"联盟"T 号、17 艘"联盟"TM 号飞船载人到空间站上开展太空科学考察活动。第一代"联盟"号,主要用于试验载人飞船与空间站的交会、对接和机动飞行,为载人到空间站活动打下了坚实的基础;第二代"联盟"T 号,改进了座舱设施,提高了生命保障系统的可靠性和生活环境的舒适性;第三代"联盟"TM 号,又改进了会合、对接、通信、紧急救援和降落伞系统,增加了有效载荷。经过改进的"联盟"TM 号飞船总重 7 吨,长约 7 米,翼展 10.6 米,载 3 名宇航员和 250 千克货物,最大改进是对接系统,可以在任何姿态下与"和平"号空间站对接,无须空间站做机动飞行和调整姿态。

"进步"号系列货运飞船执行向空间站定期补给食品、货物、燃料和仪器设备等任务。到 1993 年年底,已发展两代,共发射"进步"号 42 艘、"进步"M 号 20 艘。它与空间站对接完成装卸任务后即自行进入大气层烧毁。这种飞船由仪器舱、燃料舱和货舱组成,货舱容积 6.6 立方米,可运送 1.3 吨货物,燃料舱带 1 吨燃料。它可自行飞行 4 天,与空间站对接飞行可达 2 个月。

二、美国宇宙飞船

1. "水星"号载人飞船

"水星"号飞船是美国的第一代载人飞船,总共进行了 25 次飞行试验,其中 6 次是载人飞行试验。"水星"号飞船计划始于 1958 年 10 月,结束于 1963 年 5 月,历时 4 年 8 个月。"水星"计划共耗资 3.926 亿美元,其中飞船为 1.353 亿美元,占总费用的 34.5%;运载火箭为 0.829 亿美元,占总费用的 21.1%;地面跟踪网为 0.719 亿美元,占总费用的 18.34%;运行和回收操作费用为 0.493 亿美元,占总费用的 12.6%;其他设施为 0.532 亿美元,占总费用的 13.46%。

"水星"计划的主要目的是实现载人空间飞行的突破,把载一名航天员的飞船送入地球轨道,飞行几圈后安全返回地面,并考察失重环境对人体的影响、人在失重环境中的工作能力。重点是解决飞船的再入气动力学、热动力学和人为差错对以往从未遇到过的高加速度和零重力的影响等问题。

"水星"号飞船总长约 2.9 米,底部最大直径 1.86 米,重 1.3 ~ 1.8 吨,由圆台形座舱和圆柱形伞舱组成。座舱内只能坐一名航天员,设计最长飞行时间为 2 天,飞行时间最长的一次为 34 时 20 分,绕地球 22 周(1963 年 5 月 15 日—16 日"水星 -9"飞船飞行)。"水星"计划的 6 次载人飞行共历时 54 时 25 分。

2. "双子星座"号飞船

美国载人飞船系列,从 1965 年 3 月到 1966 年 11 月共进行 10 次载人飞行。主要目的是在轨道上进行机动飞行、交会、对接和航天员试做舱外活动等,为"阿波罗"号飞船载人登月飞行做技术准备。"双子星座"号飞船重 3.2 ~ 3.8 吨,最大直径 3 米,由座舱和设备舱两个舱段组成。

座舱分为密封和非密封两部分。密封舱内安装显示仪表、控制设备、废物处理装置和供两名航天员乘坐的两把弹射座椅,还带有食物和水。无线电设备、生命保障系统和降落伞等安装在非密封舱内。座舱前端还有交会用的雷达和对接装置,座舱底部覆盖再入防热材料。设备舱分上舱和下舱。上舱中主要安装 4 台制动发动机,下舱中有轨道机动发动机及其燃料、轨道通信设备、燃料电池等。设备舱内壁还有许多流动冷却液的管子,因此设备舱又是个空间热辐射器。飞船在返回以前先抛掉设备舱下舱,然后点燃 4 台制动火箭,再抛掉设备舱上舱,座舱再入大气层,下降到低空时打开降落伞,航天员与座舱一起在海面上溅落。

3. "阿波罗"号飞船

Apollo spacecraft,美国实施载人登月过程中使用的飞船。"阿波罗"11 号飞船于 1969 年 7 月 20 日至 21 日首次实现人登上月球的理想。此后,美国又相继 6 次发射"阿波罗"号飞船,其中 5 次成功,总共有 12 名航天员登上月球。飞船由指挥舱、服务舱和登月舱三部分组成。其中,指挥舱是全飞船的控制中心,也是航天员飞行中生活和工作的座舱;服务舱采用轻金属蜂窝结构,周围分为 6 个隔舱,容纳主发动机、推进剂贮箱和增压、姿态控制、电气等系统。前端与指挥舱对接,后端有推进系统主发动机喷管。登月舱由下降级和上升级组成。

三、中国"神舟"系列宇宙飞船

1. "神舟"一号

发射时间:1999 年 11 月 20 日 6 时 30 分 7 秒。

发射火箭:新型"长征"二号 F 捆绑式火箭。这次发射是"长征"系列运载火箭的第 59 次飞行,也是当时 3 年连续 17 次获得成功。

飞船进入轨道所需飞行时间:火箭起飞约 10 分钟,飞船与火箭分离,进入预定轨道。

返回时间:1999 年 11 月 21 日 3 时 41 分。

发射地点:酒泉卫星发射中心。

着陆地点:内蒙古自治区中部地区。

飞行时间/圈数:21 时 11 分/14 圈。

搭载物品:一是旗类,中华人民共和国国旗、香港特别行政区区旗、澳门特别行政区区旗、奥运会会旗等;二是各种邮票及纪念封;三是各 10 克左右的青椒、西瓜、玉米、大麦等农作物种子,此外还有甘草、板蓝根等中药材。

2. "神舟"二号

发射时间:2001 年 1 月 10 日 1 时 0 分 3 秒。

发射火箭:新型"长征"二号 F 捆绑式火箭。此次发射是"长征"系列运载火箭第 65 次飞行,也是继 1996 年 10 月以来中国航天发射连续第 23 次获得成功。

飞船进入轨道所需飞行时间:飞船起飞 13 分钟后,进入预定轨道。

返回时间:2001 年 1 月 16 日 19 时 22 分。

发射地点:酒泉卫星发射中心。

着陆地点:内蒙古自治区中部地区。

飞行时间/圈数:6 天零 18 时/108 圈。

试验项目:我国首次在飞船上进行了微重力环境下空间生命科学、空间材料、空间天文和物理等领域的试验,包括进行了半导体光电子材料、氧化物晶体、金属合金等多种材料的晶体生长;进行了蛋白质和其他生物大分子的空间晶体生长;开展了植物、动物、水生生物、微生物及离体细胞和细胞组织的空间环境效应试验等。

3."神舟"三号

发射时间:2002 年 3 月 25 日 22 时 15 分。

发射火箭:新型"长征"二号 F 捆绑式火箭。这次发射是"长征"系列运载火箭第 66 次飞行。自 1996 年 10 月以来,我国运载火箭发射已经连续 24 次获得成功。

飞船进入轨道所需飞行时间:火箭点火升空 10 分钟后,飞船成功进入预定轨道。

返回时间:2002 年 4 月 1 日。

发射地点:酒泉卫星发射中心。

着陆地点:内蒙古自治区中部地区。

飞行时间/圈数:6 天零 18 时/108 圈。

搭载物品:处于休眠状态的乌鸡蛋,进行空间试验的有效载荷公用设备 10 项,44 件之多,包括卷云探测仪、中分辨率成像光谱仪、地球辐射收支仪、太阳紫外线光谱监视仪器、太阳常数监测器、大气密度探测器、大气成分探测器、飞船轨道舱窗口组件、细胞生物反应器、多任务位空间晶体生长炉、空间蛋白质结晶装置、固体径迹探测器、微重力测量仪、有效载荷公用设备。据介绍,微重力测量仪、返回舱有效载荷公用设备是第 3 次参加飞船试验,空间蛋白质结晶装置、多任务位空间晶体生长炉和轨道舱有效载荷公用设备是第 2 次参加飞船试验,其余设备均是首次在太空做试验。

4."神舟"四号

发射时间:2002 年 12 月 30 日 0 时 40 分。

发射火箭:新型"长征"二号 F 捆绑式火箭。此次是"长征"系列运载火箭的第 69 次飞行,也是自 1996 年 10 月以来,我国航天发射连续第 27 次获得成功。

飞船进入轨道所需飞行时间:火箭点火升空 10 分钟后,飞船成功进入预定轨道。

返回时间:2003 年 1 月 5 日 19 时 16 分。

发射地点:酒泉卫星发射中心。

着陆地点:内蒙古自治区中部地区。

飞行时间/圈数:6 天零 18 时/108 圈。

搭载物品:除了大气成分探测器等 19 件已经参加过此前的飞行试验的设备外,还有一面北京航空航天大学校旗和首次"上天"的空间细胞电融合仪等 33 件科研设备。一场筹备了 10 年之久的两对"细胞太空婚礼"也在飞船上举行,一对动物细胞"新人"是 B 淋巴细胞和骨髓瘤细胞,另一对是植物细胞"新人"——黄花烟草原生质体和革新一号烟草原生质体。专家介绍,在微重力条件下,细胞在融合液中的重力沉降现象将消失,更有利于细胞间进行配对与融合这些"亲热举动"。此项研究将为空间制药探索新方法。

5."神舟"五号

发射时间:2003 年 10 月 15 日 9 时整。

发射火箭:新型"长征"二号 F 捆绑式火箭。此次是"长征"系列运载火箭第 71 次飞行,也是继 1996 年 10 月以来,我国航天发射连续第 29 次获得成功。

飞船进入轨道所需飞行时间:9分10秒,船箭分离,"神舟"五号载人飞船准确进入预定轨道。

返回时间:2003年10月16日6时28分。

发射地点:酒泉卫星发射中心。

着陆地点:内蒙古中部阿木古郎草原地区。

飞行时间/圈数:21时/14圈。

搭载物品:"神舟"五号载人飞船返回舱内搭载有一面具有特殊意义的中国国旗、一面北京2008年奥运会会徽旗、一面联合国国旗、人民币主币票样、中国首次载人航天飞行纪念邮票、中国载人航天工程纪念封和来自祖国宝岛台湾的农作物种子等。

备注:中国飞天第一人杨利伟就是乘"神舟"五号载人飞船成功飞行的。

6."神舟"六号

发射时间:2005年10月12日9时0分0秒。

发射火箭:神箭——"长征"二号F运载火箭。

飞船进入轨道所需飞行时间:584秒。

返回时间:2005年10月17日凌晨4时32分。

发射地点:酒泉卫星发射中心。

着陆地点:四子王草原秋韵。

飞行时间/圈数:115时32分/77圈。

搭载物品:共有8类64种搭载物品,其中包括香港金利来、查氏集团等知名企业标识,搭载的生物菌种、植物组培苗和作物、植物、花卉种子则用于太空育种实验。在开舱仪式现场,6位特殊的"乘客"有机会精彩亮相,它们分别是极地考察时使用过的中国国旗、国际奥委会会旗五环旗、上海世博会会旗、《申报》百年纪念特刊、书画作品《六骏图》和10幅少先队员太空画作品。"神舟"六号返回舱搭载的物品还有"我给'神舟'六号航天员写封信征文活动"特等奖作文、共和国元帅特种邮票和"神舟"六号个性化邮票等邮品以及书画名家的作品等。

备注:执行任务的宇航员是费俊龙、聂海胜。

7."神舟"七号

发射时间:2008年9月25日21时10分04秒988毫秒。

发射火箭:"长征"二号F火箭。这是"长征"系列运载火箭的第109次飞行。

飞船进入轨道所需飞行时间:9分39秒。

返回时间:2008年9月28日17时37分。

发射地点:酒泉卫星发射中心。

着陆地点:内蒙古四子王旗。

飞行时间/圈数:2天20时27分/45圈。

搭载物品:"神舟"七号首次携带中药上天;国家一级保护树种珙桐和国家二级保护树种鹅掌楸的种子各100克;搭载物中首次历史性地出现陶瓷制品;一批深圳太空植物的种子,包括蝴蝶兰、瓜叶菊、球根海棠、灰毛豆、类芦和结缕草等品种;伴飞卫星、五星红旗、特制太空笔。

备注:执行任务的宇航员是翟志刚、刘伯明、景海鹏,其中翟志刚是中国历史上第一个在太空漫步的宇航员。

8. "神舟"八号

发射时间:2011 年 11 月 1 日 5 时 58 分 10 秒。

发射火箭:"神舟"八号飞船的改进型"长征"二号 F 遥八火箭。

飞船进入轨道所需飞行时间:583 秒。

返回时间:2011 年 11 月 17 日 19 点 32 分 30 秒。

发射地点:酒泉卫星发射中心。

对接地点:我国甘肃、陕西上空。

对接时间:2011 年 11 月 3 日凌晨进行第一次交会对接后,"天宫"一号与"神舟"八号组合飞行 12 天之后,第二次交会对接在 11 月 14 日进行。第二次交会对接飞行 2 天之后,11 月 16 日,"神舟"八号第二次撤离"天宫"一号,17 日返回地面。

涵盖微生物、植物和动物等 33 种生物样品装在 40 个有光照的容器中,随"神舟"八号飞船遨游太空。此次在飞船上进行的空间生命科学研究最大的亮点是中外首次合作。

9. "神舟"九号

发射时间:2012 年 6 月 16 日 18 时 37 分 24 秒。

发射火箭:"长征"二号 F 运载火箭。

返回时间:2012 年 6 月 29 日 10 时 03 分。

发射地点:酒泉卫星发射中心。

交会对接:2012 年 6 月 18 日 14 时许,在完成捕获、缓冲、拉近和锁紧程序后,"神舟"九号与"天宫"一号紧紧相牵,中国首次载人交会对接取得成功。对接完成,两飞行器形成稳定运行的组合体后,航天员于 17 时 22 分进入"天宫"一号目标飞行器。"神舟"九号飞船于 16 日傍晚搭载 3 名航天员进入太空。根据既定的飞行方案,飞船在轨飞行十余天,与"天宫"一号目标飞行器进行两次交会对接,第一次为自动交会对接,第二次由航天员手动控制完成。根据飞行方案,"神舟"九号与"天宫"一号自动对接形成组合体后,航天员在地面指挥与支持下,完成组合体状态设置与检查,依次打开各舱段舱门,通过对接通道进入"天宫"一号实验舱。组合体飞行期间,由目标飞行器负责飞行控制,飞船处于停靠状态。3 名航天员在飞船轨道舱内就餐,在"天宫"一号内进行科学实验、技术试验、锻炼和休息。2012 年 6 月 20 日 6 时 18 分,在北京航天飞行控制中心的精确控制下,"天宫"一号与"神舟"九号组合体在太空中进行了第一次姿态调整,使其从交会对接的倒飞状态进入正常飞行姿态,为二次交会对接做好准备。

北京时间 6 月 29 日 10 时许,"神舟"九号飞船返回舱成功降落在位于内蒙古中部的主着陆场预定区域,航天员景海鹏、刘旺、刘洋平安回家。按照地面指令,当飞船进行最后一圈绕地飞行时进入返回姿态,返回舱与推进舱分离,制动发动机点火,飞船在穿越大气层以后,借助降落伞和反推发动机逐步减速,以每秒 3 米至 4 米的下降速度在预定区域成功着陆。3 名航天员身体状况良好。按照计划,"天宫"一号目标飞行器留轨转入长期运行管理。

10. "神舟"十号

发射时间:2013 年 6 月 11 日 17 时 38 分。

发射火箭:"长征"二号 F 遥十火箭。

返回时间:2013 年 6 月 26 日。

发射地点:酒泉卫星发射中心。

交会对接：2013 年 6 月 13 日 13 时 18 分，"天宫"一号目标飞行器与"神舟"十号飞船成功实现自动交会对接。这是"天宫"一号自 2011 年 9 月发射入轨以来，第 5 次与"神舟"飞船成功实现交会对接。在科技人员的精确控制下，"神舟"十号飞船经过多次变轨，于 13 日 10 时 48 分转入主控制状态，以自主导引控制方式向"天宫"一号逐步靠近。在北京航天飞行控制中心就对接准备状态进行最终确认后，"神舟"十号开始向"天宫"一号缓缓靠拢。13 时 11 分，"神舟"十号与"天宫"一号对接环接触，在按程序顺利完成一系列技术动作后，对接机构锁紧，两飞行器连接形成组合体。自动交会对接实施期间，航天员聂海胜、张晓光、王亚平在"神舟"十号飞船返回舱值守。3 名航天员身着舱内航天服，神情镇定地密切监视着飞船仪表盘上的各类数据和对接过程，认真执行各种指令发送操作，并通过天地通信系统，迅速、准确地向地面报告交会对接实施情况。按照任务计划安排，3 名航天员随后进入"天宫"一号并开展相关空间科学实验和技术试验。

习　　题

3-1　质量分别为 m_A 和 $m_B(m_B > m_A)$ 的两质点 A 和 B，受到相等的冲量作用，则（　　）。

A. A 比 B 的动量增量少　　　　　　　B. A 比 B 的动量增量多

C. A、B 的动量增量相等　　　　　　　D. A、B 的动能增量相等

3-2　质量为 m 的铁锤竖直落下，打在木桩上并停下，设打击时间为 Δt，打击前铁锤速率为 v，则在打击木桩的时间内，铁锤所受平均合外力的大小为（　　）。

A. $mv/\Delta t$　　　　　B. $mv/\Delta t - mg$　　　　C. $mv/\Delta t + mg$　　　　D. $2mv/\Delta t$

3-3　某物体在水平方向的变力作用下，由静止开始做无摩擦的直线运动，若力的大小随时间的变化规律如图 3-7 所示，则在 4 ～ 10 s 内，此力的冲量为（　　）。

A. 0　　　　　B. 20 N·s　　　　C. 10 N·s　　　　D. -10 N·s

3-4　粒子 B 的质量是粒子 A 的质量的 4 倍，开始时粒子 A 的速度为 $3\vec{i} + 4\vec{j}$，粒子 B 的速度为 $2\vec{i} - 7\vec{j}$。由于两者的相互作用，粒子 A 的速度变为 $7\vec{i} - 4\vec{j}$，此时粒子 B 的速度等于（　　）。

A. $\vec{i} - 5\vec{j}$　　　　B. $2\vec{i} - 7\vec{j}$　　　　C. 0　　　　　D. $5\vec{i} - 3\vec{j}$

3-5　如图 3-8 所示，圆锥摆的摆球质量为 m，速率为 v，圆半径为 R，当摆球在轨道上运动半周时，摆球所受重力冲量的大小为（　　）。

A. $2mv$

B. $\sqrt{(2mv)^2 + (mg\pi R/v)^2}$

C. $\pi Rmg/v$

D. 0

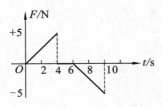

图 3-7　习题 3-3 图

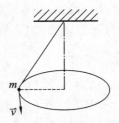

图 3-8　习题 3-5 图

3-6　一辆运沙车以 2 m/s 的速率从卸沙漏斗正下方驶过,每秒钟落入运沙车厢的沙子的质量为 400 kg。如果要使车厢速率保持不变,需要多大的牵引力拉车厢?(设车厢和地面钢轨的摩擦力可忽略。)

3-7　一质量为 1 kg 的质点在变力 $F = 6t$ 作用下沿 x 轴运动,设 $t = 0$ s 时,质点速度 $v_0 = 2$ m/s,质点位置 $x_0 = 0$ m,试求质点在 1 s 末的速率和坐标位置。

3-8　一颗子弹在枪筒里前进时所受的合力大小为 $F = 400 - \dfrac{4 \times 10^5}{3}t$,子弹从枪口射出时的速率为 300 m/s。设子弹离开枪口处合力刚好为零,求:(1)子弹走完枪筒全长所用的时间 t;(2)子弹在枪筒中所受力的冲量 I。

3-9　质量为 m 的物体,由水平面上点 O 以初速度 $\vec{v}_0$ 抛出,$\vec{v}_0$ 与水平面成仰角 α。若不计空气阻力,求:(1)物体从发射点 O 到最高点的过程中,重力的冲量;(2)物体从发射点到落回至同一水平面的过程中,重力的冲量。

3-10　质量为 m 的质点做圆锥摆运动,质点的速率为 v,圆半径为 R,圆锥母线与轴线之间的夹角为 α,计算拉力在一周内的冲量。

3-11　高空作业时系安全带是非常必要的。假如一质量为 51.0 kg 的人,在操作时不慎从高空竖直跌落下来,由于安全带的保护,最终使他被悬挂起来。已知此时人离原处的距离为 2.0 m,安全带弹性缓冲作用时间为 0.50 s,求安全带对人的平均冲力。

3-12　如图 3-9 所示,一个固定的光滑斜面,倾角为 θ,有一个质量为 m 的物体,从高 H 处沿斜面自由下滑,滑到斜面底 C 点之后,继续沿水平面平稳地滑行。设物体所滑过的路程全是光滑无摩擦的,试求:(1)物体到达 C 点瞬间的速度;(2)物体离开 C 点的速度。

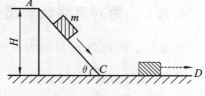

图 3-9　习题 3-12 图

3-13　质量为 M 的木块静止在光滑的水平桌面上,质量为 m、速度为 $\vec{v}_0$ 的子弹水平地射入木块,并陷在木块内与木块一起运动。求:(1)子弹相对木块静止后,木块的速度和动量;(2)子弹相对木块静止后,子弹的动量。

第4章 功 和 能

功（work）和能（energy）是物理学中两个非常重要的概念。在物理学中，功等于力乘以在力的方向所产生的位移，即力对空间的累积效应。一般来说，它与质点机械运动的过程有关。而能量是指物体具有的做功的能力，物质的运动形式是多种多样的，如机械运动、热运动、电磁运动等。功和能虽然意义不同，但它们密切相关。当外力对物体做功时，不仅可以改变物体的运动状态，甚至可以改变物体的运动形式。例如机械运动可以转化为热运动，这时不仅物体的机械能要改变，热运动能量也要改变。因此，功可以用来量度能量。反之，若物体具有了能量，物体就可以做功。这一章将引入功和机械运动中的动能、势能（统称机械能）的概念，并着重讨论功与机械能的关系，从而导出动能定理、功能原理和机械能守恒定律。

4.1 功 功率

4.1.1 力对直线运动质点所做的功

如图 4-1 所示，质点 m 在力 $\vec{F}$ 的作用下，沿直线由 C 点运动到 D 点。设 t 时刻质点位于 A

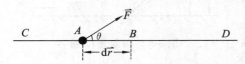

图 4-1 力对直线运动质点所做的功

点，经无限短时间 dt 后，质点运动到 B 点，质点的位移为 $d\vec{r}$。因 dt 取得无限短，所以 $\vec{F}$ 在 $d\vec{r}$ 范围内可看成是恒力，即在 $d\vec{r}$ 范围内 $\vec{F}$ 的大小和方向都相同。设此时 $\vec{F}$ 与 $d\vec{r}$ 之间的夹角为 θ。在物理学中，功的定义为：**功等于力在质点位移方向上的分量与质点位移大小的乘积**。按此定义，这时力 $\vec{F}$ 对质点 m 所做的元功为

$$dA = F\cos\theta \, dr \tag{4-1}$$

力和位移都是矢量，根据矢量标积的定义，上式还可写成

$$dA = \vec{F} \cdot d\vec{r} \tag{4-2}$$

在力 $\vec{F}$ 的作用下，质点沿直线从 C 点运动到 D 点，力 $\vec{F}$ 所做的功为

$$A = \int_C^D \vec{F} \cdot d\vec{r} = \int_C^D F\cos\theta dr \tag{4-3}$$

由式（4-1）可知，功的量值不仅与力和位移的大小有关，而且与它们之间的夹角 θ 有关。当 $0 \leqslant \theta < \dfrac{\pi}{2}$ 时，功为正值，力对质点做正功；当 $\dfrac{\pi}{2} < \theta \leqslant \pi$ 时，功为负值，力对质点做负功；当 $\theta = \dfrac{\pi}{2}$ 时，这时质点虽受到了力的作用，但力做的功为零，力对质点不做功。

由式（4-2）可知，功是力与位移两个矢量的标积，而按标积的定义可知矢量的标积为标量，因而功是标量。

由式(4-3)可知,若力 $\vec{F}$ 为一恒力,则质点由 C 点运动到 D 点恒力 $\vec{F}$ 所做的功为

$$A = \int_{C}^{D} F\cos\theta \mathrm{d}r = F\cos\theta \int_{C}^{D} \mathrm{d}r = F\cos\theta r \tag{4-4}$$

功的概念与后面将要引入的能量的概念有着密切的联系。人们正是从大量的反映这一联系的真实过程中抽象出了功和能的概念,并给出了它们的科学定义。因此,在确定了功与能量变化之间的关系以后,才能进一步理解功的物理意义和上述功的定义的依据。

由于质点的位移与参考系的选择有关,因此,功的量值具有相对性,与参考系的选择有关。例如在运行的电梯中,若选电梯为参考系,电梯对人的支持力 $\vec{F}_{N}$ 因不能使人产生位移,所做的功为零;而若选地面为参考系,人对地面有位移,故 $\vec{F}_{N}$ 做功。

在国际单位制中,力的单位为 N,位移的单位为 m,功的单位为 N·m。这个单位也称为焦耳,用符号 J 表示。

例 4-1 如图 4-2 所示,一轻绳通过一无摩擦的定滑轮连接在质量为 m 的物体上,定滑轮距坐标原点的水平距离为 l,距坐标轴的高度为 h。若有一恒力 $\vec{F}$ 作用在绳的另一端,使物体从坐标轴的原点运动至 $x = a$ 处。求力 $\vec{F}$ 所做的功。

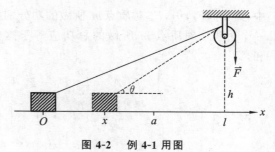

解 在距原点 x 处,力 $\vec{F}$ 对物体所做的元功为

$$\mathrm{d}A = F\cos\theta \, \mathrm{d}x$$

图 4-2 例 4-1 用图

而 $\cos\theta = \dfrac{l-x}{\sqrt{h^2 + (l-x)^2}}$,代入上式得

$$\mathrm{d}A = \frac{F(l-x)}{\sqrt{h^2 + (l-x)^2}} \mathrm{d}x$$

物体在 $\vec{F}$ 的作用下,从原点运动至 $x = a$ 点,$\vec{F}$ 所做的功为

$$A = \int_{0}^{a} \frac{F(l-x)}{\sqrt{h^2 + (l-x)^2}} \mathrm{d}x = F\left[\sqrt{h^2 + l^2} - \sqrt{h^2 + (l-a)^2} \right]$$

4.1.2 变力对曲线运动质点所做的功

有一质点 m 在力 $\vec{F}$ 的作用下,沿曲线由 C 点运动到 D 点,如图 4-3 所示。设 t 时刻,质点位于 A 点,经无限短时间 $\mathrm{d}t$ 后,质点运动到 B 点,质点的位移为 $\mathrm{d}\vec{r}$,因 $\mathrm{d}t$ 取得无限短,质点在 A 点与 B 点间的运动可认为是直线运动,$\vec{F}$ 也可认为是恒力。根据功的定义,力 $\vec{F}$ 对质点 m 所做的元功为

$$\mathrm{d}A = \vec{F} \cdot \mathrm{d}\vec{r} = F\cos\theta \mathrm{d}s \tag{4-5}$$

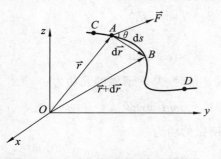

图 4-3 力对曲线运动质点所做的功

因 $\mathrm{d}t$ 取得无限短,所以上式中的 θ 就是 $\vec{F}$ 与曲线在 A 点的切线的夹角,$\mathrm{d}\vec{r}$ 的大小等于 A 点与 B 点之间的弧长 $\mathrm{d}s$。

由式(4-5)可求得质点从 C 点经曲线运动到 D 点

力 $\vec{F}$ 所做的功为

$$A = \int_C^D \vec{F} \cdot d\vec{r} = \int_C^D F\cos\theta ds \qquad (4\text{-}6)$$

在直角坐标系中，$\vec{F}$ 和 $d\vec{r}$ 可表示为

$$\vec{F} = F_x \vec{i} + F_y \vec{j} + F_z \vec{k}$$

$$d\vec{r} = dx \vec{i} + dy \vec{j} + dz \vec{k}$$

则式(4-6)在直角坐标系中可写成

$$A = \int_C^D (F_x dx + F_y dy + F_z dz) \qquad (4\text{-}7)$$

式(4-7)为变力做功在直角坐标系中的数学表达式。

若质点 m 同时受到 n 个力 $\vec{F_1}, \vec{F_2}, \cdots, \vec{F_n}$ 的作用，从 C 点沿曲线运动到 D 点。设在这个过程中，力 $\vec{F_1}, \vec{F_2}, \cdots, \vec{F_n}$ 对质点 m 所做的功分别为 $A_1, A_2, \cdots, A_n$。由于功是标量，所以这些力在这一个过程中对质点 m 所做的总功应等于这些力在这一个过程中分别对质点所做功的代数和，即

$$\begin{aligned}
A &= \int_C^D (\vec{F_1} + \vec{F_2} + \cdots + \vec{F_n}) \cdot d\vec{r} \\
&= \int_C^D \vec{F_1} \cdot d\vec{r} + \int_C^D \vec{F_2} \cdot d\vec{r} + \cdots + \int_C^D \vec{F_n} \cdot d\vec{r} \\
&= A_1 + A_2 + \cdots + A_n \\
&= \sum_{i=1}^n A_i \qquad (4\text{-}8)
\end{aligned}$$

式(4-8)说明，**合力在任一段路程上所做的总功等于各分力在同一段路程上所做功的代数和。**

例 4-2　如图 4-4 所示，有一质量为 m 的小球系于一长为 l 的绳的一端，绳的另一端系于天花板上。小球在一水平变力 $\vec{F}$ 的作用下缓慢地运动，使得小球在所有的运动时间内均处于平衡状态，直到绳子与竖直线成 α 角。求力 $\vec{F}$ 在这一过程中所做的功。

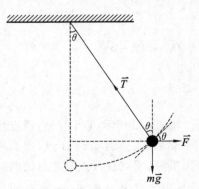

图 4-4　例 4-2 用图

解　在 $\vec{F}$ 作用下，小球缓慢运动且一直处于平衡状态，所以有

$$T\cos\theta - mg = 0$$

$$F - T\sin\theta = 0$$

由上述两式得

$$F = mg\tan\theta$$

则绳子与竖直方向成 θ 角时，力 $\vec{F}$ 所做的元功为

$$dA = \vec{F} \cdot d\vec{r} = F\cos\theta ds = Fl\cos\theta d\theta = mgl\sin\theta d\theta$$

小球从竖直方向处运动至绳与竖直方向成 α 角时，力 $\vec{F}$ 所做的功为

$$A = \int_0^\alpha mgl\sin\theta d\theta = mgl(1 - \cos\alpha)$$

在更一般的情形下,质点 m 可能同时受到 n 个力 $\vec{F}_1,\vec{F}_2,\cdots,\vec{F}_n$ 的作用,若质点在这些力的作用下从 C 点沿曲线运动到 D 点,设在这个过程中力 $\vec{F}_1,\vec{F}_2,\cdots,\vec{F}_n$ 对质点 m 所做的功分别为 $A_1,A_2,\cdots,A_n$。由于功是标量,所以这些力在这一个过程中对质点 m 所做的总功应等于这些力在这一个过程中分别对质点所做功的代数和,即

$$A = A_1 + A_2 + \cdots + A_n = \int_C^D \vec{F}_1 \cdot \mathrm{d}\vec{r} + \int_C^D \vec{F}_2 \cdot \mathrm{d}\vec{r} + \cdots + \int_C^D \vec{F}_n \cdot \mathrm{d}\vec{r}$$

$$= \int_C^D (\vec{F}_1 + \vec{F}_2 + \cdots + \vec{F}_n) \cdot \mathrm{d}\vec{r}$$

若用 $\vec{F}$ 表示这些力的合力,即

$$\vec{F} = \vec{F}_1 + \vec{F}_2 + \cdots + \vec{F}_n$$

则有

$$A = \int_C^D \vec{F} \cdot \mathrm{d}\vec{r} \tag{4-9}$$

式(4-9)说明,n 个力对质点所做的总功等于这些力的合力在同一过程中对质点所做的功。

例 4-3 如图 4-5 所示,处于一斜面上的物体,在一沿斜面方向的力 $\vec{F}$ 的作用下,沿斜面向上滑动。已知斜面的长度为 5 m,斜面的高度为 3 m,力 $\vec{F}$ 的大小为 100 N,物体的质量为 10 kg。若物体沿斜面向上滑动的距离为 4 m,物体与斜面之间的滑动摩擦系数为 0.25,则物体在滑动过程中,力 $\vec{F}$、摩擦力 $\vec{f}$、重力 $\vec{G}$ 和斜面对物体的支持力 $\vec{N}$ 各做了多少功?这些力的合力做了多少功?

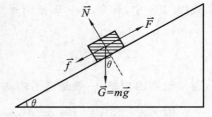

图 4-5 例 4-3 用图

解 物体所受的各力如图 4-5 所示。力 $\vec{F}$ 所做的功为

$$A_F = \vec{F} \cdot \vec{s} = Fs = 100 \times 4 \text{ J} = 400 \text{ J}$$

摩擦力所做的功为

$$A_f = \vec{f} \cdot \vec{s} = -fs = -\mu mg\cos\theta s$$
$$= -0.25 \times 10 \times 9.8 \times \frac{4}{5} \times 4 \text{ J} = -78.4 \text{ J}$$

重力所做的功为

$$A_G = \vec{G} \cdot \vec{s} = Gs\cos\left(\frac{\pi}{2} + \theta\right) = -mgs\sin\theta$$
$$= -10 \times 9.8 \times 4 \times \frac{3}{5} \text{ J} = -235.2 \text{ J}$$

因 $\vec{N}$ 与 $\vec{s}$ 垂直,所以斜面对物体的支持力所做的功为

$$A_N = \vec{N} \cdot \vec{s} = 0$$

这些力所做功的代数和为

$$A = A_F + A_f + A_G + A_N = 86.4 \text{ J}$$

这些力的合力为

$$\sum \vec{F} = \vec{F} + \vec{f} + \vec{G} + \vec{N}$$

其大小为

$$\sum F = F - f - mg\sin\theta = F - \mu mg\cos\theta - mg\sin\theta = 21.6 \text{ N}$$

其方向沿斜面向上，所以这些力的合力所做的功为

$$A = \sum \vec{F} \cdot \vec{s} = \sum Fs = 21.6 \times 4 \text{ J} = 86.4 \text{ J}$$

这一例题说明，作用于物体上的几个力的合力所做的功一定等于各个分力在同一过程中所做功的代数和。

4.1.3　功率

在实际工作中，常需要知道力做功的快慢程度，如两台机器做了相同的功，而它们所用的时间不同，显然用时少的机器具有更大的实用价值。为了反映力做功的快慢，引入了功率的概念。

功率（power）**是指在单位时间内力所做的功。**

根据功率的定义，设力在 $t \to t + \Delta t$ 时间内所做的功为 ΔA，则在 Δt 时间内功率的平均值被定义为

$$\overline{P} = \frac{\Delta A}{\Delta t} \tag{4-10}$$

式（4-10）中，若令 $\Delta t \to 0$，这时平均功率的极限值被定义为 t 时刻的瞬时功率，即

$$P = \lim_{\Delta t \to 0} \frac{\Delta A}{\Delta t} = \frac{\mathrm{d}A}{\mathrm{d}t} \tag{4-11}$$

通常机器的功率，一般是指平均功率或最大瞬时功率。

因为元功 $\mathrm{d}A = \vec{F} \cdot \mathrm{d}\vec{r}$，代入式（4-11）得

$$P = \vec{F} \cdot \frac{\mathrm{d}\vec{r}}{\mathrm{d}t} = \vec{F} \cdot \vec{v} \tag{4-12}$$

$$P = Fv\cos\theta \tag{4-13}$$

式中，θ 为 $\vec{F}$ 与 $\vec{v}$ 之间的夹角。式（4-13）说明，**瞬时功率为力在速度方向上的分量与速度大小的乘积。**

由式（4-13）可知，对于额定功率 P 一定的机器，力和速度的大小必然同时改变。速度增大，力就要减小；速度减小，力就要增大。如汽车上坡时，司机常用低速挡来增大汽车的牵引力。

在国际单位制中，功率的单位为瓦特，简称瓦，常用符号 W 表示。当功率比较大时，也常用千瓦（kW）来表示，$1 \text{ kW} = 10^3 \text{ W}$。

4.2　动能　动能定理

4.2.1　质点的动能　质点的动能定理

在力学中，若一质量为 m 的质点具有的速度大小为 v，则定义质点的动能为 $\frac{1}{2}mv^2$，动能常用 E_k 表示，即

$$E_{\mathrm{k}} = \frac{1}{2}mv^2 \tag{4-14}$$

动能是标量。在国际单位制中，动能的单位为焦耳(J)。

按两矢量标积的微分公式，对质点速度的标积 $\vec{v} \cdot \vec{v}$ 进行微分，有

$$\mathrm{d}(\vec{v} \cdot \vec{v}) = \mathrm{d}\vec{v} \cdot \vec{v} + \vec{v} \cdot \mathrm{d}\vec{v}$$

又因 $\mathrm{d}\vec{v} \cdot \vec{v} = \vec{v} \cdot \mathrm{d}\vec{v}$，所以

$$\mathrm{d}(\vec{v} \cdot \vec{v}) = \mathrm{d}(v^2) = 2\mathrm{d}\vec{v} \cdot \vec{v}$$

即

$$\frac{1}{2}\mathrm{d}(v^2) = \mathrm{d}\vec{v} \cdot \vec{v} \tag{4-15}$$

又 $\vec{F}$ 的元功

$$\mathrm{d}A = \vec{F} \cdot \mathrm{d}\vec{r} = m\frac{\mathrm{d}\vec{v}}{\mathrm{d}t} \cdot \mathrm{d}\vec{r} = m\mathrm{d}\vec{v} \cdot \frac{\mathrm{d}\vec{r}}{\mathrm{d}t} = m\mathrm{d}\vec{v} \cdot \vec{v} \tag{4-16}$$

将式(4-15)代入式(4-16)则有

$$\mathrm{d}A = \frac{1}{2}m\mathrm{d}(v^2) = \mathrm{d}\left(\frac{1}{2}mv^2\right) \tag{4-17}$$

式(4-17)为质点动能定理的微分形式。该式表明，**质点所受合力做的元功等于质点动能的微分**。对式(4-17)在 1 与 2 两状态间进行积分，得

$$A = \int_1^2 \vec{F} \cdot \mathrm{d}\vec{r} = \int_{v_1}^{v_2} \mathrm{d}\left(\frac{1}{2}mv^2\right) = \frac{1}{2}mv_2^2 - \frac{1}{2}mv_1^2 = E_{\mathrm{k2}} - E_{\mathrm{k1}} \tag{4-18}$$

式(4-18)为质点动能定理的积分形式。该式表明，**质点所受合力在某一过程中所做的功等于这一过程的始态与末态质点动能的增量**。这一表述称为**质点动能定理**(theorem of kinetic energy)。

质点动能定理表明，功与能既相互联系又有区别，当有合力对质点做功时，质点的动能就要发生改变。合力所做的功，可以用来量度质点动能的变化。一般来说，功是与质点运动过程有关的物理量；而动能是由质点运动状态确定的物理量，是质点运动状态的函数。合力对质点做正功时，即 $A > 0$ 时，质点的动能增加；合力对质点做负功时，即 $A < 0$ 时，质点的动能减小，且增加的量或者减少的量与合力所做的功相等。

此外，动能定理是从牛顿第二定律导出的，因此，动能定理只适用于惯性系，而在运用动能定理时，合力的功以及质点的动能要在同一惯性系中进行计算。

质点动能定理给出了功与动能这两个标量之间的关系，因此，在处理某些力学问题时往往比直接用牛顿第二定律更简捷、更方便。

例 4-4 如图 4-6 所示，一长为 l 的细绳一端固定在天花板上，一端系一质量为 m 的小球。开始时把绳子置于与竖直方向成 θ_1 角处，然后使小球沿圆弧下落，求绳与竖直方向成 θ_2 角时，重力所做的功及小球的速率。若 $m = 1.0 \text{ kg}, l = 1.2 \text{ m}, \theta_1 = 90°, \theta_2 = 60°$，求重力所做的功和小球的速率分别是多少。

解 小球沿圆弧下落的过程中，重力所做的元功为

$$\mathrm{d}A_G = \vec{G} \cdot \mathrm{d}\vec{s} = G\cos\alpha\mathrm{d}s$$

$$= -G\cos\left(\frac{\pi}{2} - \theta\right)l\mathrm{d}\theta$$

$$= -mgl\sin\theta\mathrm{d}\theta$$

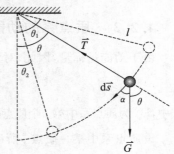

图 4-6 例 4-4 用图

小球沿圆周线从与竖直方向成 θ_1 角运动至与竖直方向成 θ_2 角的过程中重力所做的功为

$$A_G = \int_{\theta_1}^{\theta_2} - mgl\sin\theta\mathrm{d}\theta$$
$$= mgl(\cos\theta_2 - \cos\theta_1)$$

小球沿圆弧下落的过程中所受的合力为 $\vec{F} = \vec{T} + \vec{G}$，合力所做的功为

$$A = \int_{\theta_1}^{\theta_2}(\vec{T} + \vec{G}) \cdot \mathrm{d}\vec{s} = \int_{\theta_1}^{\theta_2}\vec{G} \cdot \mathrm{d}\vec{s} = A_G$$

根据动能定理

$$A = \frac{1}{2}mv_2^2 - \frac{1}{2}mv_1^2$$

因 $v_1 = 0, A = \frac{1}{2}mv_2^2$，所以有

$$mgl(\cos\theta_2 - \cos\theta_1) = \frac{1}{2}mv_2^2$$
$$v_2 = \sqrt{2gl(\cos\theta_2 - \cos\theta_1)}$$

将 $m = 1.0$ kg, $l = 1.2$ m, $\theta_1 = 90°$, $\theta_2 = 60°$ 分别代入 A_G 和 v_2 的表达式，得

$$A_G = 1.0 \times 9.8 \times 1.2 \times (\cos 60° - \cos 90°)\ \mathrm{J} = 5.88\ \mathrm{J}$$
$$v_2 = \sqrt{2 \times 9.8 \times 1.2 \times (\cos 60° - \cos 90°)}\ \mathrm{m/s} = 3.43\ \mathrm{m/s}$$

例 4-5　一质量为 2.0 g 的弹丸，其在枪膛中所受到的合力为 $F = 400\left(1 - \frac{20}{9}x\right)$，其中 x 的单位为 m。若开始时弹丸处于 $x = 0$ 处，枪膛的长度 $b = 45$ cm，求弹丸从枪口出射的速度是多少。

解　在枪膛中合力所做的功为

$$A = \int_0^b \vec{F} \cdot \mathrm{d}\vec{x} = 400\left(b - \frac{10}{9}b^2\right)$$

将 $b = 45$ cm $= 0.45$ m 代入上式得

$$A = 90\ \mathrm{J}$$

根据动能定理

$$A = \frac{1}{2}mv^2 - \frac{1}{2}mv_0^2$$

式中，v_0 为开始时弹丸的速度，$v_0 = 0$，v 为弹丸从枪口出射的速度，所以

$$v = \sqrt{\frac{2A}{m}} = \sqrt{\frac{2 \times 90}{2.0 \times 10^{-3}}}\ \mathrm{m/s} = 300\ \mathrm{m/s}$$

4.2.2　质点系的动能定理

由于动能是标量，因此，对于一质点系而言，其总动能等于组成质点系各质点动能之和，即

$$E_k = \sum_i E_{ki} = \sum_i \frac{1}{2}m_i v_i^2 \tag{4-19}$$

式中，E_{ki} 为质点系中第 i 个质点的动能，m_i 和 v_i 分别为质点系中第 i 个质点的质量和速度的大小。

设质点系中某一质点 i 所受的合外力为 $\vec{F}_i$，合内力为 $\vec{f}_i$，质点系由空间 1 位置运动到 2 位置时，质点 i 的速度大小从 v_{i1} 变为 v_{i2}。$\vec{F}_i$ 和 $\vec{f}_i$ 对质点 i 做的功分别为 $A_{i外}$ 和 $A_{i内}$，对质点 i 使

用质点动能定理有

$$A_{i\text{外}} + A_{i\text{内}} = \frac{1}{2}m_i v_{i2}^2 - \frac{1}{2}m_i v_{i1}^2$$

对上式两边求和,则有

$$\sum_i A_{i\text{外}} + \sum_i A_{i\text{内}} = \sum_i \frac{1}{2}m_i v_{i2}^2 - \sum_i \frac{1}{2}m_i v_{i1}^2$$

即

$$A_{\text{外}} + A_{\text{内}} = E_{k2} - E_{k1} \tag{4-20}$$

式中,$A_{\text{外}} = \sum A_{i\text{外}}$,$A_{\text{内}} = \sum A_{i\text{内}}$,$E_{k1} = \sum \frac{1}{2}m_i v_{i1}^2$,$E_{k2} = \sum \frac{1}{2}m_i v_{i2}^2$。$A_{\text{外}}$ 和 $A_{\text{内}}$ 分别为质点系所受合外力所做的功和质点系所受的所有内力所做的功。E_{k2} 和 E_{k1} 分别为质点系在位置 2 和位置 1 所具有的总动能。式(4-20) 称为质点系的动能定理。它表明,**质点系内各质点受到的合外力所做的功及所有内力所做的功的代数和等于质点系总动能的增量。**

根据牛顿第三定律可知,质点系中内力是成对出现的,且大小相等、方向相反,因此,所有内力的矢量和 $\sum \vec{f}_i = 0$。但是,一般来说,所有内力做功的代数和并不等于零。关于这一点,可用如下两个质点的情况加以说明:设有两个质点 A 和 B,它们对 O 点的径矢分别为 $\vec{r}_A$ 和 $\vec{r}_B$,如图 4-7 所示,若 A 对 B 的内力为 $\vec{f}_{AB}$,B 对 A 的内力为 $\vec{f}_{BA}$,因 $\vec{f}_{AB} = -\vec{f}_{BA}$,这时内力所做的元功为

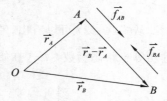

图 4-7 两质点内力的元功

$$\mathrm{d}A_{\text{内}} = \vec{f}_{AB} \cdot \mathrm{d}\vec{r}_B + \vec{f}_{BA} \cdot \mathrm{d}\vec{r}_A = \vec{f}_{AB} \cdot (\mathrm{d}\vec{r}_B - \mathrm{d}\vec{r}_A) = \vec{f}_{AB} \cdot \mathrm{d}\vec{r}_{AB} = -\vec{f}_{BA} \cdot \mathrm{d}\vec{r}_{AB}$$

一般来说,$\mathrm{d}\vec{r}_{AB} \neq 0$,所以内力的元功 $\mathrm{d}A_{\text{内}} \neq 0$,即一对内力所做的功之和不等于零。因此,质点系中所有内力做功的代数和一般并不等于零,即内力所做的功也要改变质点系的总动能。例如滑冰者就是靠肌肉的内力做功来改变其自身的动能的。因此,在运用质点系的动能定理时,除了要考虑外力的功对质点系总动能的改变外,还必须考虑内力的功对质点系总动能的改变。这点需要特别注意。

4.3 保守力和非保守力

4.3.1 保守力

1. 重力、弹力、万有引力的功

1) 重力的功

如图 4-8 所示,质量为 m 的质点处于地面附近的重力场中,在重力的作用下,质点 m 从点 $C(x_1, y_1, z_1)$ 沿曲线 L 运动至点 $D(x_2, y_2, z_2)$。重力所做的功为

$$\begin{aligned}
A &= \int_C^D (-mg\,\vec{k}) \cdot \mathrm{d}\vec{r} = \int_C^D (-mg\,\vec{k}) \cdot \mathrm{d}z\,\vec{k} \\
&= -\int_{z_1}^{z_2} mg\,\mathrm{d}z = -mg\,(z_2 - z_1) \\
&= mgz_1 - mgz_2
\end{aligned} \tag{4-21}$$

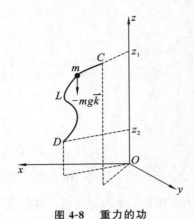

图 4-8　重力的功

由式（4-21）可知，在重力作用下，质点从 C 点运动至 D 点重力所做的功与路径无关，只与 C 点和 D 点的位置有关，重力所做的功等于状态的函数 mgz 在始末状态的函数值之差。

2）弹力的功

以弹簧弹力的功为例。如图 4-9 所示，有一轻质弹簧，一端固定，另一端系一质量为 m 的物体，物体置于光滑的水平面上，弹簧的劲度系数为 k。取弹簧未伸长时的位置为坐标轴的原点，则物体 m 在 $x \rightarrow x + \mathrm{d}x$ 之间弹力所做的元功为

$$\mathrm{d}A = \vec{F} \cdot \mathrm{d}\vec{r} = -F_x \mathrm{d}x = -kx\mathrm{d}x$$

物体 m 在弹力的作用下，从 x_1 运动至 x_2 处弹力所做的功为

$$A = \int_{x_1}^{x_2} -kx\mathrm{d}x = -\left(\frac{1}{2}kx_2^2 - \frac{1}{2}kx_1^2\right) = \frac{1}{2}kx_1^2 - \frac{1}{2}kx_2^2$$

$$(4\text{-}22)$$

从式（4-22）可以看出，弹力所做的功与路径无关，而只由物体始末位置所决定。弹力所做的功等于状态函数 $\frac{1}{2}kx^2$ 在始末状态的差值。

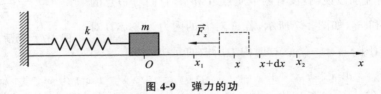

图 4-9　弹力的功

3）万有引力的功

如图 4-10 所示，有一质量为 m 的质点处于质量为 M 的质点的引力场中，质点 m 在万有引力的作用下沿曲线 L 从 1 点运动至 2 点，现在要求万有引力对质点 m 所做的功。根据牛顿的万有引力定律，质点在从 1 点至 2 点的过程中的某点 A 处所受到的万有引力为

$$\vec{F}_r = -G\frac{Mm}{r^2}\vec{e}_r$$

式中，$\vec{e}_r$ 为 $\vec{r}$ 方向上的单位矢量。在 $\vec{F}_r$ 作用下质点从 A 点运动到 B 点的位移为 $\mathrm{d}\vec{r}$，则 $\vec{F}_r$ 对质点 m 所做的元功为

$$\mathrm{d}A = \vec{F}_r \cdot \mathrm{d}\vec{r} = -G\frac{Mm}{r^2}\vec{e}_r \cdot \mathrm{d}\vec{r}$$

因 $\mathrm{d}\vec{r}$ 为无限小位移元，所以 $\mathrm{d}\vec{r}$ 的大小等于 $\mathrm{d}s$。若 $\mathrm{d}\vec{r}$ 与 $\vec{e}_r$ 之间的夹角为 θ，则 $\vec{e}_r \cdot \mathrm{d}\vec{r} = \mathrm{d}s\cos\theta = \mathrm{d}r$，因而有

$$\mathrm{d}A = -G\frac{Mm}{r^2}\mathrm{d}r$$

质点 m 在万有引力 $\vec{F}_r$ 的作用下从 1 点运动至 2 点，万有引力所做的功为

$$A = \int_1^2 \vec{F} \cdot \mathrm{d}\vec{r} = -\int_{r_1}^{r_2} G\frac{Mm}{r^2}\mathrm{d}r = -\left[\left(-G\frac{Mm}{r_2}\right) - \left(-G\frac{Mm}{r_1}\right)\right]$$

$$= \left(-G\frac{Mm}{r_1}\right) - \left(-G\frac{Mm}{r_2}\right)$$

$$(4\text{-}23)$$

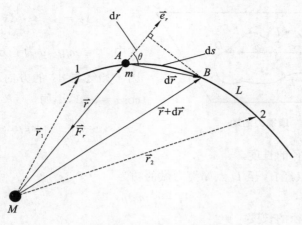

图 4-10　万有引力的功

从式(4-23)可看出,万有引力对质点 m 所做的功也与质点 m 的运动过程无关,只由其始末状态的位置所决定,所做功的量值也等于状态函数 $-G\dfrac{Mm}{r}$ 在 1 位置与 2 位置时的函数值之差。

2. 保守力与保守力做功的特点

前面在定义功的概念时说过,一般而言,在力 $\vec{F}$ 作用下质点从 C 点运动到 D 点,力对质点所做的功是与质点从 C 点运动到 D 点的路径有关的物理量,沿不同的路径力所做的功的大小一般是不相同的。但也有一些力,对质点做功时,只要始态、末态都不变,不论走何种路径,力所做的功皆相等,例如上述的重力、弹力、万有引力。把这种做功只与始末位置有关,而与实际路径无关的力,称为**保守力**(conservative force)。若有一个力 $\vec{F}$ 是保守力,则必有

$$A_{CD} = \int_{C(L_1)}^{D} \vec{F} \cdot d\vec{r} = \int_{C(L_2)}^{D} \vec{F} \cdot d\vec{r} \qquad (4\text{-}24)$$

式中,L_1,L_2 分别为从 C 点至 D 点两条不同的路径。显然,保守力所做的功只由始末状态决定。若某一质点在一保守力的作用下,从始点沿任一闭合路径 L 又回到始点,则保守力做的功为零,即

$$\oint_L \vec{F} \cdot d\vec{r} = 0 \qquad (4\text{-}25)$$

式(4-24)与式(4-25)是等价的,它们都可作为保守力的数学定义式。

根据保守力做功的特点,在计算保守力所做的功时,可在始末状态间选取一条对计算功最方便的路径进行积分。

4.3.2　非保守力

1. 摩擦力的功

如图 4-11 所示,有一质量为 m 的质点在一粗糙的水平桌面上,从始点 C 分别经 L_1 和 L_2 两条路径运动至 D 点。质点与桌面的滑动摩擦系数为 μ,则质点 m 从 C 点经 L_1 至 D 点,摩擦力 $\vec{f}$ 所做的功为

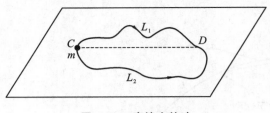

图 4-11　摩擦力的功

$$A_1 = \int_{L_1} \vec{f} \cdot \mathrm{d}\vec{s} = \int_{L_1} f\cos\alpha\,\mathrm{d}s$$

式中，$f = mg\mu$，α 为 $\vec{f}$ 方向与 $\mathrm{d}\vec{s}$ 方向的夹角。因 $\vec{f}$ 始终与 $\mathrm{d}\vec{s}$ 的方向相反，所以，$\alpha = \pi$，即 $\cos\alpha = -1$，因而

$$A_1 = \int_{L_1} -mg\mu\,\mathrm{d}s = -mg\mu s_1 \tag{4-26}$$

式中，s_1 为 L_1 实际路径的长度。

同理，质点从 C 点经 L_2 至 D 点摩擦力做的功为

$$A_2 = -mg\mu s_2 \tag{4-27}$$

式中，s_2 为 L_2 实际路径的长度。

2. 非保守力与非保守力做功的特点

比较式（4-26）和式（4-27），可看出摩擦力做功不仅与始点和末点的位置有关，而且还与质点运动的具体路径有关。这种做功与具体路径有关的力称为非保守力。显然，摩擦力是非保守力。非保守力做功的数学表达式为

$$A_{CD} = \int_{C(L_1)}^{D} \vec{F} \cdot \mathrm{d}\vec{r} \neq \int_{C(L_2)}^{D} \vec{F} \cdot \mathrm{d}\vec{r}$$

或

$$\oint_L \vec{F} \cdot \mathrm{d}\vec{r} \neq 0 \tag{4-28}$$

即质点从始点沿闭合路径又回到始点非保守力对质点所做的功不等于零。

若非保守力沿一闭合路径所做的功为负值，则称这种非保守力为耗散力。摩擦力若做负功，摩擦力即为耗散力。

4.4　势能　势能曲线

4.4.1　势能

若在某一力学系统中各物体间存在保守力，且各物体间的相对位置发生了变化，那么，保守力就要对物体做功。例如，在由地球与地球表面附近物体组成的系统中，若物体相对于地球的位置发生变化，则保守力重力就要对物体做功；在由质点 M 与质点 m 组成的系统中，当 m 相对于 M 的位置发生变化时，保守力万有引力就会对 m 做功；在一端固定，一端系一物体 m 的弹簧与物体组成的系统中，当 m 相对位置发生变化时，保守力弹力就要对 m 做功。保守力做功的特点是：保守力做功与始态至末态的路径无关，而只与始末状态有关；保守力做功的量值等于由系统状态确定的某个函数在始末状态之间的差值。据此，在一具有保守力的物体系中，定义一由其状态确定的函数 E_p，它只决定于物体之间的相对位置。这一由其状态确定的函数 E_p 称为系统的势能函数。则系统由 1 状态变至 2 状态时，保守力所做的功 A_{12} 为

$$A_{12} = E_{p1} - E_{p2} = -(E_{p2} - E_{p1}) \tag{4-29}$$

由物体组成的力学系统在某一状态的**势能**（potential energy）定义为该状态的势能函数值

与参考状态的势能函数值 C 之差,即系统在某一状态的势能为 $E_p - C$。通常,取势能函数值为 0 处为系统的参考状态,即 $C = 0$。这时系统的势能函数值 E_p 即为系统在该状态的势能。因此,式 (4-29) 的物理意义就是:**系统中保守力所做的功等于系统势能的减少或系统势能增量的负值,即保守力所做的功可以用来量度系统势能的变化。**

为了更全面地理解势能的概念,对势能的概念做如下说明:

(1) 系统具有势能是因为系统中存在着做功与路径无关的保守力。因非保守力做功与路径有关,所以不存在与非保守力相关的势能,只有存在保守力的系统,才能引入势能。

(2) 按势能的定义,势能是相对的值。只有选取了系统在参考状态处的势能值后,才能确定系统的势能。一般约定势能函数值为零处为系统的参考状态,即参考状态处的势能为零,称为零势能点。这样约定的好处是,系统在某一状态的势能就等于该状态的势能函数值 E_p。当然,系统的参考状态的位置可任意选取,系统参考状态的位置选取不同,系统的势能就具有不同的值,但系统任意两状态之间的势能的差值却与系统参考状态的位置的选取无关。说明如下:若系统参考状态处的势能函数值为 C,按势能的定义,初态的势能为 $E_{p0} - C$,末态的势能为 $E_p - C$,它们的差值为 $\Delta E_p = (E_p - C) - (E_{p0} - C) = E_p - E_{p0}$,显然,$\Delta E_p$ 与系统在参考状态处的势能函数值 C 无关,即 ΔE_p 与系统的参考状态位置的选取无关。

(3) 势能是属于系统的。因为势能是由于系统内各物体间具有保守力而产生的,因而是属于系统的。物体只有处在系统中并与其他物体发生相互作用时,才具有势能,单独谈某一物体的势能是无意义的。例如,通常所说的物体的重力势能是属于物体与地球这个系统的,离开了地球,单独一个物体是谈不上具有重力势能的。人们常说某物体的重力势能,这只是为了表述上的简便而形成的一种习惯说法。

4.4.2　力学中几种常见的势能

1. 重力势能

比较式 (4-21) 与式 (4-29) 可知,重力势能的势能函数为 $E_p = mgz$,若取势能函数为零的位置为零势能参考面,即取 $z = 0$ 的平面为零势能参考面,则某处的重力势能为该处的重力势能函数值

$$E_p = mgz \tag{4-30}$$

重力势能的零势能参考面可任意选取。重力势能的零势能参考面选在什么地方,$z = 0$ 的平面也选在什么地方,这时,式 (4-30) 说明 mg 乘以某处距参考面的高度 z 即为该处的重力势能。

2. 弹性势能

比较式 (4-22) 与式 (4-29) 可知,弹簧的弹性势能函数为 $E_p = \dfrac{1}{2}kx^2$。若取势能函数为零的位置即平衡位置 $x = 0$ 处为零势能参考位置,则某处的弹性势能函数值即为该处的弹性势能,因此,位移为 x 处的弹性势能为

$$E_p = \frac{1}{2}kx^2 \tag{4-31}$$

3. 万有引力势能

比较式 (4-23) 与式 (4-29) 可知,万有引力的势能函数为 $E_p = -G\dfrac{Mm}{r}$。若取势能函数为

零的位置即 $r \to \infty$ 处为零势能参考位置,则某位置处的万有引力势能函数值即为该处的万有引力势能

$$E_p = -G\frac{Mm}{r} \tag{4-32}$$

4.4.3　势能曲线

势能函数 E_p 是系统中各物体间相对位置的函数,即 E_p 是系统状态的函数。从上述三类系统的势能函数可看出,系统的势能函数是坐标的函数,即 $E_p = E_p(x,y,z)$。按此函数关系画出的势能随坐标变化的关系曲线,称为势能曲线。图 4-12 所示为重力势能、弹性势能和万有引力势能的曲线。

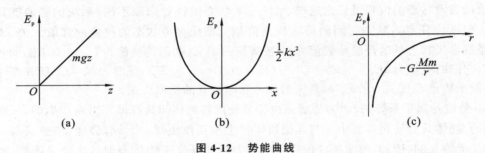

图 4-12　势能曲线

在实际中,若能得到一个系统的势能曲线,也就可以得到系统的势能与坐标的函数关系,由系统的势能与坐标的函数关系就可以求出系统内的保守力。由式(4-29)取一微变过程,则有

$$dA = \vec{F} \cdot d\vec{r} = -dE_p$$

在直角坐标系中,上式为

$$\vec{F} \cdot d\vec{r} = F_x dx + F_y dy + F_z dz = -dE_p$$

则有

$$F_x = -\frac{\partial E_p}{\partial x}, \quad F_y = -\frac{\partial E_p}{\partial y}, \quad F_z = -\frac{\partial E_p}{\partial z}$$

即

$$\vec{F} = -\left(\vec{i}\frac{\partial E_p}{\partial x} + \vec{j}\frac{\partial E_p}{\partial y} + \vec{k}\frac{\partial E_p}{\partial z}\right)$$

引入梯度算符 $\boldsymbol{\nabla}$,其在直角坐标系中为

$$\boldsymbol{\nabla} = \left(\vec{i}\frac{\partial}{\partial x} + \vec{j}\frac{\partial}{\partial y} + \vec{k}\frac{\partial}{\partial z}\right)$$

则有

$$\vec{F} = -\boldsymbol{\nabla}E_p \tag{4-33}$$

即系统的保守力为势能函数梯度的负值。

势能曲线不仅能给出势能的空间分布,进而求出系统的保守力,而且还可以求系统的平衡位置和判断系统的稳定性。

4.5　功能原理　机械能守恒定律

4.5.1　质点系的功能原理

4.2 节中导出了质点系由状态 1 变到状态 2 的动能定理

$$A_{外} + A_{内} = E_{k2} - E_{k1}$$

而在引入了保守力和非保守力的概念后,系统的内力可分为保守内力和非保守内力两类。因此,系统中内力所做的总功 $A_{内}$ 可分为保守内力和非保守内力所做的功之和。若分别以 $A_{保内}$ 和 $A_{非保内}$ 表示保守内力和非保守内力所做的功,则有

$$A_{内} = A_{保内} + A_{非保内}$$

而保守内力所做的功 $A_{保内}$ 等于系统由状态 1 变到状态 2 势能增量的负值,即

$$A_{保内} = -(E_{p2} - E_{p1})$$

由此得

$$A_{内} = A_{非保内} - (E_{p2} - E_{p1})$$

把该式代入质点系的动能定理表达式中,整理后得

$$A_{外} + A_{非保内} = (E_{k2} + E_{p2}) - (E_{k1} + E_{p1}) \tag{4-34}$$

把系统在某一状态下的动能与势能之和定义为系统的机械能,用 E 表示,即 $E = E_k + E_p$,式 (4-34) 便可写成

$$A_{外} + A_{非保内} = E_2 - E_1 \tag{4-35}$$

　　式 (4-35) 说明,**系统由 1 状态变至 2 状态,质点系中每一质点所受合外力的功的代数和与非保守内力对质点系内各质点所做的功的代数和之和等于系统从 1 状态变至 2 状态的机械能的增量。**这一结论称为质点系的功能原理。

　　质点系的功能原理是由质点系的动能定理导出的,它们的物理本质完全相同,因此,质点系的功能原理与质点系的动能定理一样,也只适用于惯性参考系。

　　由于质点系的功能原理把保守内力所做的功用系统势能的变化来表示,因此,在处理有保守力的质点系问题时,采用质点系的功能原理比用质点系的动能定理更便捷。但要注意的是,在应用质点系的功能原理时,因保守内力的功已经由系统的势能的变化所代替,所以,在质点系的功能原理的关系式式 (4-35) 中,左边就不能再考虑保守内力所做的功了。

　　例 4-6　在图 4-13 所示的装置中,有一质量为 M 的物体置于水平桌面上,其一端与一劲度系数为 k 的轻质弹簧相连接,另一端连接在一轻绳上,绳经一轻滑轮与一挂钩相连接。开始时,弹簧处于自由状态,M 静止在原点 O 处。设 M 与桌面的摩擦系数为 μ,忽略定滑轮的摩擦力,现将一质量为 m 的物体挂在挂钩上,使 M 开始运动,在 m 下降一段距离 d 后,此时 m 的速度大小为 v。试分别写出下列不同质点系在这一过程中的功能关系:(1) 以 m 和 M 为质点系;(2) 以 m,M 和弹簧 k 为质点系;(3) 以 m,M,k 和桌子为质点系;(4) 以 m,M,k,桌子和地球为质点系。

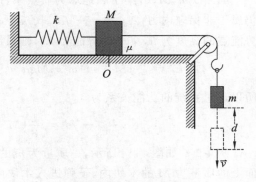

图 4-13　例 4-6 用图

解　根据功能原理,功能关系为

$$A_{外} + A_{非保内} = E_2 - E_1$$

(1) 以 m 和 M 为质点系时,由于 M 受到的重力及桌面的支持力都不做功,质点系受到的做功的外力有弹力 $\vec{F}_k$、摩擦力 $\vec{f}$、m 受到的重力 $m\vec{g}$,所以这些外力所做的功和非保守内力所做的功分别为

$$A_{外} = -\int_0^d kx\,\mathrm{d}x - fd + mgd = -\frac{1}{2}kd^2 - fd + mgd$$

$$A_{非保内} = 0$$

因弹力和重力皆为外力,因此,这时系统内无势能。在 m 下降的过程中,系统在始末状态的机械能分别为 $E_2 = \frac{1}{2}(M+m)v^2$,$E_1 = 0$。所以这时系统的功能关系为

$$-\frac{1}{2}kd^2 - fd + mgd = \frac{1}{2}(M+m)v^2$$

(2) 以 m,M 和弹簧 k 为质点系,这时弹力属于保守内力,系统具有弹性势能,这时外力所做的功和非保守内力所做的功分别为

$$A_{外} = -fd + mgd$$

$$A_{非保内} = 0$$

系统在始末状态的机械能分别为

$$E_2 = \frac{1}{2}(M+m)v^2 + \frac{1}{2}kd^2,\quad E_1 = 0$$

所以这时系统的功能关系为

$$-fd + mgd = \frac{1}{2}(M+m)v^2 + \frac{1}{2}kd^2$$

(3) 以 m,M,k 和桌子为质点系,这时外力所做的功为 $A_{外} = mgd$,桌子与物体 M 之间的摩擦力 $\vec{f}$ 属于非保守内力,因桌子静止,桌子所受到的摩擦力 $\vec{f}$ 对桌子不做功,而物体 M 所受到的摩擦力 $\vec{f}$ 对其所做的功为 $-fd$,所以,$A_{非保内} = -fd$。系统在始末状态的机械能分别为

$$E_2 = \frac{1}{2}(M+m)v^2 + \frac{1}{2}kd^2,\quad E_1 = 0$$

所以这时系统的功能关系为

$$mgd - fd = \frac{1}{2}(M+m)v^2 + \frac{1}{2}kd^2$$

(4) 以 m,M,k,桌子和地球为质点系,这时质点系没有受到外力的作用,$A_{外} = 0$。摩擦力 $\vec{f}$ 仍属于非保守内力,$A_{非保内} = -fd$。取 m 下落了 d 时的位置为零重力势能点,设桌面距零重力势能点的高度为 h,桌子的势能为 E_0,则系统在始末状态的机械能分别为

$$E_2 = \frac{1}{2}(M+m)v^2 + Mgh + \frac{1}{2}kd^2 + E_0,\quad E_1 = Mgh + mgd + E_0$$

所以这时系统的功能关系为

$$-fd = \frac{1}{2}(M+m)v^2 + \frac{1}{2}kd^2 - mgd$$

例 4-7　如图 4-14 所示,一质量为 m 的子弹,以速度 $\vec{v}$ 水平地射入一静止放置在光滑水平面上的质量为 M 的木块内。子弹进入木块内一段距离 s_0 后停止在木块内,这时木块在水平面上的位移大小为 s。设木块与子弹间的摩擦力大小为 f,问木块与子弹间的这对摩擦力各做了

多少功?

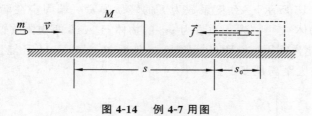

图 4-14　例 4-7 用图

解　以 m 和 M 组成的系统为研究对象,这时系统在水平方向上不受外力的作用,水平方向动量守恒。以 V 表示子弹停止在木块内时子弹与木块共同的速度大小,则有

$$mv = (m + M)V$$

由此可得

$$V = \frac{m}{m + M}v$$

子弹受到的摩擦力的大小为 f,位移大小为 $s + s_0$,摩擦力 $\vec{f}$ 的方向与子弹位移的方向相反。根据功能原理,子弹受到的摩擦力 $\vec{f}$ 所做的功为

$$A_f = -f(s + s_0) = \frac{1}{2}mV^2 - \frac{1}{2}mv^2$$

$$= \frac{1}{2}mv^2\left[\left(\frac{m}{m + M}\right)^2 - 1\right]$$

木块受到的摩擦力的大小为 f,木块的位移大小为 s,摩擦力 $\vec{f}$ 的方向与木块位移的方向相同,所以木块受到的摩擦力 $\vec{f}$ 对木块所做的功为

$$A'_f = fs = \frac{1}{2}MV^2 = \frac{1}{2}M\left(\frac{m}{m + M}\right)^2 v^2$$

若将上述两个功的表达式相加,则可得

$$-fs_0 = \frac{1}{2}(m + M)V^2 - \frac{1}{2}mv^2$$

该式说明,木块对子弹的摩擦力 $\vec{f}$ 在木块内所做的功等于子弹与木块构成的系统在这一过程中总机械能的增量。

4.5.2　机械能守恒定律

在式(4-35)中,若 $A_{外} + A_{非保内} = 0$,则有

$$E_2 = E_1 \tag{4-36}$$

式(4-36)表明,当外力和非保守内力对质点系都不做功时或它们所做的功之和等于零时,质点系的总机械能将保持不变,即系统的机械能守恒。这就是机械能守恒定律(law of conservation of mechanical energy)。

机械能守恒定律指的是系统总机械能的守恒,而质点系中各质点的机械能并不一定守恒。质点系中各质点的机械能可以相互转化,但它们总的机械能保持不变。质点系中各质点的动能和势能的相互转化是通过系统中保守力做功来实现的。

机械能守恒定律只适用于惯性参考系,且物体的位移、速度必须相对于同一惯性参考系。在处理有保守内力的质点系问题时,若当外力和非保守内力对质点系都不做功或它们所做的功之和等于零时,就可以应用机械能守恒定律。这时会发现应用机械能守恒定律解决这类问题

最便捷。

例 4-8　如图 4-15 所示,一劲度系数为 k 的轻质弹簧一端固定在墙上,一端系一质量为 m_A 的物体 A,紧靠物体 A 再放置一质量为 m_B 的物体 B。A、B 两物体放置在光滑的水平面上,用一外力作用于 B,使弹簧压缩至距坐标原点 x_0 处释放。试求:(1)B 能达到的最大速度是多少;(2)A 能移动的最大距离是多少。

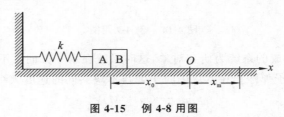

图 4-15　例 4-8 用图

解　物体 A 和 B 在从 $-x_0$ 点运动至 O 点的过程中,A 与 B 之间有相互作用力,因此,它们在这个过程中仍是紧靠在一起运动的。运动至 O 点时,A 与 B 之间的相互作用力为 0。此后,A 因受弹簧弹力的作用做减速运动,而 B 将做匀速直线运动。因此,A 与 B 将分开运动。所以,B 能达到的最大速度为其运动至 O 点时的速度 v_m。因水平面是光滑的,系统机械能守恒,则有

$$\frac{1}{2}kx_0^2 = \frac{1}{2}(m_A + m_B)v_m^2$$

由此可得

$$v_m = \sqrt{\frac{k}{m_A + m_B}}x_0$$

此时 A 的速度亦为 v_m。在随后的运动中,物体 A 的机械能也守恒,设 A 能达到的最大位移为 x_m,则有

$$\frac{1}{2}m_A v_m^2 = \frac{1}{2}kx_m^2$$

由此得

$$x_m = \sqrt{\frac{m_A}{k}}v_m = \sqrt{\frac{m_A}{m_A + m_B}}x_0$$

所以,A 能移动的最大距离为

$$s_m = x_0 + x_m = \left(1 + \sqrt{\frac{m_A}{m_A + m_B}}\right)x_0$$

例 4-9　如图 4-16 所示,一质量为 M、半径为 R 的半圆形槽置于一光滑的水平面上,让一质量为 m 的物体从槽的内壁边缘点 A 处从静止开始下滑,槽的内壁光滑。当物体 m 滑至槽的最低点 B 处时,求:(1)物体与槽的速度各为多少;(2)物体从 A 处滑至 B 处的过程中,物体对槽所做的功是多少;(3)物体到达 B 处时受到的槽的支持力是多少。

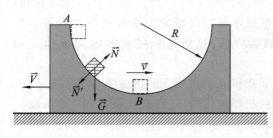

例 4-16　例 4-9 用图

解　(1)以物体 m、槽 M 和地球为质点系,由于水平面光滑,系统不受外力和非保守内力的作用,系统机械能守恒。设 m 运动到 B 处的速度大小为 v,此时 M 的速度大小为 V,以 B 处为零

势能参考点,则有

$$mgR = \frac{1}{2}mv^2 + \frac{1}{2}MV^2$$

对于 m 和 M 构成的系统,因水平方向所受外力为 0,所以,m 运动到 B 处时动量守恒,则

$$mv - MV = 0$$

由以上两式可得

$$v = \sqrt{\frac{2MgR}{M+m}}$$

$$V = m\sqrt{\frac{2gR}{M(M+m)}}$$

(2) 以槽 M 和地球为质点系,M 所受到的外力为 m 给 M 的作用力 $\vec{N'}$。根据功能原理,物体从 A 处滑至 B 处的过程中,物体 m 对 M 所做的功为这一过程中槽的机械能的增量,即

$$A = \frac{1}{2}MV^2 - 0 = \frac{m^2gR}{M+m}$$

(3) 以槽 M 为参考系,物体 m 相对于槽 M 做圆周运动,因 v 和 V 分别为物体和槽相对于水平面的速度大小,所以,在最低点 B 处,物体 m 相对于槽 M 的速度大小为

$$v_B = v + V = \sqrt{\frac{2MgR}{M+m}} + m\sqrt{\frac{2gR}{M(M+m)}}$$

在物体 m 运动到 B 处的瞬间,槽 M 所受到的合力为 0,即槽 M 在此时的加速度为 0。因此,参考系槽 M 在这一瞬间可看成是惯性参考系。设槽在 B 处对物体的支持力为 $\vec{N}$,物体受到的重力为 $\vec{G} = m\vec{g}$,则根据牛顿第二定律可得

$$N - mg = m\frac{v_B^2}{R}$$

将 v_B 的表达式代入上式得

$$N = mg + m\frac{v_B^2}{R} = mg + m\frac{\left[\sqrt{\dfrac{2MgR}{M+m}} + m\sqrt{\dfrac{2gR}{M(M+m)}}\right]^2}{R} = mg\left(3 + \frac{2m}{M}\right)$$

例 4-10 设地球的质量为 M,半径为 R,将一质量为 m 的物体竖直向上发射,忽略空气的阻力。问下面两种情况下物体的发射速度至少为多少:(1) 物体上升至距地球表面高度为地球半径 R 处;(2) 物体逃离地球。

解 以物体 m 和地球为质点系,在忽略空气阻力的情况下,物体 m 在发射过程中机械能守恒。设在地球表面 $r_1 = R$ 处,物体发射速度大小为 v_1,物体发射至距地心为 r_2 处的速度大小为 v_2,则有

$$\frac{1}{2}mv_1^2 - G\frac{mM}{R} = \frac{1}{2}mv_2^2 - G\frac{mM}{r_2}$$

(1) 物体上升至距地球表面高度为地球半径 R 处时,$r_2 = 2R$,$v_2 = 0$,物体所需的发射速度最小。将 $r_2 = 2R$,$v_2 = 0$ 代入上式,则有

$$\frac{1}{2}mv_1^2 - G\frac{mM}{R} = 0 - G\frac{mM}{2R}$$

由此可得物体发射所需的最小速度为

$$v_1 = \sqrt{\frac{GM}{R}}$$

（2）物体逃离地球时，$r_2 = \infty$，$v_2 = 0$，物体所需的发射速度最小。将 $r_2 = \infty$，$v_2 = 0$ 代入上述机械能守恒表达式，则有

$$\frac{1}{2}mv_1^2 - G\frac{mM}{R} = 0$$

由此可得这时物体所需的最小发射速度为

$$v_1 = \sqrt{\frac{2GM}{R}}$$

这一速度也就是物体逃离地球所需的最小逃逸速度。

4.6　能量守恒定律

　　机械能守恒定律告诉人们，系统所受外力与非保守内力不做功或它们所做的功之和等于零时，系统的总机械能守恒。如果系统内有非保守内力做功，如有摩擦力做负功，按功能原理，则系统总机械能将要减少。实验事实证明，在系统总机械能减少的同时，必然有热量产生。这说明，系统内不仅机械能可以相互转化，而且机械能还可与其他形式的能量进行相互转化。在研究各种形式的能量之间的相互转化关系的长期实践中，人们发现了一条重要的规律：**在一孤立系统中，能量既不能产生，也不能消灭，系统中各种形式的能量可以相互转换，但其总和不变。这一规律称为能量守恒定律**（law of conservation of energy）。能量守恒定律是人们从长期的生产实践和科学实验中总结出来的自然界中最基本的规律之一，可适用于任何变化过程，包括机械的、热的、电磁的、原子和原子核内的，以及化学的、生物的等。能量守恒定律对分析和研究各种实际的变化过程具有非常重要的指导意义。机械能守恒定律是能量守恒定律在力学中的一个特例。

　　在机械能守恒定律中，系统中的动能与势能的转化是通过保守力做功来实现的。事实证明，系统中各种形式的能量之间都是通过做功来进行相互转换的。因此，功可以用来量度能量的变化，但是，不能把功与能量的概念等同起来。一般来说，功是与系统能量转化的过程有关的物理量，是过程量；而系统的各种能量只与系统的状态有关，是系统状态的函数。

阅读材料四　　火箭的飞行与宇宙速度

一、火箭的飞行

　　随着近代科学技术的发展，人类探索自然的领域扩展到了太空。正如火箭理论的先驱者——苏联科学家齐奥尔科夫斯基所说，"地球是人类的摇篮，但人类不会永远躺在摇篮里。他们会探索新的天体和空间。人类将小心翼翼地穿过大气层，然后去征服周围的整个空间"。1957 年 10 月 4 日，人类第一颗人造地球卫星"史普尼克"在苏联的拜克努尔发射场发射成功。1961 年 4 月 12 日，苏联宇航员加加林乘"东方"1 号飞船升空，人类首次进入太空。1969 年 7 月 21 日，美国宇航员阿姆斯特朗走出"阿波罗"11 号飞船的登月舱，成为人类踏上月球第一人。人类进行深空探测的各类宇宙探测器也不断地发射成功。所有这些航天史上具有里程碑意义的重大宇宙飞行无一不是以现代火箭作为运载工具的，可以说现代火箭是宇航时代的开拓者。现代火箭是一种利用燃料燃烧后喷出高速气体而对其自身产生反冲推力的发动机。

　　火箭的飞行利用了动力学中的动量定理和动量守恒定律。火箭飞行时,燃料和助燃剂燃烧后在与火箭飞行相反的方向上喷出大量的高速气体,从而使火箭在其飞行方向上获得巨大的推进力,进而获得巨大的飞行速度。因火箭是靠其自身携带的燃料产生的喷气反作用力飞行的,所以火箭不但能在空气中飞行,还可以在宇宙空间的真空中飞行,而且没有空气的阻力,在真空中它的飞行性能更好。通过不断尝试,人们逐渐认识到要想进入太空,只有借助于喷气火箭。

　　下面对火箭加速飞行过程中所受到的推力和运动方程做简单分析。假设火箭处在没有任何阻力和引力的环境中,沿 y 轴方向飞行,如图 4-17 所示。

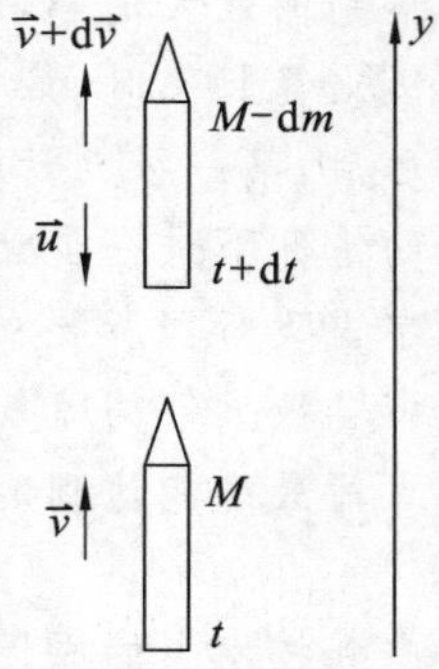

　　首先分析火箭飞行过程中所受到的推力。以火箭喷出的气体为研究对象,设在 $t \rightarrow t+dt$ 时间内火箭喷出了质量为 dm 的气体,喷出的气体相对于火箭的喷气速率为 u,火箭在 t 时刻的飞行速率为 v,火箭对喷出去的气体 dm 的平均作用力为 $\vec{F'}$,根据动量定理有

$$F'dt = dm(v-u) - dmv = -udm$$

由此得

$$F' = -u\frac{dm}{dt}$$

按牛顿第三定律,火箭受到的推力 $F = -F'$,所以有

$$F = u\frac{dm}{dt} \tag{4-37}$$

式中,$\frac{dm}{dt}$ 称为火箭的燃料燃烧速率。该式说明,喷出气体的速率 u 越大,燃料燃烧速率越大,火箭受到的平均推力 F 就越大。

　　再以火箭箭体和燃料组成的系统为研究对象,来说明火箭能达到的最大速率。在 t 时刻系统的质量为 M,速率为 v,设在 $t \rightarrow t+dt$ 时间内火箭喷出了质量为 dm 的气体,喷出的气体相对于火箭的喷气速率为 u,火箭在 $t+dt$ 时刻的速率为 $v+dv$,由于系统不受任何外力的作用,因此系统的动量守恒,即有

$$Mv = (M-dm)(v+dv) + dm(v-u)$$

　　因式中 dm 为火箭在 $t \rightarrow t+dt$ 时间内喷出的气体的质量,所以它等于火箭在这一时间内质量的减少量 $-dM$,即 $dm = -dM$。将其代入上式并忽略二阶无穷小量 $dmdv$,则有

$$dv = -u\frac{dM}{M}$$

　　设火箭起飞时的重量为 M_0,速率为 $v_0 = 0$,火箭燃料燃尽时的质量为 M,速率增至 v,火箭喷气的速率 u 始终不变,对上式两边积分有

$$\int_0^v dv = -u\int_{M_0}^M \frac{dM}{M}$$

由此得

$$v = u\ln\frac{M_0}{M} \tag{4-38}$$

式中,$\frac{M_0}{M}$ 称为火箭的质量比。该式说明,火箭的喷气速率越大,火箭的质量比越大,火箭最终能获得的速率也越大。因此要使火箭获得更大的速率,就要增大火箭的喷气速率和火箭的质量比。

图 4-17　火箭的飞行原理

　　一般情况下,火箭所使用的燃料决定了火箭喷气的速率。固体燃料的喷气速率为 2 km/s,一般液体燃料的喷气速率为 3 km/s,而近代高能推进剂如液氧加液氢的喷气速率最大只有 4.1 km/s。对于单级火箭来说,其燃料运载量有限,因此其质量比也不能很大。实际火箭要从地球发射,火箭要受到地球的引力和空气阻力的影响,因此,目前最理想的情况下,火箭能达到的末速率大约为 7 km/s,这样的速率还不能满足发射卫星和其他宇宙飞行器的要求。要增加火箭能达到的最大速率,就必须应用多级火箭来完成发射任务。

　　多级火箭起飞时,第一级火箭发动机开始工作,推动各级火箭一起前进,而当第一级火箭燃料燃尽后,第一级火箭的外壳自动脱落,第二级火箭点火开始工作,这时第二级火箭会在负重减轻的情况下进一步加速前进。按上述原理,采用多级火箭发射,最终可获得发射卫星、飞船和其他宇宙飞行器所要求的速率。

　　假设各级火箭的喷气速率皆为 u(相对于火箭),各级火箭的质量比分别为 $z_1, z_2, \cdots, z_n$,则多级火箭最终能达到的速率为

$$v = u\ln(z_1 \cdot z_2 \cdot \cdots \cdot z_n)$$

考虑到技术上的原因,一般多级火箭采用三级火箭,最多不超过四级。

二、宇宙速度

　　宇宙速度是宇宙飞行器在太空中的飞行速度。在宇宙飞行器的飞行中有三个特别的宇宙速度,分别称为第一宇宙速度、第二宇宙速度和第三宇宙速度。下面对这三个宇宙速度进行简单的说明和分析。

1. 第一宇宙速度

　　第一宇宙速度是从地球表面发射宇宙飞行器并能使其环绕地球飞行的最低速度。设有一质量为 m 的宇宙飞行器,以速率 v 绕地球做圆形轨道运动,其轨道半径为 r(宇宙飞行器距地球中心的距离),地球的质量为 M_e,地球的半径为 R_e,万有引力常数为 G,因这时地球引力提供了该飞行器做圆周运动的向心力,所以有

$$G\frac{mM_e}{r^2} = m\frac{v^2}{r}$$

由此得

$$v = \sqrt{\frac{GM_e}{r}}$$

　　若将飞行器与地球作为一系统,忽略空气的阻力,地球表面发射飞行器的速度大小为 v_0。因飞行器与地球组成的系统机械能守恒,则有

$$\frac{1}{2}mv_0^2 - G\frac{mM_e}{R_e} = \frac{1}{2}mv^2 - G\frac{mM_e}{r} \tag{4-39}$$

将 $v = \sqrt{\dfrac{GM_e}{r}}$ 代入上式,得

$$\frac{1}{2}mv_0^2 - G\frac{mM_e}{R_e} = \frac{1}{2}m\frac{GM_e}{r} - G\frac{mM_e}{r} = -G\frac{mM_e}{2r}$$

由此得

$$v_0 = \sqrt{2GM_e\left(\frac{1}{R_e} - \frac{1}{2r}\right)} \tag{4-40}$$

式中,r 的最小值为地球的半径 R_e,将 $r = R_e$ 代入式(4-39),这时 v_0 取得最小值,而这个最小值也就是第一宇宙速度 v_1,所以有

$$v_1 = \sqrt{\frac{GM_e}{R_e}}$$

将 G, M_e, R_e 的值代入上式,可得第一宇宙速度为

$$v_1 = 7.9 \text{ km/s}$$

2. 第二宇宙速度

第二宇宙速度是从地球表面发射宇宙飞行器并能使其脱离地球引力场的最低速度。在式(4-39)中,若 $r \to \infty$,飞行器即能脱离地球引力场,而 $v = 0$ 时,对应的发射速度 v_0 取得最小值,所以飞行器脱离地球引力场的最小发射速度即第二宇宙速度 v_2 为

$$v_2 = \sqrt{\frac{2GM_e}{R_e}} = \sqrt{2} v_1 = 11.2 \text{ km/s}$$

3. 第三宇宙速度

第三宇宙速度是从地球表面发射宇宙飞行器并能使其脱离太阳引力场的最低速度。以太阳为参考系,设飞行器的质量为 m,太阳的质量为 M_s,地球距太阳中心的距离为 r_s,飞行器脱离太阳引力场的最低速度为 v_s(相对于太阳的速度),与飞行器脱离地球引力场的计算类似,有

$$\frac{1}{2}mv_s^2 - G\frac{mM_s}{r_s} = 0$$

由此得

$$v_s = \sqrt{\frac{2GM_s}{r_s}}$$

将 G, M_s, r_s 的值代入上式得

$$v_s = 42.2 \text{ km/s}$$

因地球相对于太阳不是静止的,而是以 29.8 km/s 的平均速度绕太阳公转,若使飞行器沿地球公转的速度方向发射,则飞行器相对于地球的发射速度 v_e 为

$$v_e = (42.2 - 29.8) \text{ km/s} = 12.4 \text{ km/s}$$

在地球表面上发射飞行器还应考虑地球的引力。设在地球表面的发射速度为 v_3,以地球为参考系,则有

$$\frac{1}{2}mv_3^2 - G\frac{mM_e}{R_e} = \frac{1}{2}mv_e^2$$

由此得

$$v_3 = \sqrt{v_e^2 + \frac{2GM_e}{R_e}} = 16.7 \text{ km/s}$$

该速度即为从地球表面发射飞行器并使其能脱离太阳引力场的最小速度 —— 第三宇宙速度。

习　　题

4-1　对功的概念有以下几种说法:

(1) 保守力做正功时系统内相应的势能增加;

(2) 质点运动经过一闭合路径,保守力对质点做的功为零;

(3) 作用力与反作用力大小相等、方向相反,所以两者所做的功的代数和必为零。

在上述说法中(　　)。

A. (1)、(2) 是正确的　　　　　　　　B. (2)、(3) 是正确的

C. 只有(2) 是正确的　　　　　　　　D. 只有(3) 是正确的

4-2　一质点在几个外力同时作用下运动时,下列哪种说法正确(　　)。

A. 质点的动量改变时,质点的动能一定改变

B. 质点的动能不变时,质点的动量也一定不变

C. 外力的冲量是零,外力的功一定为零

D. 外力的功为零,外力的冲量一定为零

4-3　如图 4-18 所示,圆锥摆的小球在水平面内做匀速圆周运动,下列说法中正确的是(　　)。

A. 重力和绳子的张力对小球都不做功

B. 重力和绳子的张力对小球都做功

C. 重力对小球做功,绳子张力对小球不做功

D. 重力对小球不做功,绳子张力对小球做功

图 4-18　习题 4-3 图

4-4　对于一个质点系来说,在下列条件中,哪种情况下系统的机械能守恒(　　)。

A. 合外力为零　　　　　　　　　　B. 合外力不做功

C. 外力和非保守内力都不做功　　　　D. 外力和保守内力都不做功

4-5　质量为 $m = 0.5\ kg$ 的质点,在 xOy 坐标平面内运动,其运动方程为 $x = 5t^2$,$y = 0.5$ (SI),从 $t = 2\ s$ 到 $t = 4\ s$ 这段时间内,外力对质点做的功为(　　)。

A. 1.5 J　　　　　B. 3.0 J　　　　　C. 4.5 J　　　　　D. −1.5 J

4-6　一物体受到 $F = -3x^2$ 的力的作用,F 以 N 为单位,x 以 m 为单位。物体从 $x = 1.0\ m$ 移动到 $x = 3.0\ m$ 时,所用的时间为 0.8 s。问力 F 所做的功为多少?其平均功率为多少?

4-7　如图 4-19 所示,用 $F = 1.0\ N$ 的水平力把一质量为 $m = 1.0\ kg$ 的物体沿斜面推 1.0 m,物体与斜面间的滑动摩擦系数 $\mu = 0.1$,斜面与水平面的夹角为 30°。问力 F、重力、摩擦力和斜面对物体的支持力各做了多少功?这些力的合力做了多少功?将合力所做的功与这些力所做功的代数和进行比较,可得出什么结论?

4-8　如图 4-20 所示,一轻绳一端连接在一质量为 m 的物体上,另一端跨过一无摩擦的轻质定滑轮,并受到一恒力 $\vec{F}$ 的作用,设物体放置在一光滑的水平桌面上,滑轮距桌面的高度为 h。问物体从绳与水平面夹 θ_1 角运动至与水平面夹 θ_2 角的过程中力 $\vec{F}$ 做了多少功?

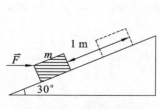

图 4-19　习题 4-7 图

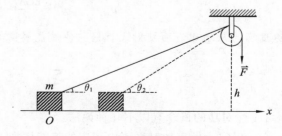

图 4-20　习题 4-8 图

4-9　如图 4-21 所示,有一质量为 m 的质点同时受到几个力的作用,沿半径为 R 的圆周运动,这些力中有一恒力 $\vec{F}$,其方向沿圆周上 A 点切线方向向右。质点从 A 点开始沿逆时针方向运动了 $\frac{3}{4}$ 圆周长时到达 B 点。求这个过程中力 $\vec{F}$ 所做的功。

4-10　一列总重 1000 t 的火车在水平的轨道上行驶,车轮与轨道的阻力为列车自重的 0.01。设车头的牵引功率为 $P = 800$ kW,并保持不变。试问:(1) 当火车的速度等于 1.0 m/s 和 10 m/s 时,火车的加速度各为多少?(2) 火车最终达到的速度是多少?

4-11　一质量为 $m = 0.5$ kg 的物体沿一半径为 $R = 1.0$ m 的四分之一圆周下滑,如图 4-22 所示。若物体从静止开始下滑,且到达轨道最低点时的速率为 3 m/s,求摩擦力所做的功。

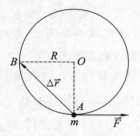

图 4-21　习题 4-9 图

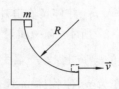

图 4-22　习题 4-11 图

4-12　如图 4-23 所示,在一定滑轮的两边用一长度不变的细绳挂着两个质量分别为 m_1 和 m_2 的重物($m_2 > m_1$)。滑轮的质量可以忽略,且滑轮无摩擦,在 m_2 下降了 h 的过程中,问:(1) 重力对两物体共做了多少功?(2) 绳子的拉力共做了多少功?(3) 该系统的动能和势能各改变了多少?机械能改变了多少?

4-13　如图 4-24 所示,两小球拴在两根细绳上,已知两小球的质量分别为 $m_1 = 0.2$ kg 和 $m_2 = 0.8$ kg,两绳的长度都是 $l = 1.0$ m,其中 m_2 吊着不动,将 m_1 拴的绳拉至水平处然后释放,m_1 与 m_2 做完全弹性碰撞。求第一次碰撞后两球各自上升的高度是多少。

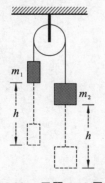

图 4-23　习题 4-12 图

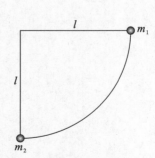

图 4-24　习题 4-13 图

4-14　一质量为 $M = 100$ g 的木块放置在光滑的水平桌面上,现有一质量为 $m = 10$ g 的子弹以 200 m/s 的水平速度射入木块,设木块对子弹的平均阻力为 5×10^3 N,求子弹打入木块的深度。

4-15　如图 4-25 所示,有一质量 $M = 200$ g 的木块置于一光滑的水平面上。一质量 $m = 10$ g 的子弹以 $v_0 = 300$ m/s 的速度水平地射入木块,子弹以 $v = 75$ m/s 的速度穿过木块。试求:(1) 子弹穿过木块后,木块的动能;(2) 阻力对子弹所做的功;(3) 损失

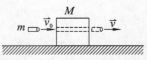

图 4-25　习题 4-15 图

的机械能。

4-16　一质点从一半径为 R 且固定的大球面上自由下滑，大球面光滑。若质点的出发点距球心的高度为 $\dfrac{R}{2}$，求质点离开球面时距球心的高度 h。

4-17　一质量为 m 的子弹以速度 $\vec{v}$ 水平地射向一楔形物体，楔形物体水平放置在一光滑的水平面上，若子弹与楔形物体发生的是弹性碰撞，且碰撞后子弹竖直向上飞，设楔形物体碰撞后的水平速度为 $\vec{V}$。求子弹上升的最大高度。

4-18　一质量为 2 kg 的物体，从高处由静止开始落至一竖直放置的弹簧上，若弹簧的劲度系数为 1960 N/m，弹簧被压缩的最大距离为 10 cm，求物体距离弹簧的高度是多少。

4-19　如图 4-26 所示，一劲度系数为 k 的轻质弹簧，一端连接一质量为 m_1 的物体，另一端连接一质量为 m_2 的物体，将该系统静止地置于一光滑的水平桌面上，今有一质量为 m 的子弹以速度 $\vec{v}$ 水平射入 m_1 并停留在其中。求弹簧被压缩的最大距离。

4-20　如图 4-27 所示，有一质量为 m 的物体放置在倾角为 θ 的斜面上，物体的一端连接在一劲度系数为 k 的弹簧上，另一端受到一力 $\vec{F}$ 的作用。开始时物体静止于 A 点，这时弹簧的长度为其原长，改变力 $\vec{F}$，使物体 m 缓慢地运动至 B 点，$AB = s$。求：(1) 斜面光滑时 $\vec{F}$ 所做的功；(2) 斜面与物体 m 间的滑动摩擦系数为 μ 时，$\vec{F}$ 所做的功。

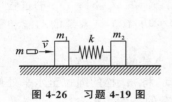

图 4-26　习题 4-19 图

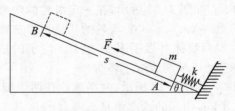

图 4-27　习题 4-20 图

第5章　角动量和角动量守恒定律

在自然界和生产实践中,经常看到物体绕某一点或轴转动的情况。例如,行星绕太阳转动,地球的自转,机器上飞轮的转动,定滑轮的转动等。在研究这些物体的转动时,若沿用前几章所用的力 $\vec{F}$ 和动量 $\vec{p}$ 等概念对转动问题进行研究就显得不方便。为了便于对转动物体进行研究,引入与物体转动有关的物理量 —— **力矩**(moment of force)和**角动量**(angular momentum)等概念。本章将引入与质点和质点系有关的力矩和角动量的概念,并从这些概念出发,根据牛顿第二定律导出质点和质点系的角动量定理、角动量守恒定律。也为下一章研究一种特殊的质点系 —— 刚体的转动建立基础。

5.1　力矩　角动量

5.1.1　质点受力的力矩与质点的角动量

1. 质点受力的力矩

如图 5-1 所示,有一质点 m 距某一参考点 O 的径矢为 $\vec{r}$,作用于质点上的力为 $\vec{F}$,$\vec{F}$ 与 $\vec{r}$ 的夹角为 θ,定义力 $\vec{F}$ 对参考点的力矩 $\vec{M}$ 为 $\vec{r}$ 与 $\vec{F}$ 的矢积,即

$$\vec{M} = \vec{r} \times \vec{F} \qquad (5-1)$$

力矩 $\vec{M}$ 是矢量,其大小为 $M = Fr\sin\theta = Fa$,a 为从参考点 O 至力的作用线的垂直距离,称为力臂。$\vec{M}$ 的方向可用确定两矢量矢积方向的右手螺旋法则确定,即右手大拇指伸直,其余四指从 $\vec{r}$ 方向经小于 $180°$ 的角 θ 转向 $\vec{F}$ 方向,则大拇指的方向为力矩 $\vec{M}$ 的方向。按矢量矢积的定义 $\vec{M}$ 的方向与 $\vec{r}$ 和 $\vec{F}$ 确定的平面 S 垂直,如图 5-1 所示。

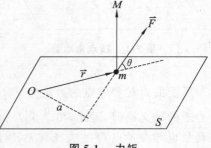

图 5-1　力矩

由力矩 $\vec{M}$ 的定义式(5-1)可知,力矩 $\vec{M}$ 与 $\vec{r}$ 和 $\vec{F}$ 有关,也就是与参考点 O 的选择有关,因此,在讲力的力矩时,必须指明力对哪一点的力矩。

此外,当力作用于参考点,或力的作用线通过参考点($\vec{r}$ 与 $\vec{F}$ 共线)时,由力矩的定义式(5-1)可知,这时,力对参考点的力矩都为零。把力的作用线始终通过某一固定点的力称为**有心力**(central force),该固定点称为**力心**(centre of force)。显然,有心力对力心的力矩恒为零。

在直角坐标系中,力矩可用其在 x,y,z 坐标轴上的分量来表示。若以参考点 O 为原点建立一直角坐标系,则

$$\vec{M} = (x\vec{i} + y\vec{j} + z\vec{k}) \times (F_x\vec{i} + F_y\vec{j} + F_z\vec{k})$$

$$= \begin{vmatrix} \vec{i} & \vec{j} & \vec{k} \\ x & y & z \\ F_x & F_y & F_z \end{vmatrix} = (yF_z - zF_y)\vec{i} + (zF_x - xF_z)\vec{j} + (xF_y - yF_x)\vec{k}$$

$$= M_x\vec{i} + M_y\vec{j} + M_z\vec{k} \tag{5-2}$$

即

$$M_x = yF_z - zF_y, M_y = zF_x - xF_z, M_z = xF_y - yF_x \tag{5-3}$$

M_x, M_y, M_z 分别称为 $\vec{M}$ 对 x, y, z 轴的力矩。

若要求力 $\vec{F}$ 对某一轴线 L（可取 L 为 Oz 轴）的力矩 M_z，可先求 $\vec{F}$ 对该轴上某一点（如 O 点）的力矩 $\vec{M}$，再求 $\vec{M}$ 在该轴上的分量即可，即

$$M_z = xF_y - yF_x \tag{5-4}$$

在国际单位制中，力矩的单位是 N·m。

2. 质点的角动量

如图 5-2 所示，有一质量为 m 的质点，其对参考点 O 的径矢为 $\vec{r}$，若质点的速度为 $\vec{v}$，则其

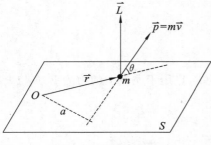

图 5-2　质点角动量

动量 $\vec{p} = m\vec{v}$，把质点 m 在 $\vec{r}$ 处的角动量 $\vec{L}$ 定义为 $\vec{r}$ 与 $\vec{p}$ 的矢积，即

$$\vec{L} = \vec{r} \times \vec{p} = \vec{r} \times m\vec{v} \tag{5-5}$$

质点角动量 $\vec{L}$ 是矢量，其大小 $L = pr\sin\theta = mvr\sin\theta$，$\theta$ 为 $\vec{r}$ 与 $\vec{p}$（或 $\vec{v}$）的夹角。当 $\vec{r}$ 与 $\vec{p}$ 垂直即质点做圆周运动时，$L = mvr = m\omega r^2$。而角动量 $\vec{L}$ 的方向可用右手螺旋法则确定（与力矩方向的确定相同）。由矢积的定义可知，$\vec{L}$ 垂直于 $\vec{r}$ 与 $\vec{p}$（或 $\vec{v}$）确定的平面 S。

质点所受的力对参考点的力矩为 $\vec{r} \times \vec{F}$，而质点角动量为 $\vec{r} \times \vec{p}$，比较两式可知，角动量的定义与力矩的定义类似，因此，角动量 $\vec{L}$ 也称为**动量矩**（moment of momentum）。与力矩类似，质点角动量也与参考点 O 的选择有关，因此，在讲角动量时，也必须指明对哪一点的角动量（动量矩）。

在直角坐标系中，质点角动量也可用其在 x, y, z 轴上的分量来表示。若以 O 点为原点建立一直角坐标系，则对参考点的角动量在 x, y, z 轴上的分量及角动量对过参考点的某一轴线的角动量分量的求法，跟力矩在 x, y, z 轴上的分量及力矩对过参考点的某一轴线的力矩分量的求法完全相同，只要把力 $\vec{F}$ 换成动量 $\vec{p}$ 即可。

在国际单位制中，角动量的单位是 kg·m²/s。

5.1.2　质点系受力的力矩　　质点系的角动量

1. 质点系受力的力矩

有一个由 n 个质点构成的质点系，设质点系中第 i 个质点受到的外力为 $\vec{F}_i$，受到质点系内

第 j 个质点的力为 $\vec{f}_{ij}$，其受到的合内力为 $\vec{f}_{ij}$ 的矢量和 $\sum\limits_{i\neq j}\vec{f}_{ij}$，因此，第 i 个质点受到的合力为 $\vec{F}_i + \sum\limits_{i\neq j}\vec{f}_{ij}$。现在来求质点系所受的力对参考点 O 的力矩。首先，应用质点所受的力对参考点力矩的定义给出第 i 个质点对参考点的力矩 $\vec{M}_i$。若第 i 个质点对参考点 O 的径矢为 $\vec{r}_i$，则 $\vec{M}_i$ 为

$$\vec{M}_i = \vec{r}_i \times \left(\vec{F}_i + \sum_{i\neq j}\vec{f}_{ij}\right)$$

对上式求矢量和，可得到质点系所受的力对参考点 O 的总力矩

$$\vec{M} = \sum_i \vec{r}_i \times \left(\vec{F}_i + \sum_{i\neq j}\vec{f}_{ij}\right) = \sum_i \vec{r}_i \times \vec{F}_i + \sum_i \left(\vec{r}_i \times \sum_{i\neq j}\vec{f}_{ij}\right) = \vec{M}_{外} + \vec{M}_{内} \tag{5-6}$$

其中

$$\vec{M}_{外} = \sum_i \vec{r}_i \times \vec{F}_i, \quad \vec{M}_{内} = \sum_i \left(\vec{r}_i \times \sum_{i\neq j}\vec{f}_{ij}\right)$$

$\vec{M}_{外}$ 表示质点系中各质点所受的外力对 O 点力矩的矢量和，即质点系所受的外力对 O 点的合外力矩；$\vec{M}_{内}$ 表示质点系中各质点所受合内力对 O 点力矩的矢量和。在质点系中，i 与 j 两质点间的内力是成对出现的，它们是作用力与反作用力，即它们大小相等、方向相反，作用在它们的连线上，即有 $\vec{f}_{ij} = -\vec{f}_{ji}$，如图 5-3 所示，所以 $\vec{f}_{ij}$ 与 $\vec{f}_{ji}$ 对参考点 O 的力矩之和为

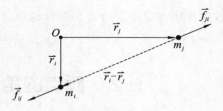

图 5-3　内力矩

$$\vec{r}_i \times \vec{f}_{ij} + \vec{r}_j \times \vec{f}_{ji} = \vec{r}_i \times \vec{f}_{ij} - \vec{r}_j \times \vec{f}_{ij} = (\vec{r}_i - \vec{r}_j) \times \vec{f}_{ij} = 0$$

因为 $\vec{r}_i - \vec{r}_j$ 与 $\vec{f}_{ij}$ 都在两质点的连线上，所以，它们的矢积为零，即

$$\vec{M}_{内} = \sum_i \left(\vec{r}_i \times \sum_{i\neq j}\vec{f}_{ij}\right) = 0 \tag{5-7}$$

因 $\vec{M}_{内} = 0$，则有

$$\vec{M} = \vec{M}_{外} = \sum_i \vec{r}_i \times \vec{F}_i \tag{5-8}$$

式(5-8)表明，质点系所受到的力对某参考点 O 的总力矩等于质点系内各质点所受的外力对 O 点的力矩的矢量和。

2. 质点系的角动量

对于 n 个质点构成的质点系，设第 i 个质点到参考点 O 的径矢为 $\vec{r}_i$，动量为 $\vec{p}_i(m_i\vec{v}_i)$，按质点角动量的定义，i 质点对 O 点的角动量 $\vec{L}_i = \vec{r}_i \times \vec{p}_i$，则整个质点系对参考点 O 的角动量为质点系内各质点对该参考点的角动量的矢量和

$$\vec{L} = \sum_i \vec{r}_i \times \vec{p}_i = \sum_i \vec{r}_i \times (m_i\vec{v}_i) \tag{5-9}$$

因 $\vec{v}_i = \vec{\omega}_i \times \vec{r}_i$，则有

$$\vec{L} = \sum_i \vec{r}_i \times (m_i\vec{\omega}_i \times \vec{r}_i) \tag{5-10}$$

式中，$\vec{\omega}_i$ 为第 i 个质点对参考点 O 的角速度。

例 5-1　一质量为 $m = 1.0$ kg 的质点,沿着 $\vec{r} = 3t\,\vec{i} + (3t^2 - 2t)\,\vec{j}$ 的曲线运动,其中 t 以 s 为单位,$\vec{r}$ 以 m 为单位。在 $t = 1.0$ s 时,求质点对坐标原点的角动量和作用在其上的力矩。

解　质点的径矢、速度和加速度分别为

$$\vec{r} = 3t\,\vec{i} + (3t^2 - 2t)\,\vec{j}\,;\vec{v} = \frac{\mathrm{d}\vec{r}}{\mathrm{d}t} = 3\vec{i} + (6t - 2)\vec{j}\,;\quad \vec{a} = \frac{\mathrm{d}\vec{v}}{\mathrm{d}t} = 6\vec{j}$$

将 $t = 1.0$ s 代入上述各式,得

$$\vec{r} = 3\vec{i} + \vec{j}\,;\vec{v} = 3\vec{i} + 4\vec{j}\,;\vec{a} = 6\vec{j}$$

质点在 $t = 1.0$ s 时的动量和受到的力分别为

$$\vec{p} = m\vec{v} = 3\vec{i} + 4\vec{j}\,;\vec{F} = m\vec{a} = 6\vec{j}$$

这时质点对坐标原点的角动量为

$$\vec{L} = \vec{r} \times \vec{p} = (3\vec{i} + \vec{j}) \times (3\vec{i} + 4\vec{j}) = 9\,\vec{k}$$

这时作用在质点上的力 $\vec{F}$ 对坐标原点的力矩为

$$\vec{M} = \vec{r} \times \vec{F} = (3\vec{i} + \vec{j}) \times 6\vec{j} = 18\,\vec{k}$$

5.2　质点的角动量定理与角动量守恒定律

5.2.1　质点的角动量定理

在研究质点的动量与质点受到的力的关系时,我们知道当质点受到力的作用时,它的速度要发生变化,动量也要发生变化。而且,从牛顿第二定律出发导出了力对时间的累积效果——冲量与质点动量改变之间的关系。上一节中给出了质点受力的力矩和质点角动量的概念,它们都是与转动有关的概念,那么,它们之间是否也有力与动量之间的类似关系呢?答案是肯定的。下面从牛顿第二定律出发来导出它们之间的关系。

设有一质量为 m 的质点,其对参考点的径矢为 $\vec{r}$,受到的力为 $\vec{F}$,根据牛顿第二定律,可得质点的运动方程为

$$\vec{F} = m\,\frac{\mathrm{d}^2\vec{r}}{\mathrm{d}t^2}$$

因为 $\vec{M} = \vec{r} \times \vec{F}$,所以用 $\vec{r}$ 矢乘运动方程两边,可得

$$\vec{M} = \vec{r} \times \vec{F} = m\left(\vec{r} \times \frac{\mathrm{d}^2\vec{r}}{\mathrm{d}t^2}\right) \tag{5-11}$$

由于

$$\frac{\mathrm{d}}{\mathrm{d}t}\left(\vec{r} \times \frac{\mathrm{d}\vec{r}}{\mathrm{d}t}\right) = \frac{\mathrm{d}\vec{r}}{\mathrm{d}t} \times \frac{\mathrm{d}\vec{r}}{\mathrm{d}t} + \vec{r} \times \frac{\mathrm{d}^2\vec{r}}{\mathrm{d}t^2} = \vec{r} \times \frac{\mathrm{d}^2\vec{r}}{\mathrm{d}t^2}$$

所以式(5-11)为

$$\vec{M} = m\,\frac{\mathrm{d}}{\mathrm{d}t}\left(\vec{r} \times \frac{\mathrm{d}\vec{r}}{\mathrm{d}t}\right) = m\,\frac{\mathrm{d}}{\mathrm{d}t}(\vec{r} \times \vec{v})$$

即

$$\vec{M} = \frac{\mathrm{d}}{\mathrm{d}t}(m\vec{r} \times \vec{v}) = \frac{\mathrm{d}\vec{L}}{\mathrm{d}t} \tag{5-12}$$

式(5-12)就是质点**角动量定理**(theorem of angular momentum)的微分形式。式(5-12)说明，**质点对某一参考点 O 的角动量的时间变化率等于作用于质点上的力对参考点 O 的力矩**。对上式变形后，再对两边进行积分，可得到角动量定理的积分形式

$$\int_{t_1}^{t_2} \vec{M}\mathrm{d}t = \vec{L}_2 - \vec{L}_1 \tag{5-13}$$

式中，力矩对时间的累积效果 $\int_{t_1}^{t_2}\vec{M}\mathrm{d}t$ 叫作冲量矩。式(5-13)说明，**质点在 $t_1 \to t_2$ 时间内的角动量的增量等于这段时间内外力给该质点的冲量矩**，这称为**质点的角动量定理**。

质点的角动量定理是由牛顿第二定律导出的，因此，它只适用于惯性参考系。

5.2.2　质点的角动量守恒定律

式(5-13)中，若质点受到的力矩 $\vec{M} = 0$，则有

$$\vec{L}_1 = \vec{L}_2 = 常矢量 \tag{5-14}$$

式(5-14)即为质点**角动量守恒定律**(law of conservation of angular momentum)。该式说明，**当质点受到的合外力对某参考点 O 的力矩等于零时，质点对参考点 O 的角动量将保持不变**。

质点角动量守恒定律成立的条件是力矩 $\vec{M} = 0$，而 $\vec{M} = 0$ 的情况一般有如下两种：一种是质点受到的合外力 $\vec{F} = 0$；一种是 $\vec{r}$ 与 $\vec{F}$ 共线即参考点在力的作用线上，即 $\vec{F}$ 为有心力。例如：行星绕太阳转动时，太阳可看成是不动的参考点，这时，太阳对行星引力的作用线是通过参考点太阳的，即 $\vec{r}$ 与 $\vec{F}$ 共线，因此引力对行星的力矩 $\vec{M} = 0$，行星绕太阳转动的角动量是守恒的。在上一节讨论力矩时，知道有心力对力心的力矩总是等于零的，因此，质点只受有心力作用时，其对力心的角动量是守恒的。

$\vec{M} = 0$ 时，$\vec{L} =$ 常矢量，即 $\vec{L}$ 的大小和方向都不变，根据 $\vec{L}$ 的定义，$\vec{r}$ 与 $\vec{L}$ 是垂直的，因此，这时 $\vec{r}$ 只能在与 $\vec{L}$ 垂直的平面内变化，即质点做平面运动。在有心力作用下的质点运动就符合这种情况，因而，行星绕太阳运动的轨道应在同一平面内。

此外，与动量守恒定律一样，有时 $\vec{M} \neq 0$，但 $\vec{M}$ 在某一方向上的分量等于零，这时质点的总角动量不守恒，但角动量在力矩分量为零的方向上的分量守恒。如 $\vec{M}_z = 0$，则 $\vec{L}_z$ 守恒。

例 5-2　一劲度系数为 k 的轻质弹簧，一端固定在光滑的水平桌面的 O 点，另一端系一质量为 m 的小球，如图 5-4 所示。初始时刻小球处于桌面上的 A 点，弹簧的长度为其原长 l_0，某时刻小球受到一冲击而获得与弹簧轴线垂直的初速度 v_0。当小球运动至 B 点时，弹簧的长度为 l，求小球在 B 点的速度 v。

解　处于光滑水平桌面上的小球在从 A 点运动至 B 点的过程中，受到的力有重力、水平桌面的支持力和弹簧的弹力，因桌面光滑，小球不受到桌面的摩擦力。而重力、水平桌面的支持力和弹簧的弹力对参考点 O 的力矩的矢量和等于 0，因此，小球在从 A 点运动至 B 点的过程中角动量守恒。所以有

$$mv_0 l_0 = mvl \sin\theta$$

若以小球、弹簧和地球为物体系，该系统的机械能也守恒，因而有

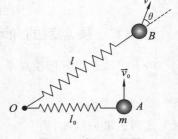

图 5-4　例 5-2 用图

$$\frac{1}{2}mv_0^2 = \frac{1}{2}mv^2 + \frac{1}{2}k(l-l_0)^2$$

联立以上两式得

$$v = \sqrt{v_0^2 - \frac{k(l-l_0)^2}{m}}$$

$$\sin\theta = \frac{l_0 v_0}{lv} = \frac{l_0 v_0}{l\sqrt{v_0^2 - \frac{k(l-l_0)^2}{m}}}$$

例 5-3　如图 5-5 所示，一细绳一端系一质量为 m 的小球，并将小球置于光滑的水平桌面

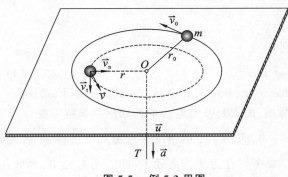

图 5-5　例 5-3 用图

上，绳的另一端穿过水平桌面上一小孔 O。小球 m 绕 O 点在水平面上做圆周运动，开始时小球的速率为 v_0，圆周的半径为 r_0，若在 $t = 0$ 时用手拉细绳，使之以恒定的速率 u 运动。求小球在 t 时刻的速率 v。

解　在光滑的水平桌面上小球不受摩擦力的作用，其所受重力与桌面的支持力对 O 的力矩的代数和为 0，而细绳的拉力通过参考点 O，所以，拉力对 O 点的力矩为 0。因此，小球在运动过程中角动量守恒，则有

$$mv_0 r_0 = mvr\sin\theta$$

式中，θ 为 t 时刻 $\vec{r}$ 与 $\vec{v}$ 之间的夹角，设 v_n 为 t 时刻小球的径向速度，v_t 为 t 时刻小球垂直于 v_n 的速度，则 $v_n = u, v_t = v\sin\theta, r = r_0 - ut$。则由上式可得

$$v_t = v\sin\theta = \frac{v_0 r_0}{r} = \frac{v_0 r_0}{r_0 - ut}$$

所以小球在 t 时刻的速率为

$$v = \sqrt{v_n^2 + v_t^2} = \sqrt{u^2 + \left(\frac{v_0 r_0}{r_0 - ut}\right)^2}$$

5.3　质点系的角动量定理与角动量守恒定律

5.3.1　质点系的角动量定理

由 n 个质点组成的质点系，对其中第 i 个质点应用质点角动量定理有

$$\vec{M}_i = \frac{\mathrm{d}\vec{L}_i}{\mathrm{d}t}$$

对上式两边求矢量和，则

$$\sum_i \vec{M}_i = \sum_i \frac{\mathrm{d}\vec{L}_i}{\mathrm{d}t} = \frac{\mathrm{d}}{\mathrm{d}t}\left(\sum_i \vec{L}_i\right) \tag{5-15}$$

式中，$\sum_i \vec{M}_i = \vec{M}$ 为质点系所受的力对参考点 O 的总力矩。由式（5-7）可知，质点系中质点间

的内力对总力矩无贡献。因此，$\vec{M} = \vec{M}_{外}$，即 $\vec{M}$ 等于质点系所受到的外力对 O 点的力矩的矢量和。而 $\sum_i \vec{L}_i = \vec{L}$ 为质点系的角动量，则式（5-15）可写成

$$\vec{M}_{外} = \frac{\mathrm{d}\vec{L}}{\mathrm{d}t} \tag{5-16}$$

该式表明，**质点系对参考点 O 的角动量的时间变化率等于质点系各质点所受外力对 O 点的力矩的矢量和**。这就是质点系的角动量定理。式（5-16）为其微分形式，对式（5-16）变形后，再对两边进行积分，可得

$$\int_{t_1}^{t_2} \vec{M}_{外}\mathrm{d}t = \vec{L}_2 - \vec{L}_1 \tag{5-17}$$

式（5-17）也称为质点系的角动量定理，是质点系角动量定理的积分形式。它表明，**在 $t_1 \to t_2$ 时间内质点系对参考点 O 的角动量的增量等于这段时间内外力给质点系对 O 点的冲量矩**。从式（5-17）可知，内力不能改变质点系的角动量，但内力可改变质点系中各质点的角动量。

5.3.2　质点系的角动量守恒定律

式（5-17）中，若 $\vec{M}_{外} = 0$，则有

$$\vec{L}_1 = \vec{L}_2 = 常矢量 \tag{5-18}$$

式（5-18）说明，**当质点系所受外力的合力矩等于零时，质点系的角动量为一常矢量**，这就是质点系的角动量守恒定律。

什么时候质点系的 $\vec{M}_{外} = 0$ 呢？一般有三种情况：第一种情况是质点系是孤立系统，不受任何外力的作用；第二种情况是质点系所受外力的力矩的矢量和等于零；第三种情况是所有外力的作用线都通过参考点 O。

质点系角动量守恒定律的条件是 $\vec{M}_{外} = 0$，而质点系动量守恒定律的条件是质点系所受的合外力 $\vec{F}_{外} = 0$。$\vec{M}_{外} = 0$ 时，$\vec{F}_{外}$ 不一定等于零；反之，$\vec{F}_{外} = 0$ 时，$\vec{M}_{外}$ 也不一定等于零。因此，质点系角动量守恒时，动量不一定守恒；反之，质点系动量守恒时，角动量不一定守恒。

例 5-4　如图 5-6 所示，一长为 l 的轻质木杆，其中间点 A 和一端点 B 各固定一质量为 M 的小球，将该系统置于一光滑的水平面上，其另一端可绕固定点 O 转动。开始时杆和两小球静止于平面上，今有一质量为 $m = \frac{1}{9}M$ 的子弹以速度 $\vec{v}_0$ 沿与杆成 $30°$ 角的方向射入并留在杆中，射入点在 A 与 B 的中点 C 处，求子弹射入后杆绕 O 点转动的角速度。

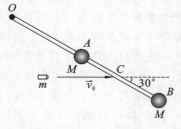

图 5-6　例 5-4 用图

解　木杆、小球 A 和小球 B 处于光滑的水平面上，因此它们都不受到摩擦力的作用，木杆对小球 A 和小球 B 的作用力通过参考点 O，因此它们对 O 点的力矩为 0。所以，由子弹、小球 A 和小球 B 组成的质点系对 O 点的角动量守恒。设子弹射入木杆后，木杆绕 O 点转动的角速度为 ω，则有

$$mv_0 \frac{3}{4}l\sin 30° = m\omega \left(\frac{3}{4}l\right)^2 + M\omega \left(\frac{1}{2}l\right)^2 + M\omega l^2$$

将 $m = \dfrac{1}{9}M$ 代入上式,解得

$$\omega = \frac{2v_0}{63l}$$

阅读材料五　　对称性与守恒定律

一、对称性

人类对于对称性的认识最初可能来自大自然中随处可见的具有对称性的物体和一些规则的几何图形。例如:植物的叶子几乎都具有左右对称的形状;蝴蝶的体态花样具有左右对称性;人体通常也具有左右对称的形体结构;许多植物的花朵都表现出比简单的左右对称性更高的绕其中心轴的旋转对称性;正方形对通过其相对两边中点的轴线和通过其对角线的轴线都具有对称性;一个均匀的球体对通过其中心的任何轴线都具有对称性,同时当球体绕其中心做任何旋转时还具有旋转对称性;一条无限长的直线在沿其自身的方向上平移一定的间隔,图形完全重复而具有平移对称性。这些对称表现为它们具有匀称、均衡、连贯、流畅性,因而人们在体验这些对称性时获得了许多愉悦和美的感受。于是对称性就成了一个美的基体要素,对称就是一种美。其后,对称性作为一项美的原则,广泛地用于建筑、绘画、雕塑、文学、音乐、各类生活用品和装饰品中。例如:北京的故宫每一座宫殿都是以其中线为界左右对称的;北京天坛的祈年殿具有对其竖直中心线的轴对称性和旋转对称性;我国诗词中的"回文诗"和"宝塔诗"就是在文学创作中的对称性;我们生活中使用的各类器皿和装饰品(碗、酒杯、各类花瓶等)常常都具有对称性;人们作装饰用的花纹、花边通常具有平移对称性。这些具有对称性的建筑、诗词和器物等因总能给人以一种美的感觉,而普遍地被人们所接受。

今天我们在数学和物理学中所使用的对称性概念具有更普遍的意义。要给对称性一个更普遍的定义,首先就要定义一些与此有关的概念。把所研究的对象称为"系统",同一系统可以处于不同的"状态",不同的状态可以是等价的,也可以是不等价的。下面以一实例来说明这些概念。假设所研究的系统是一均匀的圆环,当圆环绕过其中心且垂直于环面的对称轴做任意转动时,圆环所处的状态发生了变化,这时系统虽然处于不同的状态,但我们却无法区分,就称这两个不同的状态是等价的。若所研究的对象是均匀的圆环且其边缘有一标记物,当圆环绕过其中心且垂直于环面的轴做任意转动时,圆环将处于不同的状态,因环的边缘有标记物,我们可区分这两种不同的状态(除旋转是整圈外),这时不同的状态将不再等价。

通常把系统的两种状态通过确定的规则对应起来的关系称为变换,或者说系统做了一个操作。1951 年德国数学家魏尔首先给出了关于对称性的普适定义:"如果一个操作使系统从一个状态变到另一个与之等价的状态,或者说,状态在此操作下不变,就说该系统对此操作是对称的,而这个操作称为该系统的一个对称操作"。最常见的对称操作是时空操作,相应的对称性称为时空对称性。时间对称操作有时间平移和时间反演等操作;空间对称操作有空间平移、空间转动、空间反演、镜像反射等操作。此外,物理学中还有许多其他的对称操作和不同种类操作的复合操作。

物理学中的对称性有两类:一类是某个系统或具体物体的对称性,我们在上述所提到的那些对称性都属于此类;还有一类对称性是物理规律的对称性,这类对称性是指经过一定的操作后,物理定律的形式保持不变,因此物理定律的对称性又称为不变性。例如,牛顿定律具有伽利略变换下的不变性,而麦克斯韦方程组具有在洛伦兹变换下的不变性,皆属于此类对称性。

二、对称性与守恒定律

对于所研究的系统,在其状态发生各种变化时,若某一物理量始终保持不变,就称系统中的该物理量遵从守恒定律。因系统中的守恒量与系统的变化过程无关,这就为分析各种复杂的物理过程提供了一个有力的工具,同时也可以用守恒定律来预言一些新过程的变化情况,因此物理学家们总是致力于去寻找系统中的守恒定律,以使对系统的分析趋于简单。在发现物理学中的守恒定律与对称性的本质关系之前,物理学家们已经发现了一些守恒定律,在这之前学过的就有动量守恒定律、角动量守恒定律和机械能守恒定律。随着近代物理学的发展,牛顿力学是具有局限性的,而最早由牛顿定律推导出来的动量守恒定律和角动量守恒定律却比牛顿定律具有更普遍的意义,这说明动量守恒定律和角动量守恒定律已超越了经典力学的理论,那么这些守恒定律是不是具有比经典力学理论更深厚的基础呢?答案是肯定的,近代物理学发现,所有的守恒定律都与宇宙中某一种对称性相联系,对称性是一种统治物理学规律的规律。1918年德国女数学家诺特尔发表了一条关于对称性与守恒定律的著名定理:"如果系统存在某个不明显依赖时间的对称性,就必然存在一个与之对应的守恒量和相应的守恒定律。"该定理称为诺特尔定理。这条定理首先是在经典理论的框架内得出的,后经推广发现,诺特尔定理在量子力学中也是成立的,从而保证了守恒定律的普适性。下面以本书前面已经学习过的动量守恒定律、角动量守恒定律和机械能守恒定律为例来简单介绍守恒定律与对称性的关系。

1. 空间均匀性与动量守恒定律

如果在空间某处做一个物理实验,得到某一实验结果,然后将这一实验平移至空间另一位置处进行,在所有条件完全相同的情况下,发现实验会以完全相同的方式进行并得到完全相同的实验结果。这说明物理规律并不依赖于空间坐标的原点的选择,若将整个空间平移一个位置,物理规律不会发生变化,这就是物理规律的空间平移对称性。因物理规律在空间各处是一致的,所以空间平移对称性也称作空间均匀性。

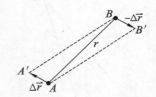

以下用一实例来说明空间均匀性与动量守恒定律的关系。如图 5-7 所示,设有一两个粒子组成的系统,两粒子间的相对位移大小为 r,相互作用势能为 U。若固定粒子 B 不动,将粒子 A 沿任意方向移动至 A' 点,产生的位移为 $\Delta\vec{r}$,粒子 B 对粒子 A 的作用力为 $\vec{f}_{BA}$。因粒子间相互作用力是保守力,而保守力所做的功为系统势能增量的负值,

图 5-7　空间均匀性与动量守恒

则这时系统势能的增量为

$$\Delta U = -\vec{f}_{BA} \cdot \Delta\vec{r}$$

若固定粒子 A 不动,将粒子 B 移至 B' 点,且使粒子 B 移至 B' 时产生的位移为 $-\Delta\vec{r}$,粒子 A 对粒子 B 的作用力为 $\vec{f}_{AB}$。则此时系统势能的增量为

$$\Delta U' = -\vec{f}_{AB} \cdot (-\Delta\vec{r})$$

从图 5-7 可看出 $\overline{A'B} = \overline{AB'}$,且 $\overline{A'B} \, / \! / \, \overline{AB'}$,因此系统从 $\overline{A'B}$ 至 $\overline{AB'}$ 实际上只是系统在空间产生了一个位置的平移,根据空间均匀性(即空间平移对称性),两粒子系统的势能只与两粒子间的相对位置有关,与系统在空间的平移无关。因此两粒子系统在 $\overline{A'B}$ 和 $\overline{AB'}$ 两处的相互作用势能相等,即

$$U + \Delta U = U + \Delta U'$$

由此得

$$\Delta U = \Delta U'$$

即有

$$- \vec{f}_{BA} \cdot \Delta \vec{r} = - \vec{f}_{AB} \cdot (- \Delta \vec{r})$$

由此得

$$\vec{f}_{AB} + \vec{f}_{BA} = 0$$

根据牛顿第二定律有

$$\vec{f}_{AB} = \frac{\mathrm{d}\vec{p}_B}{\mathrm{d}t}, \vec{f}_{BA} = \frac{\mathrm{d}\vec{p}_A}{\mathrm{d}t}$$

所以

$$\frac{\mathrm{d}\vec{p}_A}{\mathrm{d}t} + \frac{\mathrm{d}\vec{p}_B}{\mathrm{d}t} = \frac{\mathrm{d}}{\mathrm{d}t}(\vec{p}_A + \vec{p}_B) = 0$$

由此得

$$\vec{p}_A + \vec{p}_B = 0$$

该式说明，两粒子组成的系统总动量守恒。从这个实例中可看出，由空间均匀性可导出动量守恒定律。

2. 空间各向同性与角动量守恒定律

如果在空间某处做一个物理实验，得到某一实验结果，然后将这一实验装置在空间任意转动一个角度进行实验，在所有条件完全相同的情况下，发现实验会以完全相同的方式进行并得到完全相同的实验结果。说明物理规律具有转动不变性，这称为物理规律的空间转动对称性，亦称为空间各向同性。

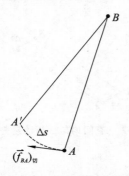

下面以一个简单的例子来说明空间各向同性与角动量守恒定律的关系。如图 5-8 所示，仍考虑一由两粒子 A 和 B 组成的系统，若固定粒子 B 不动，让粒子 A 绕粒子 B 沿圆弧 Δs 移动至 A'，B 对粒子 A 的保守作用力为 $\vec{f}_{BA}$，将 $\vec{f}_{BA}$ 分解为一沿 BA 方向的法向分量和一垂直于 BA 方向的切向分量，在粒子 A 从 A 点转至 A' 点的过程中，$\vec{f}_{BA}$ 的法向分量不做功，只有其切向分量才做功。所以从 A 点转至 A' 点的过程中，系统的势能的增量为

图 5-8　空间各向同性与角动量守恒

$$\Delta U = - (f_{BA})_{切} \Delta s$$

根据空间各向同性（即空间转动对称性），系统的势能只与两粒子的相对位置有关，与两者之间连线的空间取向无关，所以系统在 BA 和 BA' 两处的势能相等，即 $\Delta U = 0$，因而有

$$(f_{BA})_{切} = 0$$

该式说明，两粒子间相互作用力的切向分量为 0，两粒子之间的相互作用力只能沿两粒子的连线方向。由此可知，粒子 A 所受到的力 $\vec{f}_{BA}$ 的作用线通过它们的质心。同理，粒子 B 所受到的力 $\vec{f}_{AB}$ 的作用线也通过它们的质心，系统对其质心的力矩为 0，从而系统对其质心的角动量守恒。

所以由空间各向同性可导出角动量守恒定律。

3. 时间均匀性与机械能守恒定律

如果在某一时刻开始做一实验，经一段时间后得到一实验结果。若将该实验开始的时刻往后推移，在其他条件完全相同的情况下，发现这一物理实验会以相同的方式和在相同的时间内完成并得到完全相同的实验结果。这说明物理规律具有时间平移不变性，这称为物理规律的时间平移对称性，亦称时间均匀性。

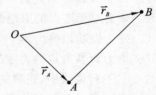

图 5-9　时间均匀性与机械能守恒

下面还是以两个粒子组成的系统为例来说明时间均匀性与机械能守恒定律的关系。如图 5-9 所示，由粒子 A 和粒子 B 组成的系统的机械能为

$$E = \frac{1}{2} m_A \vec{v}_A \cdot \vec{v}_A + \frac{1}{2} m_B \vec{v}_B \cdot \vec{v}_B + E_p$$

由此有

$$\frac{\mathrm{d}E}{\mathrm{d}t} = m_A \frac{\mathrm{d}\vec{v}_A}{\mathrm{d}t} \cdot \vec{v}_A + m_B \frac{\mathrm{d}\vec{v}_B}{\mathrm{d}t} \cdot \vec{v}_B + \frac{\mathrm{d}E_p}{\mathrm{d}t} \tag{5-19}$$

而式中的 $\dfrac{\mathrm{d}E_p}{\mathrm{d}t}$ 为

$$\frac{\mathrm{d}E_p}{\mathrm{d}t} = \frac{\partial E_p}{\partial t} + \boldsymbol{\nabla}_A E_p \cdot \frac{\mathrm{d}\vec{r}_A}{\mathrm{d}t} + \boldsymbol{\nabla}_B E_p \cdot \frac{\mathrm{d}\vec{r}_B}{\mathrm{d}t}$$

上式中，$\dfrac{\partial E_p}{\partial t}$ 项是保持两粒子间相对位置不变 E_p 的时间变化率。而时间均匀性（即时间平移对称性）则意味着两粒子之间的相互作用势能只与两粒子间的相对位置有关，时间平移一段后，若两粒子保持相对位置不变，则两粒子组成的系统的势能就不会发生变化，所以 $\dfrac{\partial E_p}{\partial t} = 0$。则有

$$\frac{\mathrm{d}E_p}{\mathrm{d}t} = \boldsymbol{\nabla}_A E_p \cdot \frac{\mathrm{d}\vec{r}_A}{\mathrm{d}t} + \boldsymbol{\nabla}_B E_p \cdot \frac{\mathrm{d}\vec{r}_B}{\mathrm{d}t}$$

设粒子 A 受到粒子 B 的作用力为 $\vec{f}_{BA}$，粒子 B 受到粒子 A 的作用力为 $\vec{f}_{AB}$，则有

$$\vec{f}_{BA} = -\boldsymbol{\nabla}_A E_p \quad \vec{f}_{AB} = -\boldsymbol{\nabla}_B E_p$$

所以

$$\frac{\mathrm{d}E_p}{\mathrm{d}t} = -\vec{f}_{BA} \cdot \vec{v}_A - \vec{f}_{AB} \cdot \vec{v}_B$$

将此式代入式(5-19)，得

$$\frac{\mathrm{d}E}{\mathrm{d}t} = \vec{f}_{BA} \cdot \vec{v}_A + \vec{f}_{AB} \cdot \vec{v}_B - \vec{f}_{BA} \cdot \vec{v}_A - \vec{f}_{AB} \cdot \vec{v}_B = 0$$

即

$$E = 恒量$$

该式说明系统的机械能守恒。由此例可知，由时间均匀性可导出系统的机械能守恒定律。

对称性与守恒定律是相互依存的，一个守恒定律必有一种对称性与之相对应，反之，一种对称性也必然会有一个守恒定律与之相对应，对称性与守恒定律这种相互依存的关系是跨越物理学各个领域的普遍法则，这一普遍法则已成为物理学家在各个领域中探索自然奥秘的一种最有力的工具。

习 题

5-1 在整个运动过程中,要使质点系对某点的角动量保持不变,需要( )。

A. 外力矢量和始终为零

B. 外力对参考点的力矩的矢量和始终为零

C. 外力做功始终为零

D. 内力对参考点的力矩的矢量和始终为零

5-2 下列说法中,正确的是( )。

A. 质点系的总动量为零,总角动量一定也为零

B. 一质点做直线运动,质点的角动量一定为零

C. 一质点做直线运动,质点的角动量一定不变

D. 一质点做匀速率圆周运动,其动量方向在不断变化,但相对于圆心的角动量不变

5-3 地球绕着太阳做椭圆轨道运动,由近日点向远日点运动时,地球的角动量、动能变化情况为( )。

A. 角动量不变,动能变小   B. 角动量不变,动能变大

C. 角动量变小,动能变大   D. 角动量变大,动能变大

5-4 对质点系,以下说法错误的是( )。

A. 对同一固定点,内力矩使角动量在质点系内传递

B. 对同一固定点,内力矩不会改变整个质点系的总角动量

C. 内力使动量在质点系内传递

D. 内力可以改变整个质点系的总动量

5-5 力 $\vec{F} = 3\vec{i} + 5\vec{j}$,其作用点的径矢为 $\vec{r} = 4\vec{i} - 3\vec{j}$,则该力对坐标原点的力矩大小为( )。

A. $-3\ \text{N} \cdot \text{m}$ B. $29\ \text{N} \cdot \text{m}$ C. $19\ \text{N} \cdot \text{m}$ D. $3\ \text{N} \cdot \text{m}$

5-6 一质量为 m 的汽车沿一平直的高速公路以 v_0 的速度匀速运动,以距高速公路垂直距离为 a 的点 O 为参考点,汽车可看作是质点,设汽车受到的牵引力为 $\vec{F}$。(1) 求汽车对参考点 O 的角动量;(2) 汽车受到的阻力对参考点 O 的力矩是多少?汽车受到的总力矩是多少?

5-7 有一质量为 $0.5\ \text{g}$ 的质点位于平面上点 $P(3,4)$ 处,其速度为 $\vec{v} = 3\vec{i} + 4\vec{j}$,并受到了一力 $\vec{F} = 1.5\vec{j}$ 的作用。求其对坐标原点的角动量和作用在其上的力矩。

5-8 一质量为 $1.0\ \text{kg}$ 的质点,受到一力 $\vec{F} = (2t-1)\vec{i} + (3t-4)\vec{j}$ 的作用,其中 t 以 s 为单位,$\vec{F}$ 以 N 为单位。开始时质点静止于坐标原点,求 $t = 2\ \text{s}$ 时质点对原点的角动量和质点受到的力矩。

5-9 一质量为 $1.0\ \text{kg}$ 的质点,沿 $\vec{r} = (2t^2 - 1)\vec{i} + (t^3 + 1)\vec{j} + 3\vec{k}$ 曲线运动,其中 t 的单位为 s,$\vec{r}$ 的单位为 m,求在 $t = 1.0\ \text{s}$ 时质点对原点的角动量和作用在其上的力矩。

5-10 在氢原子核外有一电子绕原子核做圆周运动,电子的质量为 $9.1 \times 10^{-31}\ \text{kg}$,圆周的半径为 $5.3 \times 10^{-11}\ \text{m}$,已知电子的角动量为 $\dfrac{h}{2\pi}$(h 为普朗克常数,$h = 6.63 \times 10^{-34}\ \text{J} \cdot \text{s}$)。求电子绕核转动的角速度。

5-11 一质点在有心力的作用下在一平面内做椭圆轨道运动,试利用质点的角动量守恒定律证明质点对力心的径矢在相等的时间内扫过相等的面积。

5-12 如图 5-10 所示,轻绳的一端用手拉着,另一端穿过一小孔并在光滑的水平桌面上系着一质量 $m = 100$ g 的小球,开始时小球以角速度 $\omega_0 = 3.0$ rad/s 在桌面上做半径为 $r_0 = 30$ cm 的圆周运动。现将绳缓慢地向下拉 20 cm,求小球这时的角速度和小球动能的变化。

5-13 一质量为 m 的粒子以速度 v_0 射入一原子核 O 的斥力场中,如图 5-11 所示。设原子核到初速度 v_0 延长线的垂直距离为 b,原子核与粒子间的斥力势能为 $E_p = \dfrac{k}{r}$,求原子核到粒子轨道的最短距离 r_m。

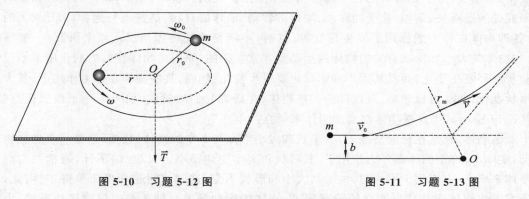

图 5-10 习题 5-12 图   图 5-11 习题 5-13 图

5-14 有一人造地球卫星,其近地点距地面的高度为 $h_1 = 320$ km,远地点的高度为 $h_2 = 6378$ km,卫星在近地点的速率为 8 km/s。求其在远地点的速率为多少?

5-15 两滑冰运动员,体重都是 60 kg,在两条相距 10 m 的平直跑道上以 6.5 m/s 的速率相向滑行,当他们的距离恰好等于 10 m 时,他们分别抓住一根 10 m 长的绳子两端,若将每个运动员都看成是质点,绳子的质量可忽略,求:(1) 他们抓住绳子的前后相对于绳子中点的角动量;(2) 他们每个人都用力往自己一边拉绳子,当他们之间的距离为 5.0 m 时,各自的速率是多少?(3) 计算每个运动员在减小他们之间的距离时所做的功,并证明这个功恰好等于他们动能的变化;(4) 两人相距 5.0 m 时绳子中的张力有多大?

5-16 如图 5-12 所示,在一光滑的水平面上,有一质量为 M 的小木球,将小木球系于一劲度系数为 k 的轻质弹簧的一端,弹簧的另一端固定在 O 点,开始时弹簧的长度为其原长 l_0,小木球 M 静止在水平面上 A 点。现将一质量为 m 的子弹沿与弹簧轴线垂直的方向射入小木球 M 并留在其中,使小木球 M 开始运动,某一时刻小木球运动至 B 点,这时弹簧的长度为 l,求小木球 M 在 B 点速度的大小和方向。

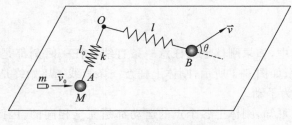

图 5-12 习题 5-16 图

第 6 章　　刚体的转动

前面几章主要研究的是质点力学的运动规律,而在第 5 章中运用质点运动的规律讨论了离散型质点系的某些力学规律。当物体的大小与形状对所研究的问题可忽略时,把这样的物体看成质点。然而,并不是所有的物体都能当成质点来研究。在很多问题中,物体的大小和形状与所研究的问题有关,例如,轮子的转动、陀螺的转动、地球的自转、高速飞行炮弹(或子弹)的自旋、各种物体在外力的作用下发生形变等。这时,不能把这些物体当成质点来研究。一般情况下,与物体的大小和形状有关的物体的运动是非常复杂的,原因是物体在外力的作用下不仅仅运动状态要发生变化,而且其大小和形状也要发生变化。然而,某些物体在外力作用下,其大小和形状变化很小,可以忽略。对这样的一些物体,在研究它们的时候,引入了一个理想模型"**刚体**"(rigid body),把这些物体都当成刚体来研究。

所谓刚体,就是在任何情况下,其形状和大小都保持不变的物体。显然,这是一个理想物理模型,实际中,许多固体在外力作用下,其形状和大小变化很小,可以忽略不计,通常把它们当作刚体来研究。力作用于刚体时,由于其大小和形状不变,这就使问题变得简单得多。因此,只要研究力使刚体运动状态改变的情况即可。刚体的运动是另一种典型的机械运动形式。力学中,在研究刚体的运动规律时,还是从质点运动的规律出发,把刚体看成是一个由无限多个连续分布的质点组成的物体,而且由这些质点组成的物体中,质点之间的距离在任何情况下都保持不变。这也可以作为刚体的定义。

一般来说,刚体的运动是很复杂的,但是刚体的运动都可以看作是刚体的平动和绕某一轴线的转动这两种最基本运动的合成运动。而刚体的绕轴转动又可分为绕定轴转动(转轴的方位不随时间变化)和绕瞬时轴转动(转轴的方位随时间变化)。本章只讨论刚体的两种最基本的运动 —— 刚体的平动和刚体的**定轴转动**(fixed-axis rotation)。

6.1　　刚体的运动

这一节将从运动学的角度来描述刚体的平动和定轴转动。

6.1.1　　刚体的平动和定轴转动

1. 刚体的平动

在刚体的运动过程中,如果刚体上的任意一条直线在任一时刻都是彼此平行的,那么,刚体的这种运动称为平动。如图 6-1 所示,刚体上任意一条直线 AB 始终是彼此平行的,因此,图 6-1 所示的刚体的运动为平动。

由刚体平动的定义可知,刚体上各个点的运动都是完全相同的。因此,只要知道了刚体上某一点的运动规律,就知道了刚体的运动规律。这时刚体的运动可用刚体上任一质点的运动来描述。

2. 刚体的定轴转动

在刚体的运动过程中,如果刚体始终绕某一空间位置不随时间变化的固定轴转动,那么,刚体的这种运动称为刚体绕固定轴的转动,简称刚体的定轴转动。由刚体的定轴转动的定义不难看出,刚体在做定轴转动时,其上所有质点都绕同一轴线做圆周运动。

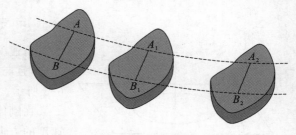

图 6-1　刚体的平动

6.1.2　刚体定轴转动的描述

1. 角位置　　角位移　　角速度　　角加速度

如图 6-2 所示,有一刚体绕固定轴转动。由刚体定轴转动的定义可知,刚体上所有质点都将绕 z 轴做圆周运动,由于分布于刚体上的各点到转轴的垂直距离即该质点做圆周运动的轨道半径不同,因而各质点在相同的时间内所走的路程和同一时刻的速度是不相同的,但它们的轨道半径在相同的时间内扫过的角度是相同的。所以,在描述刚体的定轴转动时,往往用刚体上任意一质点的角量来描述整个刚体的转动。

1) 角位置和角位移

在图 6-2 所示的刚体中,任取一质点 P,设开始时刻质点位于 A 点,过 A 点作 z 轴的垂线 AO,O 为 AO 与 z 轴的交点,亦即质点 P 做圆周运动的圆心,OA 的大小 r 为质点 P 做圆周运动的半径。由刚体定轴转动的定义不难看出,质点运动的轨迹是在过 O 点且垂直于 z 轴的平面上的圆,轨迹圆的圆心是 O 点。以该平面作参考平面,以其上的直线 OA 作参考直线,并取之为 x 轴。在 t 时刻,若质点 P 从 A 点运动到了 A_1 点,这时径矢 $\vec{r}$ 与参考直线 Ox 轴的夹角为 θ,显然,θ 是时间 t 的函数,即 $\theta = \theta(t)$,且可由 $\theta(t)$ 来确定定轴转动刚体在 t 时刻的位置,因此,把 $\theta(t)$ 定义为刚体在 t 时刻的角位置,刚体在一段时间内转过的角度(末时刻与初始时刻的角位置之差)$\Delta\theta = \theta_2 - \theta_1$,称为角位移。

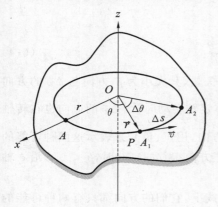

图 6-2　刚体的定轴转动

刚体在定轴转动时,其转动有 2 种情况,若沿 z 轴的正方向看,刚体可做顺时针转动和逆时针转动。为区分这两种转动,做如下规定:若沿 z 轴的正方向看去,质点做顺时针转动,θ 角取正;质点做逆时针转动,θ 角取负。因此,可用 θ 的正负来反映刚体的这两种运动情况。

在国际单位制中,角位置的单位为弧度,用 rad 表示。

2) 角速度

设刚体在 $t \rightarrow t + \Delta t$ 时间内从 A_1 点转至 A_2 点,其角位移的变化为 $\Delta\theta$,定义 Δt 时间内刚体的平均角速度为

$$\bar{\omega} = \frac{\Delta\theta}{\Delta t} \tag{6-1}$$

上式中,若取 $\Delta t \rightarrow 0$,则可得到 t 时刻刚体的瞬时角速度

$$\omega = \lim_{\Delta t \to 0} \frac{\Delta \theta}{\Delta t} = \frac{\mathrm{d}\theta}{\mathrm{d}t} \tag{6-2}$$

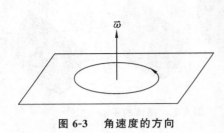

图 6-3　　角速度的方向

角速度是一个矢量，其大小等于 ω，方向沿转动轴的方向，且与刚体绕轴线转动的方向构成右手螺旋，如图 6-3 所示。

在刚体做定轴转动时，因轴的方位已给定，因此，角速度的方向只有两种可能的取向。通常用正、负号来反映这两种可能的取向。按照上述对角位移正、负号的规定，当 $\mathrm{d}\theta > 0$ 时，$\omega > 0$，角速度的方向沿 z 轴的正方向，即沿 z 轴方向看去，刚体做顺时针转动；当 $\mathrm{d}\theta < 0$ 时，$\omega < 0$，角速度的方向沿 z 轴的负方向，即沿 z 轴方向看去，刚体做逆时针转动。但要注意的是，若刚体不是做定轴转动，角速度的方向仍然沿其转轴方向，且由右手螺旋法则确定，由于转轴的空间方位是随时间变化的，这时就不能用正、负号来反映角速度的方向。

在国际单位制中，角速度的单位为 rad/s。

3）角加速度

对于做定轴转动的刚体，若在 $t \to t + \Delta t$ 时间内，刚体角速度的变化为 $\Delta\omega$，则刚体在 Δt 时间内的平均角加速度定义为

$$\bar{\beta} = \frac{\Delta\omega}{\Delta t} \tag{6-3}$$

上式中，当 $\Delta t \to 0$ 时，有

$$\beta = \lim_{\Delta t \to 0} \frac{\Delta\omega}{\Delta t} = \frac{\mathrm{d}\omega}{\mathrm{d}t} = \frac{\mathrm{d}^2\theta}{\mathrm{d}t^2} \tag{6-4}$$

式中，β 称为刚体在 t 时刻的瞬时角加速度。角加速度也是矢量，其大小为 β，方向与 $\Delta\vec{\omega}$ 的方向一致。在一般情况下，角加速度的定义为 $\vec{\beta} = \dfrac{\mathrm{d}\vec{\omega}}{\mathrm{d}t}$。而在刚体定轴转动时，因 $\Delta\vec{\omega}$ 的方向也在转轴上，因此 $\vec{\beta}$ 的方向也在转轴上。这时 $\vec{\beta}$ 也只有两种可能的方向，用正、负号来表示这两种可能的取向。当 $\Delta\omega > 0$ 时，$\beta > 0$，β 沿 z 轴的正方向，即沿 ω 的正方向；当 $\Delta\omega < 0$ 时，$\beta < 0$，β 沿 z 轴的负方向，即沿 ω 的反方向。

刚体做定轴转动时，其角速度和角加速度方向都在轴线上，它们的方向都只有两种可能的取向，因此，通常用正、负号来表示它们的方向，这类似于质点做直线运动时，速度和加速度的方向用正、负号来表示。

2. 角量与线量的关系

刚体在做定轴转动时，其角位移 θ、角速度 ω、角加速度 β，称为刚体运动的角量。对定轴转动的刚体，其上各质点的角量都是相同的。而刚体上某质点所走的路程 s（弧长）、速度 v 和切向加速度 a_t、法向加速度 a_n，称为线量。定轴转动刚体上因各质点距转轴的垂直距离不同，各质点绕固定轴做圆周运动的半径就不同，所以，各质点的线量是不同的。

因刚体做定轴转动时，其上各质点都做圆周运动，因此，刚体做定轴转动时，其上任意一点的角量与线量之间的关系与质点做圆周运动时完全一致。

如图 6-4 所示，若在 t 时刻刚体的角量分别为 θ,ω,β，设刚体上某一质点 P 距转轴的垂直距离为 r，则其线量 $s,v,a_\mathrm{t},a_\mathrm{n}$ 与角量之间的关系如下

$$s(t) = r\theta(t) \tag{6-5a}$$

$$v = r\omega \tag{6-5b}$$

$$a_t = r\beta, a_n = r\omega^2 \tag{6-5c}$$

3. 匀变速转动

刚体做定轴转动时,若其角加速度为一常量,则把刚体的这种运动称为刚体的匀变速转动。刚体做匀变速转动时的运动规律类似于质点做匀变速直线运动的规律。若以 θ_0,ω_0 分别表示 $t = 0$ 时刻的角位移和角速度,θ,ω 分别表示 t 时刻的角位移和角速度,β 表示角加速度,$\Delta\theta = \theta - \theta_0$ 表示 $0 \to t$ 时间内的角位移,则可从式(6-2)和式(6-4)导出刚体做匀变速转动时的运动规律

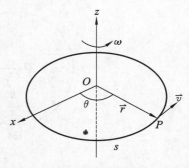

图 6-4　角量与线量的关系

$$\omega = \omega_0 + \beta t \tag{6-6a}$$

$$\Delta\theta = \omega_0 t + \frac{1}{2}\beta t^2 \tag{6-6b}$$

$$\omega^2 - \omega_0^2 = 2\beta\Delta\theta \tag{6-6c}$$

例 6-1　一刚体绕过 O 点的固定轴做匀变速转动,如图 6-5 所示。已知其角加速度为 0.5π rad/s^2,$t = 0$ 时,其角速度为 π rad/s,如果 $t = 0$ 时,刚体内过 O 点的某一线段 OP 在 x 轴上且 $OP = 0.5$ m,求:(1)$t = 4$ s 时,OP 转过了多少圈?P 点所走的路程是多少?(2)$t = 4$ s 时,P 点的角速度和线速度各为多少?(3)$t = 4$ s 时,P 点的切向加速度和法向加速度各为多少?

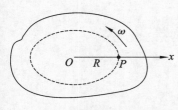

图 6-5　例 6-1 用图

解　(1)$t = 4$ s 时,OP 转过的角度为

$$\Delta\theta = \omega_0 t + \frac{1}{2}\beta t^2 = \left(\pi \times 4 + \frac{1}{2} \times 0.5\pi \times 4^2\right) \text{rad}$$

$$= 8\pi \text{ rad} = 4 \text{ 圈}$$

P 点走过的路程为

$$s = R\Delta\theta = 0.5 \times 8\pi \text{ m} = 4\pi \text{ m}$$

(2)$t = 4$ s 时,P 点的角速度和线速度分别为

$$\omega = \omega_0 + \beta t = (\pi + 0.5\pi \times 4) \text{ rad/s} = 3\pi \text{ rad/s}$$

或由 $\omega^2 - \omega_0^2 = 2\beta\Delta\theta$ 得

$$\omega^2 = 2\beta\Delta\theta + \omega_0^2, \quad \omega = \sqrt{2 \times 0.5\pi \times 8\pi + \pi^2} \text{ rad/s} = 3\pi \text{ rad/s}$$

$$v = R\omega = 0.5 \times 3\pi \text{ m/s} = 1.5\pi \text{ m/s}$$

(3)$t = 4$ s 时,P 点的切向加速度和法向加速度分别为

$$a_t = R\beta = 0.5 \times 0.5\pi \text{ m/s}^2 = 0.25\pi \text{ m/s}^2$$

$$a_n = R\omega^2 = 0.5 \times (3\pi)^2 \text{ m/s}^2 = 4.5\pi^2 \text{ m/s}^2$$

例 6-2　如图 6-6 所示,有一半径为 R 的圆盘绕其几何中心轴转动,$t = 0$ 时,圆盘的角速度为 ω_0,使其边缘上任一点速度的方向与加速度的方向之间的夹角 α 保持不变,求角速度 ω 随时间 t 变化的规律。

解　圆盘边缘上任一点速度的方向即为其在该点的切向速度的方向。现根据角速度是增大的还是减小的分别讨论。

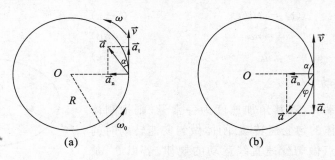

图 6-6　例 6-2 用图

(1) 当圆盘做加速转动时,其切向速度 $\vec{v}$ 的方向与其切向加速度 $\vec{a}_t$ 的方向相同,如图 6-6(a) 所示,这时速度 $\vec{v}$ 的方向与加速度 $\vec{a}$ 的方向之间的夹角为切向加速度 $\vec{a}_t$ 的方向与加速度 $\vec{a}$ 的方向之间的夹角 α,设圆盘转动的角加速度为 β,则有

$$a_t = R\beta, a_n = R\omega^2$$

$$\tan\alpha = \frac{a_n}{a_t} = \frac{\omega^2}{\beta}$$

$$\omega^2 = \beta\tan\alpha = \tan\alpha \frac{d\omega}{dt}$$

由此得

$$\frac{d\omega}{\omega^2} = \cot\alpha \, dt$$

对上式两边积分得

$$\int_{\omega_0}^{\omega} \frac{d\omega}{\omega^2} = \cot\alpha \int_0^t dt$$

由此得

$$\frac{1}{\omega_0} - \frac{1}{\omega} = t\cot\alpha$$

则有

$$\omega = \frac{\omega_0}{1 - \omega_0 t\cot\alpha}$$

(2) 当圆盘做减速转动时,$\vec{a}_t$ 的方向与 $\vec{v}$ 的方向相反。这时 $\vec{v}$ 的方向与加速度 $\vec{a}$ 的方向的夹角为 α,而 $\vec{a}_t$ 的方向与加速度 $\vec{a}$ 的方向的夹角为 φ, $\alpha + \varphi = 180°$,如图 6-6(b) 所示,这时有

$$a_t = -R\beta, a_n = R\omega^2$$

$$\tan\alpha = -\tan\varphi = -\frac{a_n}{a_t} = \frac{\omega^2}{\beta}$$

由此得

$$\omega^2 = \beta\tan\alpha = \tan\alpha \frac{d\omega}{dt}$$

即有

$$\frac{d\omega}{\omega^2} = \cot\alpha \, dt$$

对该式积分可得

$$\int_{\omega_0}^{\omega} \frac{\mathrm{d}\omega}{\omega^2} = \cot\alpha \int_0^t \mathrm{d}t$$

由此得

$$\frac{1}{\omega_0} - \frac{1}{\omega} = t\cot\alpha$$

则有

$$\omega = \frac{\omega_0}{1 - \omega_0 t\cot\alpha}$$

上述讨论表明,不论圆盘是做加速转动还是做减速转动,只要使其边缘上任一点速度的方向与加速度的方向之间的夹角 α 保持不变,圆盘角速度 ω 随时间 t 变化的规律就有相同的表达式。

6.2　力矩　　刚体的定轴转动定律　　转动惯量

从本节起,将研究刚体绕固定轴转动的力学规律。首先引入刚体所受的外力对固定转轴力矩的概念,然后再研究刚体所受的力矩与刚体定轴转动角加速度之间的关系,并引入转动惯量的概念。

6.2.1　力矩

经验告诉我们,力可以使绕定轴转动的物体的运动状态发生改变。如可使静止的物体开始转动,力的这种作用不仅与力的大小有关,还与力的作用点相对于轴的位置及力的方向有关。例如,人们在开门时,若力的方向和作用点的位置确定,则力越大,门转动得越快;若力的方向和大小确定,作用点离轴越远,门也转动得越快;若力的大小和作用点确定,但力的方向不同,则作用效果也不同。如力的方向与转轴平行或通过转轴,则门不会转动。从上述例子可看出,影响刚体转动效果的有力的大小、方向以及力的作用点相对于轴的位置。以下要引入的力矩的概念就概括了这些因素的总作用。

如图 6-7(a) 所示,刚体所受到的力 $\vec{F}$ 在垂直于转轴 Oz 的平面 S 内,S 称为转动平面,力的作用点位于平面上的 P 点,P 点相对于参考点 O 的径矢为 $\vec{r}$,把 $\vec{r}$ 与 $\vec{F}$ 的矢积定义为 $\vec{F}$ 对 Oz 轴的力矩 $\vec{M_z}$,即

$$\vec{M_z} = \vec{r} \times \vec{F} \tag{6-7}$$

力矩是矢量,其大小 M_z 为

$$M_z = Fr\sin\theta = Fa \tag{6-8}$$

式中,a 为参考点 O 到力的作用线的垂直距离,称为力臂。

力矩的方向是按右手螺旋法则规定的,即右手拇指伸直,其他四指由径矢 $\vec{r}$ 的方向经小于 $180°$ 的角 θ 转向矢量 $\vec{F}$ 的方向,则大拇指的指向为 $\vec{M_z}$ 的方向。显然,对刚体的定轴转动来说,$\vec{M_z}$ 的方向在转轴上,其方向只有两种可能,因此往往用 $\vec{M_z}$ 的正、负来反映这两个不同的方向。当由右手螺旋法则确定出了 $\vec{M_z}$ 的方向后,若 $\vec{M_z}$ 的方向与 Oz 轴的正方向相同,则 M_z 取正;若 $\vec{M_z}$ 的方向与 Oz 轴的正方向相反,M_z 取负。

如图 6-7(b) 所示,如果外力 $\vec{F}$ 不在垂直于转轴的平面内,就把 $\vec{F}$ 分解成一个与转轴平行

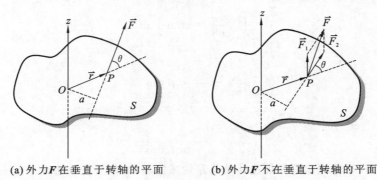

(a) 外力 **F** 在垂直于转轴的平面

(b) 外力 **F** 不在垂直于转轴的平面

图 6-7 力矩

的分力 $\vec{F}_1$ 和一个在转动平面 S 内的分力 $\vec{F}_2$，只有 $\vec{F}_2$ 才能使刚体转动。这时只要把式（6-7）和式（6-8）中的 $\vec{F}$ 换成 $\vec{F}_2$ 即可求出外力 $\vec{F}$ 对 Oz 轴的力矩。

如果做定轴转动的刚体同时受到多个外力的作用，其合力矩等于这几个外力矩的代数和，即

$$M_z = M_{1z} + M_{2z} + \cdots + M_{nz} \tag{6-9}$$

式（6-9）中，$M_{1z}, M_{2z}, \cdots, M_{nz}$ 的正、负按上述规定确定。若 M_z 为正，则合力矩沿 Oz 轴的正方向；若 M_z 为负，则合力矩沿 Oz 轴的负方向。

6.2.2 刚体的定轴转动定律

在研究刚体的动力学问题时，可把刚体看成是质点间距离保持不变的质点系。因此，上一章关于质点系的角动量定理式（5-16）也适用于刚体，即对刚体亦有

$$\vec{M} = \frac{\mathrm{d}\vec{L}}{\mathrm{d}t} \tag{6-10}$$

而现在研究的是刚体的定轴转动，刚体所受到的力矩只有在 z 轴上的分量，因此，只需应用式（6-10）在 z 轴上的分量形式，即

$$M_z = \frac{\mathrm{d}L_z}{\mathrm{d}t} \tag{6-11}$$

式中，M_z 为刚体受到的所有外力对固定转轴的合力矩，L_z 为刚体绕 Oz 轴转动的总角动量。下面来求 L_z。

图 6-8 所示为一做定轴转动刚体中的某一转动平面 S，刚体的固定转轴为 Oz 轴，正方向垂直于纸面向外，在距转轴垂直距离为 r 处有一质量为 Δm_i 的质元 P，P 相对于 O 点的径矢为 $\vec{r}_i$，由于刚体做定轴转动，所以刚体中所有质元都做圆周运动，且它们的角速度和角加速度都相同。设它们的角速度和角加速度分别为 ω 和 β。若 P 处质元的速度为 $\vec{v}_i$，根据上一章角动量的定义，则质点对参考点 O 的角动量为

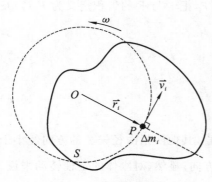

图 6-8 刚体的角动量

$$\vec{L}_i = \vec{r}_i \times (\Delta m_i \vec{v}_i)$$

$\vec{L}_i$ 的方向由右手螺旋法则确定。因为 $\vec{r}_i$ 与 $\vec{v}_i$ 都在转动平面 S 上，按右手螺旋法则，$\vec{L}_i$ 的方向与 $\vec{r}_i$ 和 $\vec{v}_i$ 决定的平面 S 垂直，即 $\vec{L}_i$ 的方向与 Oz 轴平行。所以，$\vec{L}_i$ 就是质元 P 的角动量在 Oz 轴

上的分量,所以有

$$\vec{L}_{iz} = \vec{r}_i \times (\Delta m_i \vec{v}_i)$$

因质元 P 绕 O 点做圆周运动,所以 $\vec{r}_i$ 与 $\vec{v}_i$ 垂直。因此,$\vec{L}_{iz}$ 的大小为

$$L_{iz} = \Delta m_i v_i r_i$$

根据角量与线量的关系 $v_i = r_i \omega$,所以 L_{iz} 为

$$L_{iz} = \Delta m_i r_i^2 \omega \tag{6-12}$$

$\vec{L}_{iz}$ 的方向有两种可能,也可用 L_{iz} 的正、负来表示这两种可能的方向。$\vec{L}_{iz}$ 的方向与 Oz 轴的正方向相同时,L_{iz} 取正,反之取负。可以证明,在刚体做定轴转动时,$\vec{L}_{iz}$ 的方向与 $\vec{\omega}$ 的方向相同,即 L_{iz} 的正、负与 ω 的正、负相同。

对刚体中所有的质元都写出式(6-12),再把它们进行代数相加,可得出刚体做定轴转动时对转轴的角动量 L_z

$$L_z = \sum_i \Delta m_i r_i^2 \omega$$

上式中,因 ω 对所有质元都相同,所以可移至 $\sum$ 符号以外,即

$$L_z = \left(\sum_i \Delta m_i r_i^2 \right) \omega \tag{6-13}$$

在式(6-13)中,令

$$J = \sum_i \Delta m_i r_i^2 \tag{6-14}$$

J 称为刚体绕固定轴的转动惯量。所以,式(6-13)可写为

$$L_z = J\omega \tag{6-15}$$

将式(6-15)代入式(6-11)得

$$M_z = \frac{\mathrm{d}(J\omega)}{\mathrm{d}t} \tag{6-16a}$$

刚体做定轴转动时,J 为常量,则有

$$M_z = J\frac{\mathrm{d}\omega}{\mathrm{d}t} = J\beta \tag{6-16b}$$

式(6-16b)说明,刚体做定轴转动时,刚体所受的对转轴的合外力矩等于刚体对该轴的转动惯量和对该轴的角加速度的乘积。这称为刚体的定轴转动定律。对于定轴转动刚体,其转动惯量为一常量,因此,角加速度与合外力矩成正比。刚体的定轴转动定律是处理刚体定轴转动问题的基本方程,它是牛顿第二定律在转动问题中的推广。

例 6-3　如图 6-9(a)所示,有一软绳跨过一质量为 m,半径为 R 的均匀定滑轮,绳的两端分别系着质量为 m_1 和 m_2 的两物体($m_2 > m_1$)。设滑轮与其中心转轴的摩擦可忽略不计,绳与滑轮之间无相对滑动,求物体的加速度和两段绳所受到的张力 T_1 和 T_2。(滑轮对过其中心轴的转动惯量为 $J = \frac{1}{2}mR^2$)

解　对两物体 m_1,m_2 和定滑轮作受力分析,如图 6-9(b)所示。对质量为 m_1 和 m_2 的两物体应用牛顿第二定律,则有

$$T_1 - m_1 g = m_1 a$$
$$m_2 g - T_2 = m_2 a$$

对滑轮应用定轴转动定律,则有

$$T_2' R - T_1' R = J\beta$$

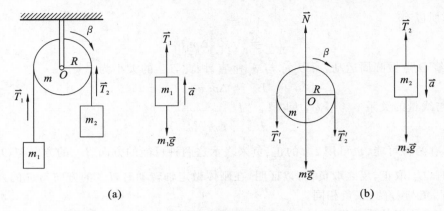

图 6-9　　例 6-3 用图

$$J = \frac{1}{2}mR^2$$

又据牛顿第三定律,有

$$T_1 = T_1', \quad T_2 = T_2'$$

因为绳与滑轮间无相对滑动,则有

$$a = R\beta$$

联立上述各方程,可得物体的加速度 a 和两段绳所受到的张力 T_1 和 T_2 为

$$a = \frac{2(m_2 - m_1)}{2(m_2 + m_1) + m}g$$

$$T_1 = \frac{m_1(4m_2 + m)}{2(m_2 + m_1) + m}g$$

$$T_2 = \frac{m_2(4m_1 + m)}{2(m_2 + m_1) + m}g$$

例 6-4　如图 6-10 所示,一根长为 l,质量为 m 的均匀细杆可绕距其一端点距离为 $\frac{l}{3}$ 处的 O 点在竖直面内自由转动,开始时,用手将细杆拿至与竖直线成 θ 角的位置,然后释放,求:(1)细杆开始转动时的角加速度;(2)细杆转至水平位置时的角加速度和角速度。(细杆对过 O 点的轴的转动惯量为 $\frac{1}{9}ml^2$)

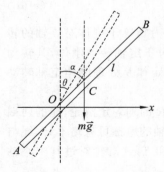

图 6-10　　例 6-4 用图

解　因转轴对细杆的作用力通过转轴,所以转轴对细杆的作用力对转轴的力矩为 0,细杆受到重力的合力为 mg,作用点在细杆的质心 C 处,重力合力的方向竖直向下。$OC = AC - AO = \frac{l}{2} - \frac{l}{3} = \frac{l}{6}$,当细杆与竖直线的夹角为 α 时,细杆受到的力矩为

$$M = \frac{1}{6}mgl\sin(\pi - \alpha) = \frac{1}{6}mgl\sin\alpha$$

根据刚体的定轴转动定律 $M = J\beta$,可得细杆这时的角加速度为

$$\beta = \frac{M}{J} = \frac{\frac{1}{6}mgl\sin\alpha}{\frac{1}{9}ml^2} = \frac{3g\sin\alpha}{2l}$$

（1）开始时细杆与竖直线的夹角为 θ，这时 $\alpha = \theta$，将 $\alpha = \theta$ 代入上式，可得细杆在开始位置时的角加速度为

$$\beta = \frac{3g\sin\theta}{2l}$$

（2）细杆转至水平位置时，$\alpha = \dfrac{\pi}{2}$，将 $\alpha = \dfrac{\pi}{2}$ 代入上述角加速度的表达式，可得细杆转至水平位置时的角加速度为

$$\beta = \frac{3g}{2l}$$

又因

$$\beta = \frac{\mathrm{d}\omega}{\mathrm{d}t} = \frac{\mathrm{d}\omega}{\mathrm{d}\alpha} \cdot \frac{\mathrm{d}\alpha}{\mathrm{d}t} = \omega\frac{\mathrm{d}\omega}{\mathrm{d}\alpha}$$

由此得

$$\omega\mathrm{d}\omega = \beta\mathrm{d}\alpha = \frac{3g\sin\alpha}{2l}\mathrm{d}\alpha$$

初始时，$\alpha = \theta$，$\omega_0 = 0$；细杆转动至水平位置时 $\alpha = \dfrac{\pi}{2}$，设此时的角速度为 ω_1，对上式两边积分，则有

$$\int_0^{\omega_1}\omega\mathrm{d}\omega = \int_\theta^{\frac{\pi}{2}}\frac{3g\sin\alpha}{2l}\mathrm{d}\alpha$$

由此可得细杆转至水平位置时的角速度为

$$\omega_1 = \sqrt{\frac{3g\cos\theta}{l}}$$

6.2.3　转动惯量　　转动惯量的计算

1. 定轴转动的转动惯量

在刚体做定轴转动时，因 M_z 与 β 的方向始终相同，所以可将刚体的定轴转动定律写成矢量式 $\vec{M_z} = J\vec{\beta}$。再与牛顿第二定律 $\vec{F} = m\vec{a}$ 进行比较，可看出转动惯量与质点的质量相当，即 J 是刚体在转动中刚体惯性大小的量度。因此，称 J 为刚体的转动惯量。由 J 的定义式（6-14）可知，刚体对固定转轴的转动惯量等于刚体中每个质点的质量与这一质点到转轴的垂直距离平方的乘积的总和。对质量连续分布的刚体，上式应写成积分形式，即

$$J = \int r^2 \mathrm{d}m \tag{6-17}$$

式中，r 为 $\mathrm{d}m$ 至转轴的垂直距离。

在国际单位制中，转动惯量的单位为 kg · m²。

2. 转动惯量的计算

在对刚体的转动惯量进行计算时，一般直接用其定义式（6-14）和式（6-17）。从这两式可看出，刚体转动惯量与刚体的总质量有关，与刚体的形状、大小和各部分的密度有关（与刚体的质量分布有关）。刚体的转动惯量还与转轴的位置有关。所以，只有指出了刚体转动所对应的转轴，转动惯量才具有明确的意义。表 6-1 给出了一些几何形状简单、密度均匀的物体的转动惯量。

表 6-1　几种常见刚体的转动惯量

刚　体	刚　体　图	轴　的　位　置	转　动　惯　量
均质细杆 （质量为 M，长度为 L）	轴	通过杆中心与杆垂直	$\dfrac{1}{12}ML^2$
	轴	通过杆一端与杆垂直	$\dfrac{1}{3}ML^2$
均质圆环 （质量为 M，半径为 R）	轴 O　R	通过圆环中心轴	MR^2
均质圆环 （质量为 M，半径为 R）	R O　轴	通过圆环直径	$\dfrac{1}{2}MR^2$
均质圆盘 （质量为 M，半径为 R）	轴 O　R	通过圆盘中心轴	$\dfrac{1}{2}MR^2$
均质圆柱体 （质量为 M，半径为 R）	轴 O　R	通过圆柱体中心轴	$\dfrac{1}{2}MR^2$
均质圆筒体 （质量为 M，内径为 r， 外径为 R）	轴 r　R	通过圆筒体中心轴	$\dfrac{1}{2}(MR^2+Mr^2)$
均质球体 （质量为 M，半径为 R）	轴 $2R$	通过球体的直径	$\dfrac{2}{5}MR^2$
均质球壳 （质量为 M，半径为 R）	轴 $2R$	通过球壳的直径	$\dfrac{2}{3}MR^2$

下面通过实例来介绍刚体转动惯量的计算。

例 6-5　用 3 根长度为 a、轻而坚硬的细杆构成一等边三角形 ABC，在三角形的 3 个顶点上放置质量分别为 m，$2m$ 和 $3m$ 的 3 个质点，如图 6-11 所示。设 D 为 BC 边的中点，O 为三角形的中心点。求：(1) 质点系对 AD 轴的转动惯量；(2) 质点系对过 O 点且垂直于图面的轴的转动惯量。

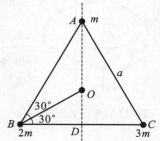

图 6-11　例 6-5 用图

解　(1) 以 AD 轴为转轴时，顶点 A 处的质点在轴线上，其对质点系的转动惯量无贡献，根据转动惯量的定义，质点系对 AD 轴的转动惯量为

$$J = \sum_i m_i r_i^2 = 2m \left(\frac{a}{2} \right)^2 + 3m \left(\frac{a}{2} \right)^2 = \frac{5}{4} ma^2$$

(2) 以过 O 点且垂直于图面的轴为转轴时，三角形 3 顶点到该轴的垂直距离相等，都等于 BO。而 $BO = \frac{a}{2} \frac{1}{\cos 30°} = \frac{\sqrt{3}}{3} a$，所以质点系对过 O 点且垂直于图面的轴的转动惯量为

$$J = \sum_i m_i r_i^2 = m \left(\frac{\sqrt{3}a}{3} \right)^2 + 2m \left(\frac{\sqrt{3}a}{3} \right)^2 + 3m \left(\frac{\sqrt{3}a}{3} \right)^2$$

即

$$J = 2ma^2$$

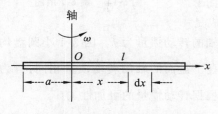

图 6-12　例 6-6 用图

例 6-6　如图 6-12 所示，有一均匀细棒长为 l，质量为 m，转轴通过棒的 O 点且与棒垂直，O 点距棒一个端点的距离为 a，求棒对轴的转动惯量。

解　将 x 轴取在细棒上，在距 O 点 x 处取一长度微元 $\mathrm{d}x$，则微元的质量 $\mathrm{d}m = \frac{m}{l} \mathrm{d}x$，根据转动惯量的定义，细棒对通过棒的 O 点且与棒垂直的轴的转动惯量为

$$J = \int_l x^2 \mathrm{d}m = \int_{-a}^{l-a} \frac{m}{l} x^2 \mathrm{d}x$$

由此式得

$$J = \frac{m}{3l} [(l-a)^3 + a^3] = \frac{m}{3} (l^2 - 3la + 3a^2)$$

若 O 在细棒的一个端点上，即 $a = 0$，这时就可得到棒对过其一端点且与棒垂直的轴的转动惯量

$$J = \frac{1}{3} ml^2$$

若 O 在细棒的中心点上，即 $a = \frac{l}{2}$，这时就可得到棒对过其中点且与棒垂直的轴的转动惯量

$$J = \frac{1}{12} ml^2$$

一般来说，对那些几何形状简单、规则且质量分布均匀的刚体，如表 6-1 所列出的刚体，可以用计算的方法算出其转动惯量。而对一些不能用计算法算出转动惯量的刚体，通常要用实验的方法测出其转动惯量。

下面介绍一个关于转动惯量计算的定理。利用这个定理，在计算刚体对某些轴的转动惯量时，计算可以大为简化。

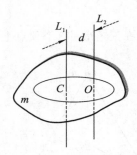

图 6-13　平行轴定理

如图 6-13 所示，有一总质量为 m 的刚体，已知通过质心 C 的某一轴 L_1 的转动惯量为 J_c，可以证明，对一平行于轴 L_1 且与之垂直距离为 d 的另一轴 L_2，刚体的转动惯量为

$$J_O = J_c + md^2 \tag{6-18}$$

这一关系称为**平行轴定理**（parallel axis theorem）。由平行轴定理可知，刚体绕通过质心的轴的转动惯量比绕与此轴平行的其他轴的转动惯量都小。

例 6-7　如图 6-14 所示，有一质量为 M 的均质圆盘，其半径为 R。在以其中心点 O 为圆心、半径为 $\frac{R}{2}$ 的圆

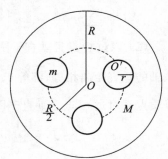

周上对称地挖出 3 个半径皆为 $r\left(r < \frac{R}{2}\right)$ 的圆孔，求圆盘剩余部分对通过圆盘中心 O 且与盘面垂直的轴的转动惯量。

解　圆盘在挖去 3 个圆孔前是一半径为 R，质量为 M 的均匀圆盘，因此其对过 O 点且垂直于盘面的轴的转动惯量为

$$J = \frac{1}{2}MR^2$$

图 6-14　例 6-7 用图

设圆盘挖去 3 个圆孔后，其剩余部分对过 O 点且垂直于盘面的轴的转动惯量为 J_1。被挖去的半径为 r 的圆孔可看成是一小圆盘，设其质量为 m，小圆盘对过 O 点且垂直于盘面的轴的转动惯量为 J_2。因 3 个小圆盘均匀地分布在半径为 $\frac{R}{2}$ 的圆周上，因此它们对过 O 点且垂直于盘面的轴的转动惯量相同，皆为 J_2。将 3 个小圆盘放回原处即构成了半径为 R 的大圆盘。根据转动惯量的可加性，有

$$J = J_1 + 3J_2$$

由此得

$$J_1 = J - 3J_2$$

小圆盘对过其中心点 O' 且垂直于盘面的轴的转动惯量为 $J' = \frac{1}{2}mr^2$，又 $OO' = \frac{R}{2}$，根据平行轴定理，有

$$J_2 = J' + m\left(\frac{R}{2}\right)^2 = \frac{1}{2}mr^2 + m\left(\frac{R}{2}\right)^2$$

由于大圆盘是均匀的，因此

$$m = \frac{M}{\pi R^2}\pi r^2 = \frac{r^2}{R^2}M$$

代入上式，得

$$J_2 = \frac{1}{4}Mr^2\left(1 + \frac{2r^2}{R^2}\right)$$

所以圆盘剩余部分对通过圆盘中心 O 且与盘面垂直的轴的转动惯量为

$$J_1 = \frac{1}{2}MR^2 - \frac{3}{4}Mr^2\left(1 + \frac{2r^2}{R^2}\right)$$

即

$$J_1 = \frac{1}{4}M\left(2R^2 - 3r^2 - \frac{6r^4}{R^2}\right)$$

6.3　定轴转动刚体的角动量定理与角动量守恒定律

6.3.1　定轴转动刚体的角动量与角动量定理

1. 转动刚体的角动量

在上一节导出刚体定轴转动定律时，已导出定轴转动刚体的角动量

$$L_z = J\omega$$

因刚体定轴转动时 $\vec{L_z}$ 与 $\vec{\omega}$ 的方向相同，因此，定轴转动刚体的角动量可写成矢量式

$$\vec{L_z} = J\vec{\omega} \tag{6-19}$$

式 (6-19) 即为定轴转动刚体角动量的定义式，$\vec{L_z}$ 是矢量，其大小为 $J\omega$，方向与 $\vec{\omega}$ 的方向相同。$\vec{L_z}$ 与 $\vec{\omega}$ 在刚体做定轴转动时都沿转轴的方向，它们的方向都只有两个取向，通常用正、负号来表示这两个方向。它们的方向与 Oz 轴的正方向相同时，L_z 和 ω 取正；反之，它们取负。

必须指出，只有当刚体做定轴转动时 $\vec{L_z}$ 与 $\vec{\omega}$ 的方向相同。若刚体不是做定轴转动，则 $\vec{L_z}$ 与 $\vec{\omega}$ 的方向一般是不相同的，这与质点的动量 $\vec{p}$ 始终与速度 $\vec{v}$ 的方向相同不一样。

2. 转动刚体的角动量定理

由刚体定轴转动定律式 (6-16a) 可得

$$M_z dt = d(J\omega) = dL_z \tag{6-20}$$

式 (6-20) 称为刚体定轴转动角动量定理的微分形式。在从 $t_0 \to t$ 这一段时间内，对上式积分，则有

$$\int_{t_0}^{t} M_z dt = \int_{L_{0z}}^{L_z} dL_z = L_z - L_{0z} = J\omega - J_0\omega_0 \tag{6-21}$$

式中 L_{0z}，J_0，ω_0 分别为 t_0 时刻刚体的角动量、转动惯量和角速度；L_z，J，ω 分别为 t 时刻刚体的角动量、转动惯量和角速度。式 (6-21) 中，$\int_{t_0}^{t} M_z dt$ 称为力矩在 $t_0 \to t$ 时间内对转轴的冲量矩。该式说明，刚体在 t_0，t 两时刻的角动量的增量等于力矩在这段时间内对转轴的冲量矩，这叫作刚体定轴转动的角动量定理。式 (6-21) 为其积分形式。

6.3.2　定轴转动刚体的角动量守恒定律

在式 (6-21) 中，若 $M_z = 0$，则有

$$L_z = L_{0z} = 恒量$$

或

$$J\omega = J_0\omega_0 = 恒量 \tag{6-22}$$

式 (6-22) 说明，若刚体所受的外力对转轴的合力矩等于零，则刚体对该轴的角动量守恒。这个结论称为角动量守恒定律。

因角动量等于刚体的转动惯量与其角速度的乘积，因此，对某一刚体来说，角动量守恒定律一般有如下两种情形：一种是刚体的转动惯量 J 保持不变，所以其角速度 ω 也保持不变，这时刚体转轴的空间方位就不会改变；另一种是刚体的转动惯量 J 与角速度 ω 都变，因它们的乘积等于恒量，所以，J 增大时，ω 会减小，J 减小时，ω 会增大。此外，对多个互相关联的质点和刚

体所组成的系统,若系统中各质点和刚体都绕相同的轴转动,而作用于系统所有的力对转轴的合力矩为零,这时角动量守恒定律也成立,即系统对该转轴的角动量守恒,此时系统内各质点和刚体对转轴的角动量可发生变化,但它们角动量的矢量和为零。

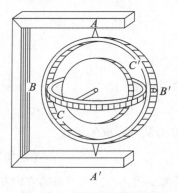

图 6-15　常平架上的回转仪

图 6-15 所示的装置是放在常平架上的回转仪,该装置就是根据角动量守恒定律设计而成的。常平架是由支架和固定在其上的内外两个圆环组成的,外环装在支架上的 A,A' 两个光滑的支点上,并可绕 AA' 所确定的轴自由转动;内环装在外环上的 B,B' 两个光滑的支点上,并可绕 BB' 所确定的轴自由转动。回转仪是一个质量很大且质量均匀分布的转子,转子装在内环上的两个光滑的支点 C,C' 上,并可绕 CC' 所确定的轴自由转动。AA',BB' 和 CC' 三轴相互垂直,而且三轴都通过回转仪的质心。回转仪的转轴可在空间取任一方向,当回转仪高速旋转时,由于回转仪未受到任何外力矩的作用,因此回转仪的角动量守恒,这时回转仪转轴的空间取向将保持恒定不变。即使这时任意转动支架,由于回转仪不会受到任何外力矩的作用,回转仪仍然保持其角动量不变,因此回转仪转轴的空间取向不会因支架的转动而改变。由于高速旋转的回转仪有保持其转轴空间取向不变的特性,因此回转仪在现代技术中常作为定向装置,在轮船、飞机、导弹和宇宙飞船等上作为导航定向仪。回转仪还有一个很重要的特性,就是它的回转效应,这个效应将在6.6 节介绍。

图 6-16 所示是演示某一刚体角动量守恒定律第二类情形的一种装置。该装置由一个人和一个转台组成,转台可绕垂直于台面的轴转动且转台与轴的摩擦可忽略不计,人站在台面上且两手各握一重哑铃。开始时让站在台面上的人将双手平举并展开,另一人用力推转台并使转台和站在上面的人以一定的角速度转动起来,然后停止作用。因转轴光滑,转台和人受到的合力矩为零,所以转台和人转动时的角动量守恒,当人将张开的双手收回时,转动惯量减小,因此转台和人的角速度要增大。在日常生活中也有一些与此类似的例子,例如滑冰者或舞者,当他们收缩身体时,转速加快,当他们伸展身体时,转速变慢。又如,跳水运动员在跳水的过程中也是利用角动量守恒定律来调节自身的转速的。图 6-17 所示为一运动员的跳水过程。开始时,跳水运动员以一定的角速度跳离跳台,随后将其手臂和腿蜷缩起来,以减小其自身的转动惯量,从而使其转动的角速度增大并在空中迅速翻转,而当其要接近水面时,又将手臂和腿展开,以增大其转动惯量,减小角速度,以便竖直进入水中。

图 6-16　角动量守恒演示装置　　　　　　　　**图 6-17　运动员跳水**

如图 6-18 所示,手持转轮的人静止地站在转轴光滑的转台上,这时系统受到的合外力矩为零,系统的角动量守恒。开始时系统的角动量为零,当人转动手中所持的转轮时,转台和人将同时发生反向的转动,以保持系统的总角动量为零。又如直升机在螺旋桨叶片快速旋转时,为防止机身的反向转动,必须在机尾装一个侧向旋叶。

角动量守恒定律与动量守恒定律和能量守恒定律是自然界三大基本守恒定律。即使是在宏观理论不适用的领域(如微观、高速领域)中,上述三守恒定律依然成立,因此,它们是近代物理学的理论基础,是最普适的物理学定律。

图 6-18　系统的角动量守恒

例 6-8　如图 6-19 所示,有一质量为 M,长为 l 的均匀细棒 OP 静止地放置在一光滑的水平面上,细棒可绕通过其一端点 O 且垂直于细棒的轴在水平面内自由地转动,忽略轴的摩擦力。现有一质量为 m,速率为 v 的子弹在水平面内沿与棒垂直的方向射入并留在棒中,射入点为棒的中点。求子弹射入后棒与子弹共同的角速度。

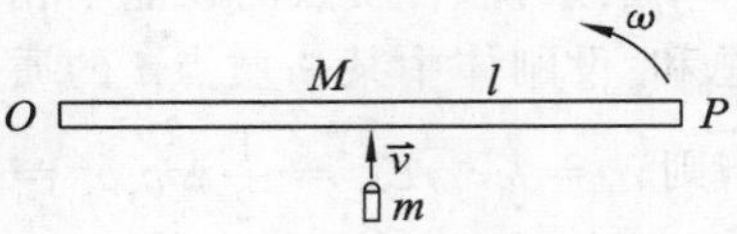

图 6-19　例 6-8 用图

解　由于细棒 OP 放置在一光滑的水平面上,轴的摩擦力可忽略,因此,对过点 O 且垂直于细棒的轴来说,细棒所受到的外力的合力矩为零,故细棒和子弹组成的系统角动量守恒。因细棒开始时静止,所以系统开始时对轴的角动量为

$$L_1 = \frac{1}{2}lmv$$

子弹射入细棒后,细棒和子弹组成的系统对轴的转动惯量为

$$J = \frac{1}{3}Ml^2 + m\left(\frac{l}{2}\right)^2 = \frac{1}{3}Ml^2 + \frac{1}{4}ml^2$$

这时细棒和子弹组成的系统对轴的角动量为

$$L_2 = J\omega = \left(\frac{1}{3}M + \frac{1}{4}m\right)l^2\omega$$

因系统角动量守恒,则有

$$L_1 = L_2$$

由此得

$$\omega = \frac{6mv}{(4M+3m)l}$$

例 6-9　一半径为 $R = 2$ m 的圆形转台,可绕过其中心且竖直光滑的固定轴转动,转台对轴的转动惯量 $J_1 = 10^3$ kg · m²,转台的角速度为 $\omega_1 = 0.124\pi$ rad/s。今有一质量为 $m = 60$ kg 的人,从与转台等高的静止台面沿圆形转台半径的方向跳上转台边沿,求人跳上转台后转台和人共同的角速度是多少?

解　因固定轴光滑,所以转台和人组成的系统角动量守恒,设人跳上转台前、后系统的角动量分别为 L_1 和 L_2,则有

$$L_1 = L_2$$

因人是沿圆形转台半径的方向跳上转台边沿的,跳上转台前人对转轴的角动量为零,因此人跳上转台前系统的角动量为

$$L_1 = J_1\omega_1 = 10^3 \times 0.124\pi \text{ kg} \cdot \text{m}^2/\text{s} = 124\pi \text{ kg} \cdot \text{m}^2/\text{s}$$

人跳上转台后,转台和人组成的系统对转轴的转动惯量为

$$J_2 = J_1 + mR^2 = (10^3 + 60 \times 2^2)\ \text{kg} \cdot \text{m}^2 = 1240\ \text{kg} \cdot \text{m}^2$$

这时转台和人组成的系统对转轴的角动量为

$$L_2 = J_2\omega_2 = 1240\omega_2$$

因 $L_1 = L_2$,所以人跳上转台后转台和人共同的角速度为

$$\omega_2 = \frac{J_1\omega_1}{J_2} = \frac{124\pi}{1240}\ \text{rad/s} = 0.1\pi\ \text{rad/s}$$

6.4　力矩的功　　刚体定轴转动的动能定理

6.4.1　刚体的转动动能与力矩的功

1. 刚体的转动动能

当刚体做定轴转动时,其上各点都绕轴做圆周运动。组成刚体各质点的角速度 ω 都相同,但因它们距转轴的垂直距离不同,各质点具有不同的速度。所以,一般来说,各质点的动能不相同。刚体做定轴转动时的转动动能等于组成刚体各质点动能的总和。设刚体中某一质点 i 的质量为 Δm_i, i 质点距转轴的垂直距离为 r_i, i 质点的速度大小为 v_i,则 $v_i = \omega r_i$, $E_{ki} = \frac{1}{2}\Delta m_i v_i^2 = \frac{1}{2}\Delta m_i r_i^2 \omega^2$,则整个刚体绕固定转轴的转动动能为

$$E_k = \sum_i E_{ki} = \frac{1}{2}\sum_i (\Delta m_i r_i^2 \omega^2)$$

因 ω 对所有质点都相同,所以,ω 可移至 $\sum$ 符号之外,则

$$E_k = \sum_i E_{ki} = \frac{1}{2}\Big(\sum_i \Delta m_i r_i^2\Big)\omega^2 = \frac{1}{2}J\omega^2 \tag{6-23}$$

式(6-23)即为定轴转动刚体的转动动能。它等于刚体的转动惯量与角速度平方乘积的一半。刚体转动动能公式 $E_k = \frac{1}{2}J\omega^2$ 与质点平动动能公式 $E_k = \frac{1}{2}mv^2$ 比较可知,刚体的转动惯量与质点的质量 m 相对应,刚体的角速度与质点的平动速度 v 相对应。

2. 力矩的功

当刚体受到外力矩的作用时,刚体的运动状态就要发生变化,刚体的动能也发生了变化。这说明,外力矩对刚体做了功。下面来计算力矩所做的功。

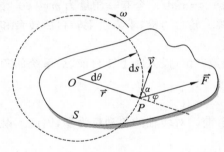

图 6-20　力矩的功

如图 6-20 所示,设刚体绕垂直于纸面的转轴 Oz 转动,在距转轴垂直距离 r 处有一点 P,刚体在 P 点受到一处于转动平面 S 内的外力 $\vec{F}$ 的作用,$\vec{F}$ 与 $\vec{r}$ 的夹角为 φ,$\vec{F}$ 与 P 点处圆周的切线夹角为 α。根据力做功的定义,$\vec{F}$ 在 P 点所做的功为

$$dA = F\cos\alpha ds$$

而 $ds = rd\theta$,$\alpha + \varphi = \frac{\pi}{2}$,$\cos\alpha = \sin\varphi$,代入上式得

$$\mathrm{d}A = Fr\sin\varphi\mathrm{d}\theta = M_z\mathrm{d}\theta \tag{6-24}$$

式(6-24)说明,力矩所做的元功等于力矩与角位移的乘积。对上式积分可得

$$A = \int_{\theta_1}^{\theta_2} M_z\mathrm{d}\theta \tag{6-25}$$

式(6-25)为力矩使刚体从 θ_1 位置变到 θ_2 位置时对刚体所做的功。若刚体受到几个力的作用,上式中的 M_z 应为合外力矩。

6.4.2　刚体定轴转动的动能定理

根据刚体定轴转动定律,刚体所受的合外力矩为

$$M_z = J\beta = J\frac{\mathrm{d}\omega}{\mathrm{d}t}$$

将该式代入式(6-24),则有

$$\mathrm{d}A = J\frac{\mathrm{d}\omega}{\mathrm{d}t}\mathrm{d}\theta = J\frac{\mathrm{d}\theta}{\mathrm{d}t}\mathrm{d}\omega = J\omega\mathrm{d}\omega$$

将上式代入式(6-25)得

$$A = \int_{\theta_1}^{\theta_2} M_z\mathrm{d}\theta = \int_{\omega_1}^{\omega_2} J\omega\mathrm{d}\omega = \frac{1}{2}J\omega_2^2 - \frac{1}{2}J\omega_1^2 \tag{6-26}$$

式(6-26)中, θ_1 , ω_1 分别为 t_1 时刻刚体的角位移和角速度; θ_2 , ω_2 分别为 t_2 时刻刚体的角位移和角速度。式(6-26)说明,**作用于刚体上的合外力矩所做的功等于刚体转动动能的增量,这一结论就是刚体定轴转动的动能定理。**

例 6-10　如图 6-21 所示,有一根长为 l ,质量为 M 的细杆,其一端固定在 O 点并可绕过 O 点的水平轴在竖直面内转动,杆的另一端固定一质量为 m 的小球。开始时将细杆拿至与竖直线夹 β 角处,然后释放,设轴对杆的摩擦力矩为 M_f ,求:(1)细杆转至竖直线处时合力矩所做的功;(2)细杆转至竖直线处时的角速度。

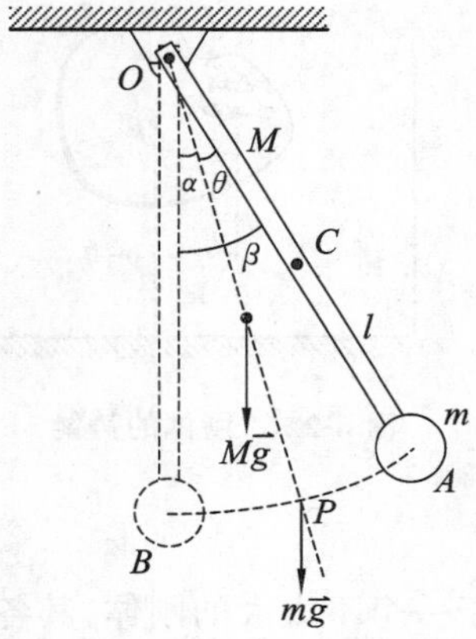

图 6-21　例 6-10 用图

解　(1)细杆和小球组成的系统转至与竖直线成 α 角时,细杆所受的重力大小为 Mg ,作用点在细杆的质心 C 处,方向竖直向下,这时系统所受到的合力矩为

$$M_F = \frac{1}{2}Mgl\sin\alpha + mgl\sin\alpha - M_f$$

设系统由开始时的 OA 处转至与竖直线成 α 角的 OP 处时,转过的角度为 θ , $\theta = \beta - \alpha$,则合力矩在系统位于 OP 处时所做的元功为

$$\mathrm{d}A = M_F\mathrm{d}\theta = M_F\mathrm{d}(\beta - \alpha) = -M_F\mathrm{d}\alpha$$

由此得合力矩在 OP 处所做的元功为

$$\mathrm{d}A = -\left(\frac{1}{2}Mgl\sin\alpha + mgl\sin\alpha - M_f\right)\mathrm{d}\alpha$$

系统开始转动时, $\alpha = \beta$,系统转至竖直线处时, $\alpha = 0$,对上式积分,则可得细杆转至竖直线处时合力矩所做的功为

$$A = \int\mathrm{d}A = -\int_{\beta}^{0}\left(\frac{1}{2}Mgl\sin\alpha + mgl\sin\alpha - M_f\right)\mathrm{d}\alpha$$

由此得

$$A = \left(\frac{1}{2}M + m\right)gl(1 - \cos\beta) - M_f\beta$$

（2）设系统开始时的角速度和转至竖直线处时的角速度分别为 ω_1 和 ω_2，因开始时系统静止于 OA 处，所以 $\omega_1 = 0$，根据刚体定轴转动的动能定理，有

$$A = \frac{1}{2}J\omega_2^2 - \frac{1}{2}J\omega_1^2 = \frac{1}{2}J\omega_2^2$$

由此得

$$\omega_2 = \sqrt{\frac{2A}{J}}$$

细杆和小球组成的系统的转动惯量 J 为

$$J = \frac{1}{3}Ml^2 + ml^2$$

将 A 和 J 的表达式代入 ω_2 的表达式，则有

$$\omega_2 = \frac{1}{l}\sqrt{\frac{3(M + 2m)gl(1 - \cos\beta) - 6M_f\beta}{M + 3m}}$$

6.5　刚体的势能

在刚体与其他物体组成的系统中，若有保守力存在，也可引入势能的概念。在地球表面附近的重力场中，刚体具有重力势能。应用刚体质心的概念，可以将刚体的重力势能用刚体质心的高度来表示。

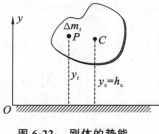

图 6-22　刚体的势能

如图 6-22 所示，有一质量为 m 的刚体，其质心 C 距参考面的高度 $y_c = h_c$，这时刚体的势能应等于组成刚体的所有质点势能的总和。设刚体中有一质点 P，其距参考面的高度为 y_i，则质点 P 所具有的重力势能为

$$E_{pi} = \Delta m_i g y_i$$

对刚体上所有的质点都写出上式，然后对它们求和，则得刚体的重力势能 E_p 为

$$E_p = \sum_i E_{pi} = \sum_i \Delta m_i g y_i$$

对于一个不太大的刚体，其各质点所受的重力加速度都相同，则 g 可移至上式中 $\sum$ 外，则

$$E_p = mg\left(\sum_i \frac{\Delta m_i y_i}{m}\right)$$

根据质心的定义可知，$y_c = h_c = \sum_i \dfrac{\Delta m_i y_i}{m}$，所以上式为

$$E_p = mgh_c \tag{6-27}$$

式（6-27）为刚体的重力势能。该式说明，刚体的重力势能等于刚体的质量 m 乘以重力加速度，再乘以刚体质心的高度。与质点的重力势能相比，刚体的重力势能相当于将其质量全部集中于其质心处的一个质点的势能。刚体的重力势能与刚体质心的位置有关，与刚体的方位无关。若刚体质心 C 的位置不变，则无论刚体怎样转动，其重力势能都不变。

引入刚体的重力势能后,则定轴转动刚体的总机械能可表示为

$$E = E_k + E_p = \frac{1}{2}J\omega^2 + mgh_c \tag{6-28}$$

如果在刚体与地球构成的系统中,无外力和非保守内力对刚体做功,则定轴转动的刚体的机械能守恒。如果在处理刚体定轴转动问题时,符合机械能守恒的条件,利用式(6-28)进行求解将使问题的解决更快捷。

例 6-11　如图 6-23 所示,有一均匀的圆盘,其质量为 M,半径为 R,圆盘可绕过 O 点且垂直于盘面的光滑轴在竖直面内转动,O 点为圆盘边缘上的一点。开始时圆盘过 O 点的直径 OA 在竖直位置处,且圆盘处于静止状态,现有一质量为 m、速度为 v 的子弹沿水平方向从 A 点射入圆盘的边缘并留在 A 处,设 $m = \frac{1}{16}M$,求:
(1) 子弹停在 A 处时,圆盘与子弹共同的角速度;(2)A 点能上升的最大高度(相对于静止时刻 A 点的最大高度)。

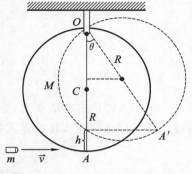

图 6-23　例 6-11 用图

解　(1) 因过 O 点且垂直于盘面的转轴光滑,且子弹射入 A 点的瞬间圆盘所受重力的合力的作用线 OC 通过转轴,所以在子弹射入圆盘的瞬间,子弹与圆盘组成的系统角动量守恒。设子弹射入圆盘前、后系统的角动量分别为 L_1 和 L_2,则

$$L_1 = L_2$$

子弹射入圆盘前,因圆盘静止,所以这时系统的角动量 L_1 为子弹对转轴的角动量,即

$$L_1 = 2Rmv$$

子弹射入圆盘后,系统对过 O 点且垂直于盘面的转轴的转动惯量为

$$J = \frac{1}{2}MR^2 + MR^2 + m(2R)^2 = \left(\frac{3}{2}M + 4m\right)R^2$$

设子弹射入后的瞬间系统的角速度为 ω_1,因此这时系统对转轴的角动量为

$$L_2 = J\omega_1 = \left(\frac{3}{2}M + 4m\right)R^2\omega_1$$

将 $m = \frac{1}{16}M$ 代入 L_1 和 L_2 的表达式,则可得

$$\omega_1 = \frac{v}{14R}$$

(2) 设 A 点能上升的最大高度为 h,这时 A 点转至 A' 点,圆盘直径转过的最大角度为 θ,圆盘与子弹组成的系统在 A' 处的角速度为 ω_2。若以子弹、圆盘和地球为物体系,因过 O 点的转轴光滑,所以,根据定轴转动刚体的机械能守恒定律,系统的机械能守恒,若系统在 A 处和 A' 处的机械能分别为 E_1 和 E_2,则有

$$E_1 = E_2$$

取过 A 点的水平面为零重力势能面,则 E_1 为

$$E_1 = \frac{1}{2}J\omega_1^2 + MgR$$

因在 A' 处角速度 $\omega_2 = 0$,所以

$$E_2 = Mg(2R - R\cos\theta) + mg2R(1 - \cos\theta)$$

由 $E_1 = E_2$ 得

$$\frac{1}{2}J\omega_1^2 = MgR(1-\cos\theta) + mg2R(1-\cos\theta)$$

因 A 点能上升的最大高度 $h = 2R(1-\cos\theta)$，代入上式得

$$h = \frac{J\omega_1^2}{Mg + 2mg}$$

将 $m = \frac{1}{16}M, \omega_1, J$ 代入上式得

$$h = \frac{v^2}{126g}$$

*6.6　刚体的进动

为了引入刚体进动的概念，先介绍回转仪的一个效应——回转效应。回转仪是指一个对称的能绕其对称轴快速旋转的厚重物体。例如，对称的转子、玩具陀螺等都是回转仪。

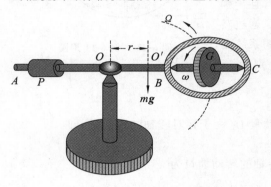

图 6-24 所示为一杠杆回转仪，其杆 AB 可绕光滑的支点 O 在水平面内和铅直面内自由转动。回转仪 G 转轴的两个光滑的支点装在固定于杠杆 B 端的一个圆环上，回转仪的转轴 BC 与 AB 在同一直线上，在杠杆的另一端装有一平衡回转仪的重物 P，将 P 置于适当的位置，可使杠杆平衡，这时杠杆回转仪的重心在 O 点。若将重物 P 向 O 点移近，则杠杆回转仪的重心将向右移动至 O' 点，这时杠杆回转仪将受到一个重力矩的作用，这个力矩的方向垂直纸面向里。实验表明，若回转仪 G 不转动，杠杆因受到重力矩的作用，将在铅直平面内倾倒下来，而若回转仪 G 快速转动，这时杠杆虽受到重力矩的作用，但并不会绕 O 点在铅直面内倾倒，而是绕过 O 点的铅直轴在水平面内转动，若从上往下看，其转动方向为逆时针方向，杠杆回转仪的这种转动称为进动。杠杆回转仪受外力矩的作用产生进动的效应称为回转效应。

图 6-24　杠杆回转仪

为什么杠杆回转仪在回转仪 G 快速转动时会产生回转效应（即产生进动）呢？下面根据角动量定理对杠杆回转仪的进动做一简单的分析。设回转仪 G 的转动惯量为 J，其快速转动的角速度为 $\vec{\omega}$，则其绕 BC 轴转动的角动量 $\vec{L} = J\vec{\omega}$，如图 6-24 所示，OC 表示 $\vec{L}$ 的方向，若重物 P 向 O 点移动，则重心将移至 O' 点，令 $OO' = \vec{r}$，则杠杆回转仪将受到一重力矩

$$\vec{M} = \vec{r} \times m\vec{g}$$

式中，m 为重物 P、杠杆及回转仪 G 的总质量，因 $\vec{r}$ 的方向垂直于 $m\vec{g}$，所以 $\vec{M}$ 的大小为 mgr。根据角动量定理，杠杆及回转仪在 $\vec{M}$ 的作用下，角动量将发生变化，且有

$$\vec{M}\mathrm{d}t = \mathrm{d}\vec{L}$$

$\vec{M}$ 的方向可由右手螺旋法则确定，在图 6-25 中，$\vec{M}$ 垂直纸面向里，即 $\vec{M}$ 的方向与 $\vec{L}$ 垂直。

在 $\vec{M}$ 的作用下回转仪的角动量由 $\vec{L}$ 变成了 $\vec{L}'$，$\vec{L}'$ 的方向沿 OC' 的方向。由于回转仪快速转动，在 $\vec{M}$ 的大小不是很大的情况下，可近似地认为 $\vec{L}'$ 的大小与 $\vec{L}$ 的大小相等，仅方向有所改变。这时回转仪的自转轴由 OC 的方向变为 OC' 的方向，杠杆回转仪绕图 6-24 中过 O 点的铅直轴在水平面内进动。假设 OC 与 OC' 的夹角为 $\mathrm{d}\varphi$，则进动的角速度 $\Omega = \dfrac{\mathrm{d}\varphi}{\mathrm{d}t}$，由图 6-25 可看出 $\mathrm{d}L = J\omega\,\mathrm{d}\varphi$，则有

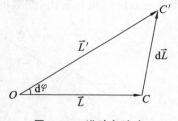

图 6-25　进动角速度

$$J\omega\,\mathrm{d}\varphi = M\mathrm{d}t$$

所以进动的角速度为

$$\Omega = \frac{\mathrm{d}\varphi}{\mathrm{d}t} = \frac{M}{J\omega} \tag{6-29}$$

由上述分析可知，回转仪快速转动时，若受到垂直于其自转轴的外力矩的作用，将发生进动，且其自转轴向其力矩的正方向转动。

特别指出的是，上述分析只有在 $L = J\omega$ 比较大即回转仪快速转动时，且 $\vec{M}$ 的大小不是很大的情况下，杠杆回转仪才发生进动，否则，其运动将很复杂。

下面来分析一下玩具陀螺的进动。如图 6-26 所示，有一玩具陀螺绕其自转轴 OO' 快速转动，当 OO' 与竖直轴 Oz 夹 θ 角即陀螺发生倾斜时，陀螺并不倾倒，而是产生进动，即陀螺的自转轴 OO' 绕 Oz 轴沿图 6-26 中的圆形虚线在垂直于 Oz 轴的平面内转动。

设陀螺绕 OO' 轴的转动惯量为 J，陀螺绕 OO' 轴转动的角速度为 ω，则其绕 OO' 轴转动的角动量的大小为 $J\omega$，设 OO' 轴与 Oz 轴夹角为 θ，则重力矩的大小为

$$M = mgr\sin(\pi - \theta) = mgr\sin\theta$$

$\vec{M}$ 的方向由右手螺旋法则确定。如图 6-27 所示，与分析杠杆回转仪的进动角速度完全类似，从图 6-27 可得

$$M\mathrm{d}t = mgr\sin\theta\,\mathrm{d}t = \mathrm{d}L = L\sin\theta\,\mathrm{d}\varphi = J\omega\sin\theta\,\mathrm{d}\varphi$$

则其进动角速度为

$$\Omega = \frac{\mathrm{d}\varphi}{\mathrm{d}t} = \frac{mgr}{J\omega} \tag{6-30}$$

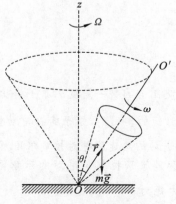

图 6-26　陀螺的进动

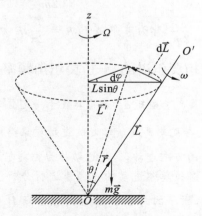

图 6-27　陀螺进动的角速度

从上述分析中也可看出，陀螺的自转轴 OO' 也向其外力矩的正方向转动。

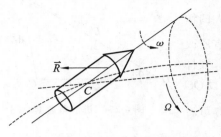

图 6-28　炮弹的进动

回转仪的回转效应在实践中有广泛的应用，例如，为了使正在高速飞行的炮弹或子弹不会因空气阻力 $\vec{R}$ 的作用而翻转，常在炮筒或枪膛内刻出来复线，利用炮筒或枪膛内来复线的作用，使炮弹或子弹从炮口或枪口出射时是绕自己的对称轴高速旋转的，由于回转效应，炮弹或子弹所受的空气阻力力矩将使炮弹或子弹绕着前进的方向进动，从而使炮弹或子弹的轴线始终与其前进的方向有不太大的偏离，如图 6-28 所示。

在航空、航海中广泛使用的回旋罗盘也是根据回转效应的原理制成的。

回转效应有时又是有害的。例如，当轮船转向时，因回转效应其涡轮机的轴承将会受到附加力的作用，若此力过大，轴承有被折断的危险。

阅读材料六　　拉莫尔进动

一、原子的角动量与磁矩

原子中的电子运动包括轨道运动和自旋运动，因此原子的总角动量为电子轨道角动量和自旋角动量的矢量和。由于电子带电，因此电子的轨道运动和自旋运动又会产生轨道磁矩和自旋磁矩。电子的轨道磁矩和自旋磁矩合成的总磁矩即为原子的总磁矩。原子核也具有自旋角动量和磁矩，但与原子的角动量和磁矩比很小可忽略不计。设原子的总角动量为 $\vec{L}_J$，原子的总磁矩为 $\vec{\mu}_J$，电子的质量为 m_e，电子的电量为 e，根据原子物理学的计算 $\vec{\mu}_J$ 与 $\vec{L}_J$ 有如下关系

$$\vec{\mu}_J = g_e \frac{e}{2m_e} \vec{L}_J$$

式中 g_e 称为朗德因子，一般情况下，g_e 介于 -1 到 -2 之间。g_e 为负说明 $\vec{\mu}_J$ 的方向与 $\vec{L}_J$ 的方向相反。按量子力学 $L_J = \sqrt{J(J+1)}\,\hbar$，$J$ 为原子总角动量量子数，由此得

$$\mu_J = g_e \frac{e\hbar}{2m_e} \sqrt{J(J+1)} = \sqrt{J(J+1)}\, g_e \mu_B$$

式中 $\mu_B = \dfrac{e\hbar}{2m_e}$ 称为玻尔磁子，$\hbar = \dfrac{h}{2\pi}$，h 为普朗克常数。

二、拉莫尔进动　　拉莫尔角频率

原子具有总磁矩 $\vec{\mu}_J$，若将其置于一匀强磁场 $\vec{B}$ 中，并使 $\vec{\mu}_J$ 与 $\vec{B}$ 夹一角度 α，原子将受到一磁力矩的作用。与陀螺高速转动时的进动现象类似，在这个磁力矩的作用下，原子的总角动量 $\vec{L}_J$ 将绕外磁场 $\vec{B}$ 的方向进动，这类进动称为拉莫尔进动。拉莫尔进动的角速度称为拉莫尔角频率。

下面对拉莫尔进动的角频率进行分析。图 6-29 所示是原子拉莫尔进动的示意图。根据电磁学可知，原子的总磁矩 $\vec{\mu}_J$ 在匀强磁场 $\vec{B}$ 中受到的磁力矩为

$$\vec{M} = \vec{\mu}_J \times \vec{B}$$

　　在此磁力矩的作用下，原子总角动量 $\vec{L}_J$ 将发生改变，根据角动量定理，则有

$$\vec{M} = \frac{\mathrm{d}\vec{L}_J}{\mathrm{d}t} \tag{6-31}$$

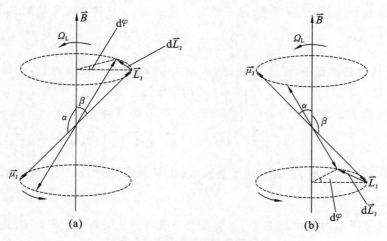

图 6-29　原子的拉莫尔进动

　　如图 6-29(a) 所示，当 $\vec{\mu}_J$ 与 $\vec{B}$ 的夹角 $\alpha > 90°$ 时，$\vec{M}$ 的方向与 $\mathrm{d}\vec{L}_J$ 的方向垂直且垂直纸面向里。如图 6-29(b) 所示，当 $\vec{\mu}_J$ 与 $\vec{B}$ 的夹角 $\alpha < 90°$ 时，$\vec{M}$ 的方向也与 $\mathrm{d}\vec{L}_J$ 的方向垂直且垂直纸面向里。因此不论 $\alpha > 90°$ 还是 $\alpha < 90°$，$\vec{M}$ 的方向都与 $\mathrm{d}\vec{L}_J$ 的方向垂直，即 $\vec{M}$ 不会改变 $\vec{L}_J$ 的大小，只改变 $\vec{L}_J$ 的方向。因 $\vec{M}$ 始终存在，角动量的改变 $\mathrm{d}\vec{L}_J$ 将连续地发生，从而使得 $\vec{L}_J$ 将沿图 6-29 所示 $\vec{B}$ 的方向连续地旋进。设 $\vec{L}_J$ 与 $\vec{B}$ 的夹角为 β，由图 6-29 可看出

$$\mathrm{d}L_J = L_J \sin\beta \mathrm{d}\varphi$$

由此得

$$\frac{\mathrm{d}L_J}{\mathrm{d}t} = L_J \sin\beta \frac{\mathrm{d}\varphi}{\mathrm{d}t} = L_J \sin\beta \Omega_L \tag{6-32}$$

式中，Ω_L 称为原子角动量进动的角速度，亦称为拉莫尔角频率。因 $M = \mu_J B \sin\alpha$，$\alpha + \beta = 180°$，$\sin\alpha = \sin\beta$，因而有

$$M = \mu_J B \sin\beta \tag{6-33}$$

将式(6-32)和式(6-33)代入式(6-31)得

$$\mu_J B \sin\beta = L_J \sin\beta \Omega_L$$

由此得

$$\Omega_L = \frac{\mu_J}{L_J} B = g_e \frac{e}{2m_e} B = \gamma_e B \tag{6-34}$$

式中，$\gamma_e = g_e \dfrac{e}{2m_e}$ 称为磁旋比。因 $\vec{\Omega}_L$ 的方向与 $\vec{B}$ 的方向相同，因此有

$$\vec{\Omega}_L = \gamma_e \vec{B}$$

原子的拉莫尔进动频率定义为 $\vec{L}_J$ 的矢端在单位时间内绕外磁场 $\vec{B}$ 转过的圈数，按此定义结合式(6-34)，可得拉莫尔进动频率为

$$\nu_L = \frac{\Omega_L}{2\pi} = \frac{\gamma_e}{2\pi} B$$

三、原子核的进动与进动角频率

与分析原子角动量进动类似，再对原子核的自旋角动量在外磁场中的进动角频率和进动频率做一简单的分析。按原子物理学，原子核的自旋磁矩 $\vec{\mu}_I$ 与其自旋角动量 $\vec{L}_I$ 的关系为

$$\vec{\mu}_I = g_I \frac{e}{2m_p} \vec{L}_I$$

式中 g_I 为原子核的朗德因子，因 $g_I > 0$，所以 $\vec{\mu}_I$ 与 $\vec{L}_I$ 的方向总是相同的，根据量子力学有

$$L_I = \sqrt{I(I+1)} \hbar$$

式中 I 为核自旋量子数。将其代入 $\vec{\mu}_I$ 的表达式，可得 $\vec{\mu}_I$ 的值为

$$\mu_I = g_I \frac{e\hbar}{2m_p} \sqrt{I(I+1)} = \sqrt{I(I+1)} g_I \mu_N$$

式中，$\mu_N = \frac{e\hbar}{2m_p}$ 称为核磁子，因质子的质量 m_p 比电子的质量大 1836 倍，所以核磁子比玻尔磁子小三个数量级。

若将原子核置于一匀强磁场 $\vec{B}$ 中，其自旋角动量将产生进动。因 $\vec{\mu}_I$ 与 $\vec{L}_I$ 的方向总是相同的，所以原子核的自旋角动量进动角速度的方向与外磁场 $\vec{B}$ 的方向相反。与原子角动量进动角速度的分析方法相同，可得原子核自旋角动量进动角速度为

$$\Omega_I = \frac{\mu_I}{L_I} B = g_I \frac{e}{2m_p} B = \gamma_I B$$

式中 $\gamma_I = g_I \frac{e}{2m_p}$ 称为核磁旋比，Ω_I 亦称为原子核自旋角动量进动角频率。因 $\vec{\Omega}_I$ 的方向与 $\vec{B}$ 的方向相反，因此有

$$\vec{\Omega}_I = -\gamma_I \vec{B}$$

原子核自旋角动量进动的频率为

$$\nu_I = \frac{\Omega_I}{2\pi} = \frac{\gamma_I}{2\pi} B$$

习　题

6-1　绕定轴转动时角动量守恒，需要满足（　　）。

A. 刚体角速度保持不变　　　　　　B. 刚体所受合外力矩为零

C. 刚体所受的合外力为零　　　　　D. 刚体的转动惯量保持不变

6-2　刚体的转动惯量的大小与以下哪个物理量无关（　　）。

A. 刚体的密度　　　　　　　　　　B. 刚体的几何形状

C. 刚体转动的角速度　　　　　　　D. 转轴的位置

6-3　关于力矩有以下几种说法，其中正确的是（　　）。

A. 内力矩会改变刚体对某个定轴的角动量

B. 作用力和反作用力对同一轴的力矩之和必为零

C. 角速度的方向一定与外力矩的方向相同

D. 质量相等、形状和大小不同的两个刚体，在相同力矩的作用下，它们的角加速度一定相等

6-4　芭蕾舞演员可绕过脚尖的铅直轴旋转，当她伸长两手时的转动惯量为 J_0，角速度为

ω_0，当她突然收臂使转动惯量减小为 $J_0/2$ 时，其角速度应为（　　　）。

A. $2\omega_0$　　　　　　B. $\sqrt{2}\omega_0$　　　　　C. $4\omega_0$　　　　　D. $\omega_0/2$

6-5　在一摩擦力可忽略不计的转台上，实验者手持哑铃，伸开双臂，他在外力矩作用下转动后，如果急速地将持哑铃的双手收到胸前，这时转速增大，而当他重新伸开双臂时，转速又明显减小。在这一过程中，人和转台的（　　　）。

A. 动能守恒　　　B. 动量守恒　　　C. 角动量守恒　　　D. 条件不足，无法判断

6-6　一直径为 0.6 m 的转轮做匀角加速度转动，其初角速度 $\omega_0 = 0.5\pi$ rad/s，在 $t = 10$ s 时，其角速度 $\omega = 6.5\pi$ rad/s，求：(1) 角加速度，在 $t = 10$ s 时转轮转过的角度；(2) $t = 10$ s 时，转轮边沿一点所走过的路程、切向速度、切向加速度和法向加速度各为多少？

6-7　一刚体做定轴转动，在垂直于转轴的平面内有两点 A 和 B，在某一时刻 t 它们的速度分别为 $\vec{v}_A$ 和 $\vec{v}_B$，加速度分别为 $\vec{a}_A$ 和 $\vec{a}_B$，设在 t 时刻 $\vec{v}_A$ 与 $\vec{a}_A$、$\vec{v}_B$ 与 $\vec{a}_B$ 之间的夹角分别为 θ_A，θ_B，证明：$\theta_A = \theta_B$。

6-8　一转轮初角速度为 ω_0，由于其转轴摩擦力的作用角速度逐渐减小，设其第一秒末的角速度为 $0.8\omega_0$，求在下述两种情况下，转轮第二秒末的角速度。(1) 摩擦力矩是恒量；(2) 摩擦力矩在数值上与其转动的角速度成正比。

6-9　有一转轮受到一恒力矩 $M = 480$ N·m 的作用，开始时其角速度 $\omega_0 = 2$ rad/s，$t = 10$ s 时转轮边缘一点转过的角度 $\theta = 820$ rad，求转轮的转动惯量和 $t = 10$ s 时转轮的角速度。

6-10　如图 6-30 所示，有一质量为 m、长为 l 的均匀钢杆，其一端焊接一质量为 M、半径为 R 的均匀钢球，求整个刚体对过钢杆另一端点且与钢杆垂直的轴的转动惯量。

6-11　有一质量为 50 kg 的均质飞轮，半径为 1.0 m，其初角速度为 10π rad/s，在其边缘有一闸瓦，闸瓦与其边缘的摩擦系数 $\mu = 0.4$，当用闸瓦制动后，飞轮 50 s 后停止。求加在闸瓦上的制动力有多大？

6-12　有一质量为 6.0 kg、宽 1.0 m 的均质木门，在距其轴 0.8 m 处，用 1.0 kg 的力推门，力的方向与门的表面垂直，若忽略门轴的摩擦力，求门的角加速度为多少？

6-13　如图 6-31 所示，一轻绳跨过一定滑轮，绳的一端系一质量为 m_1 的物体，另一端系一质量为 m_2 的物体并置于水平桌面上，m_2 与水平桌面的滑动摩擦系数为 μ，定滑轮的质量为 m、半径为 r，设绳与滑轮间无相对滑动，滑轮与转轴间无摩擦力。求物体下落的加速度和两段细绳中的张力 T_1 和 T_2。

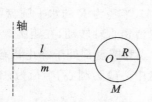

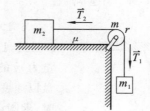

图 6-30　习题 6-10 图　　　　　　　　图 6-31　习题 6-13 图

6-14　有一质量为 M、半径为 R 的均匀飞轮，以角速度 ω_0 旋转着，突然有一质量为 m 的小碎块从其边缘飞出，方向正好竖直向上，求：(1) 小碎块能上升的最大高度；(2) 余下部分的角速度、角动量和转动动能（忽略重力矩的影响）。

6-15　如图 6-32 所示，一质量为 m 的物体系于绳索的一端，绳绕在一半径为 r 的轮轴上，轮轴支于无摩擦的固定轴承上，当物体 m 从静止开始释放后，在 5 s 内下降了 1.75 m 的距离，求轮与轴杆的转动惯量。

6-16　　如图 6-33 所示，有一倾角为 θ 的斜面，其上装一定滑轮，一软绳跨过滑轮，两端分别接两物体 A 和 B，A 与 B 的质量皆为 m，设 A 与斜面间是光滑的，绳与滑轮无相对滑动，轮轴无摩擦力，滑轮的转动惯量为 J，半径为 r_0。求物体下降的加速度和两段绳上的张力。

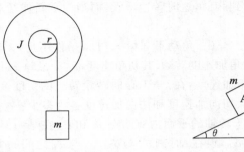

图6-32　习题 6-15 图 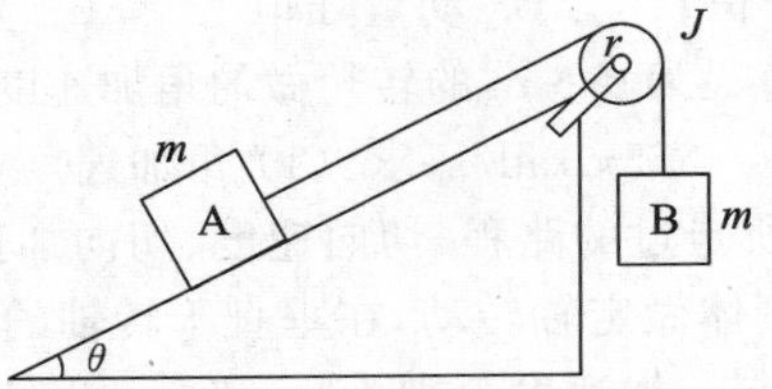　　　　　图 6-33　习题 6-16 图

6-17　　如图 6-34 所示，一质量 $m = 5$ kg 的物体置于一斜面上，斜面的三个边长分别为 3 m、4 m 和 5 m，物体与斜面的滑动摩擦系数 $\mu = 0.25$，一绳绕在定滑轮上，另一端系着物体，设滑轮的转动惯量为 $J = 0.05$ kg·m²，半径 $r = 10$ cm，忽略滑轮与轴的摩擦力。求物体的加速度和绳的张力。

6-18　　如图 6-35 所示，一根软绳通过滑轮，绳的一端系在一根劲度系数为 k 的弹簧上，弹簧的另一端固定于地面，绳的另一端系一质量为 m_1 的物体并置于光滑的倾角为 θ 的斜面上。设滑轮是质量均匀分布的圆盘，其质量为 m_2、半径为 R，绳与滑轮间无相对滑动，忽略轮轴上的摩擦力。开始时用手使物体 m_1 静止，并使弹簧无伸长，然后释放物体。求物体下滑了距离 s 时的速度。

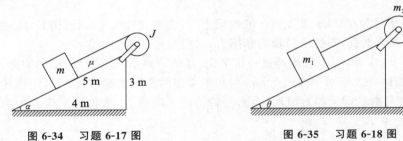

图 6-34　习题 6-17 图　　　　　图 6-35　习题 6-18 图

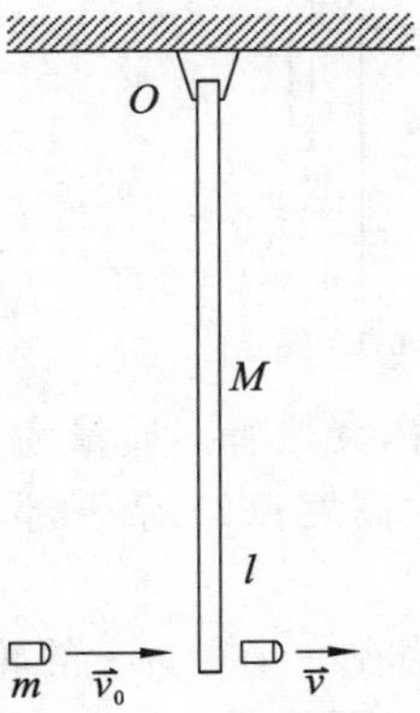

6-19　　质量为 M、半径为 R 的水平圆盘可绕通过其中心 O 且与盘面垂直的光滑铅直轴转动，在距圆盘中心 r 处有一质量为 m 的人，开始时人和圆盘都处于静止状态，当人相对于圆盘以速度 v 沿以圆盘中心 O 为圆心、半径为 r 的圆周匀速走动时，求圆盘的角速度。

6-20　　如图 6-36 所示，有一质量 $M = 2.0$ kg、长 $l = 1.0$ m 的细棒，细棒可绕过其一端点 O 的水平轴在竖直面内自由地转动，开始时细棒静止于竖直线处，今有一质量 $m = 20$ g、速度为 $v_0 = 200$ m/s 的子弹，从棒的另一端点射入并以 $v = 100$ m/s 的速度从棒中射出，子弹速度的方向沿水平方向（即与棒垂直的方向），求：(1) 子弹射出瞬间细棒的角速度；(2) 细棒能摆动的最大角度。

图 6-36　习题 6-20 图

第2篇

电磁学

电磁运动是物质的又一种基本运动形式。电磁相互作用是自然界已知的四种基本相互作用之一，也是人们认识得较早和较深入的一种相互作用。从远古开始，无论是东方还是西方都有对电磁现象观察的记载。据记载，西方最早对电磁现象进行认真研究的是被誉为古希腊（公元前 6 世纪）"七贤之一"的哲学家泰勒斯（Thales）。泰勒斯发现，被丝织物摩擦过的琥珀能够吸引灰尘、绒毛、麦秆等轻小物体，这是人类历史上第一次记载的摩擦起电现象。1600年，英国女皇伊丽莎白一世的御医吉尔伯特（W. Gilbert）认为，这些摩擦过的物体带上了一种特殊物质而琥珀化了。他给这种物质定名为电荷。我国在春秋战国时期（公元前 770 年—公元前 221 年）已有"上有慈石者，下有铜金""慈石名铁，或引之也"的记载。东汉初期（公元 25年—220 年）的王充在《论衡》一书中提到"顿牟掇芥"等问题。所谓顿牟，就是琥珀；掇芥，意即吸引菜籽。也就是说，摩擦琥珀能吸引轻小物体。后来人们发现，许多不同材料的物体相互摩擦后都能吸引轻小物体。

到 18 世纪，电现象的研究有了迅速的发展，如区别导体和绝缘体，认识电荷的种类及性质，发明莱顿瓶、伏打电池、避雷针等，特别是库仑定律的建立，标志着电学步入了科学的行列。1820 年，奥斯特（H. C. Oersted）发现的电流磁效应，揭示了电和磁之间的联系，宣告了电磁学的诞生。紧接着，毕奥（J. B. Biot）-萨伐尔（F. Savart）定律、安培（A. M. Ampère）定律相继提出。1826 年，欧姆（G. S. Ohm）定律建立，为电路的研究奠定了基础。1831 年前后，亨利（J. Henry）和法拉第（M. Faraday）分别独立地发现电磁感应现象，从另一侧面揭示了电磁现象之间的联系。

1865 年，麦克斯韦（J. C. Maxwell）在前人工作的基础上，提出有旋电场和位移电流假说，并建立了电磁场理论的完备方程组——麦克斯韦方程组。他预言的电磁波被赫兹（H. R. Hertz）的实验所证实。1896 年，洛伦兹提出电子论，将麦克斯韦理论应用到了微观领域，并把物质的电磁性质归结为原子中电子的效应，进一步解释了电、磁、光现象。1905 年，爱因斯坦（A. Einstein）建立的狭义相对论，证明了麦克斯韦方程组满足洛伦兹变换，并在任何惯性系中都有相同的形式，实现了电场和磁场、电力和磁力的统一，使经典电磁理论达到了完善的地步。

电磁学也是现代工程技术和自然科学的重要基础，电磁的广泛应用是与电所具有的各种特性分不开的。例如：电能较容易转变为机械能、热能、光能、化学能等其他形式的能量，所以利用电作为能源最为简便；大功率的电能便于远距离传输，而其能量的损耗较少；电磁信号可借电磁波的形式在空间传播，能够在极短时间内把信号传送到远方，因而便于远距离控制、检测和自动控制，使工业自动化和探测遥远星体成为可能。而且，电磁学的研究对人类认识物质结构也是极重要的。从表面来看，自然界中许多现象，如植物的生长、水的冻结等，似乎与电磁作用无关。但是研究表明，在从原子到细胞的广阔领域内，物质的物理和化学性质以及生物现象都与电磁作用有关。例如，一切化学反应都可归结为分子中的原子在电的相互作用下进行重新组合。

总之，在科学和技术日新月异的现代社会，电磁学的应用必将有更为广阔的前景，它的内容和理论也更加丰富。电磁学是研究电、磁和电磁的相互作用现象及其规律和应用的物理学分支学科。它可以分为研究电现象的电学部分、研究磁现象的磁学部分和研究电磁相互作用规律的电磁场理论三部分。由于电磁现象的普遍存在和广泛应用，电磁学已成为自然科学和技术科学的重要基础，无线电电子学、电工学、材料科学都是以电磁学为基础建立和发展起来的。因而，学习电磁学、掌握电磁运动的基本规律具有重要的意义，而且可以使我们深刻体会到自然规律的神奇奥秘。

第7章　真空中的静电场

一般来说,运动电荷将同时激发电场和磁场,电场和磁场是相互关联的。但是,在某种情况下,例如,当所研究的电荷相对某参考系静止时,电荷在这个静止参考系中就只激发电场,而无磁场。这个电场就是本章所要讨论的静电场。**任何电荷都在其周围空间激发电场,相对观察者静止的电荷所激发的电场称为静电场**(electrostatic field)。场是物质存在的一种形式,是我们研究的不同于以往的对象。静电场是电磁学中非常重要的矢量场之一,是研究电磁学的基础。

本章将研究真空中静电场的基本性质与规律,从静电场的两条最基本的实验规律——库仑定律和场强叠加原理出发,推导出反映静电场性质的两条基本定理——高斯定理和环路定理,并从电荷在电场中受力和电场力对电荷做功两个方面引入电场强度和电势的概念。

7.1　电荷性质

按照原子理论,在每个原子里,电子环绕由中子和质子组成的原子核运动。原子中的中子不带电,质子带正电,电子带负电,质子与电子所具有的电荷量(简称电荷)的绝对值是相等的。正常情况下,每个原子中的电子数与质子数相等,故物体呈电中性。若电子过多,物体就带了负电;若电子不足,则物体带了正电。**电荷**(electric charge)**是物体具有的吸引轻小物体的性质,而不是一种特殊物质,应称为电性。**有了电荷的物体称为带电体。1660 年,德国马德堡市市长盖利克发明了第一台摩擦起电机。他用硫黄制成形如地球仪的可转动物体,摇动手柄,轮子即带动硫黄球快速旋转,当它与物体摩擦时,就会产生电荷,如图 7-1 所示。除摩擦方法外,其他如感应、剥离、接触等方法也可以使物体带电。物体能产生电磁现象,都归因于物体带上了电荷以及这些电荷的运动。**表示物体所带电荷多少的物理量称为电量**(electric quantity),常用 Q 或 q 表示。

图 7-1　第一台摩擦起电机

在国际单位制中,电量的单位名称为库仑,符号为 C,是一个导出单位。在工程上,常用的电量单位还有毫库(10^{-3} C)、微库(10^{-6} C)、纳库(10^{-9} C)和皮库(10^{-12} C)。通过对电荷的各种相互作用和效应的研究,人们现在认识到电荷的基本性质有以下几个方面。

7.1.1　电荷守恒定律

由物质的原子结构可知,一般情况下,物体内部的正电荷和负电荷量值相等,物体处于中性状态,使物体带电的过程就是使它获得或失去电子的过程。实验证明,在一个与外界没有电荷交换的封闭系统内发生任何化学的或物理的过程,电荷都只能从一个物体传递到另一个物体,或者从物体的一部分传递到另一部分,而电荷总量是不变的。广而言之,**对于整个自然界,**

电荷既不能创生,也不能消灭,只能转移,电荷的总量是不变的。这一规律称为电荷守恒定律(law of conservation of charge)。

近代物理研究表明,在粒子相互作用的过程中,电荷是可以产生和消失的,然而电荷守恒并未因此而遭到破坏。例如,一个高能光子(γ 射线)与一个重原子核作用时,该光子可以转化为一个正电子和一个负电子(电子对的"产生");而一个正电子和一个负电子在一定条件下相遇,又会同时消失而产生 2 个或 3 个光子(电子对的"湮灭")。

$$\gamma \rightarrow e^+ + e^- \quad (\text{电子对"产生"}) \quad e^+ + e^- \rightarrow \gamma + \gamma \quad (\text{电子对"湮灭"})$$

在这些过程中,正、负电荷总是成对出现或消失。由于光子不带电,正、负电子又各带有等量异号电荷,故在此微观过程中,尽管粒子产生或消灭了,但过程前后电荷的代数和仍没有变。这便是在微观领域中对电荷既不被创生也不被消灭的新理解,同时,也表明电荷守恒定律还存在更深刻的根源。

7.1.2　电荷量子化

1897 年,汤姆逊(J. J. Thomson)从实验中测出电子的比荷(电子的电荷与质量之比)。1913 年,美国物理学家密立根(R. A. Millikan)设计了著名的油滴实验,从实验中测定所有电子都具有相同的电荷,而且带电体的电量是电子电量的整数倍。密立根由于在基本电荷和光电效应方面的突出贡献,1923 年获得了诺贝尔物理学奖。

现代物理实验表明,**物体得失电子而带电时,其电量只能是电子电量的整数倍,电量的变化必然是不连续的,是以电子的电量为最小单位一份一份地增加或减少的。**这一特性称为**电荷量子化**(charge quantization)。人们把电子的电量(与质子电量等量异号)的绝对值叫作基本电量,以 e 表示。在通常计算中,这个基本电量值近似为 $e = 1.602 \times 10^{-19}$ C。

这样,自然界任何一个带电体的电荷为 $q = ne(n = 0, \pm 1, \pm 2, \cdots)$。由于 e 非常小,以致电荷的量子性在研究宏观现象的绝大多数实验中未能表现出来。因此常把带电体当作电荷连续分布的带电体来处理,并认为电荷的变化是连续的。20 世纪 60 年代,物理学家默里·盖尔曼(M. Gell-Mann)和乔治·茨威格(G. Zweig)独立提出夸克模型,理论预言每一个夸克或反夸克可能带有 $\pm \frac{1}{3}e$ 或 $\pm \frac{2}{3}e$ 的电量。然而,至今单独存在的夸克尚未在实验中发现。即使人们发现了单个夸克,也只是把基本电量的大小缩小到目前的 $\frac{1}{3}$,电荷的量子化依然不变。量子化是近代物理中的一个基本概念。当研究的范围达到原子线度大小时,很多物理量如角动量、能量等也都是量子化的。这些内容将在光的量子性和原子物理部分介绍。

7.1.3　电荷相对论不变性

在相对论中,随着物体运动速度的增加,物体的质量也要增加。人们自然要问:当带电体的速度增加时,其电量是否变化呢?近代物理实验证明,带电体的电量与它的运动状态无关。例如,加速器将电子或质子加速时,随着粒子速度的变化,电量没有任何变化。这样,在不同的参照系中,同一个带电体的运动状态不同,而电量是恒定的,与其运动状态无关。也可以表述为**在不同的参照系内观察,同一带电粒子的电量不变。电荷的这种特性叫作电荷相对论不变性**(relativistic invariance electric charge)。

7.2　库仑定律

1747 年,美国科学家富兰克林(B. Franklin,1706—1790 年)得出带同号电荷的物体互相排斥,带异号电荷的物体互相吸引的结论。那么,带电体之间的相互作用力究竟遵循怎样的规律呢?从 18 世纪中期开始就有人对这一问题进行了探索。1750 年左右,德国的埃皮诺斯(F. U. T. Aepinns,1724—1802 年)第一个发现,当相互作用的电荷之间的距离缩短时,两者之间的吸引力或排斥力就增加。后来,英国科学家亨利·卡文迪许(H. Cavendish,1731—1810 年)采用实验方法研究两个带电体之间的相互作用规律,但他没有公开发表他的这项发现,只是把结果记录在笔记本上。1784—1785 年,法国的库仑(C. A. Coulomb,1736—1806 年,见图 7-2)根据悬丝扭力矩与扭角成正比的关系设计了一台精巧的扭秤,对两个带电小球之间的相互作用力进行了定量研究。库仑扭秤相当精巧,可测定 5.0×10^{-8} N 的力。其结构是:在细金属丝下悬挂一根横杆,一端有小球,另一端有平衡体,横杆可在水平面内旋转,在可动小球旁还有一个与它一样大小的固定小球,可根据金属悬丝的扭力矩推知两电荷之间的相互作用力,如图 7-3 所示。

图 7-2　库仑

图 7-3　库仑扭秤

7.2.1　点电荷模型

一般来说,电荷间的相互作用是相当复杂的,其作用力的大小和方向与两个带电体的电量、距离、形状大小和带电体上的电荷分布等因素有关。为了使问题简化,人们引入点电荷这一理想模型作为研究对象。所谓点电荷(point charge),**就是带电体的大小 —— 线度(最大直径)与研究所考虑的距离相比小到可以忽略,而将带电体看成一个没有形状大小的几何点。**显然,点电荷的概念与质点、刚体等概念一样,是对实际情况的抽象,是一种理想模型。例如,地球是带负电的球体,在地球附近研究电现象,它可以看作是无限大的,绝不能看作点电荷;但在太阳系或银河系中,地球就可以看成点电荷。

此外,点电荷还应具备宏观上无限小和微观上无限大的特性。只有在宏观上无限小,才能将其视为点电荷;而在微观上无限大,才能将带电的基本粒子例如电子和质子的大小忽略,将电荷看成均匀分布而非点状分布。有时不能把一个带电体看成点电荷,但总可以把它看成许多点电荷的集合体,从而能够由点电荷所遵从的规律出发,得出所要寻找的结论。

7.2.2　真空中的库仑定律

1785 年，库仑根据自己有关扭力方面的知识，设计了精确的扭秤进行实验，总结出了电荷相互作用的基本规律，称为**库仑定律**（Coulomb law）。它标志着电学和磁学从定性研究进入定量研究。人们为纪念库仑对物理学的重要贡献，便以库仑命名电量单位。库仑定律开创了电学史上定量研究的首例，为静电学的建立奠定了基础。这一定律的表述如下：

在真空中，两个静止的点电荷 q_1 及 q_2 之间的相互作用力的大小 F 和 q_1 与 q_2 的乘积成正比，和它们之间距离 r 的平方成反比；作用力的方向沿着它们的连线，同号电荷相斥，异号电荷相吸。 为了能够同时表示 $\vec{F}$ 的大小和方向，库仑定律数学表达式的矢量式可写为

$$\vec{F} = k\frac{q_1 q_2}{r^2}\vec{e}_r \tag{7-1}$$

式中，$\vec{e}_r$ 是由施力电荷指向受力电荷的径矢方向的单位矢量。在采用 MKSA 制时，$\vec{F}$ 的单位用牛顿，q_1,q_2 的单位用库仑，r 的单位用米，比例系数 k 的实验测定值为 $k = 8.99 \times 10^9$ N·m^2/C$^2 \approx 9 \times 10^9$ N·m^2/C^2。为了使电磁学中大多数公式的形式更为简化，人们采用有理化的 MKSA 制时，可令 $k = \dfrac{1}{4\pi\varepsilon_0}$。

在库仑定律表达式中引入"4π"因子的做法，称为单位制的有理化。这样做的结果虽然使库仑定律的形式变得复杂些，但却使以后经常用到的电磁学规律的表达式因不出现"4π"因子而变得简单些。ε_0 叫**真空介电常数**（或**真空电容率**，permittivity of vacuum），是电学中常使用的一个常数，实验测定值为 $\varepsilon_0 = 8.85 \times 10^{-12}$ C^2/(N·m^2)。由此可得，库仑定律的最终矢量表达式为

$$\vec{F} = \frac{1}{4\pi\varepsilon_0}\frac{q_1 q_2}{r^2}\vec{e}_r \tag{7-2}$$

人们称静止电荷之间的相互作用力 $\vec{F}$ 为静电力或库仑力。应当注意，式（7-2）只适用于计算真空中两个静止的点电荷之间的静电力，这种作用力满足牛顿第三定律。例如，令 $\vec{F}_{12}$ 代表 q_1 对 q_2 的作用力，$\vec{e}_{12}$ 代表由 q_1 到 q_2 方向的单位矢量，则

$$\vec{F}_{12} = \frac{1}{4\pi\varepsilon_0}\frac{q_1 q_2}{r^2}\vec{e}_{12}$$

无论 q_1,q_2 的正负如何，此式都适用。当 q_1,q_2 同号时，$\vec{F}_{12}$ 沿 $\vec{e}_{12}$ 方向，即为排斥力，如图 7-4 所示；当 q_1,q_2 异号时，q_1 与 q_2 的乘积为负，$\vec{F}_{12}$ 沿 $-\vec{e}_{12}$ 方向，即为吸引力，如图 7-5 所示。当下标 1,2 对调时，$\vec{e}_{21} = -\vec{e}_{12}$，故上式还表明，$q_2$ 给 q_1 的力 $\vec{F}_{21} = -\vec{F}_{12}$，即静止电荷之间的库仑力满足牛顿第三定律。应该指出，由于我们所研究的电荷或是处于静止，或是其速度非常小（$v \ll c$），都属于低速的情况，牛顿第二定律以及由牛顿第二定律所导出的结论，也都适用于有库仑力作用的情形。

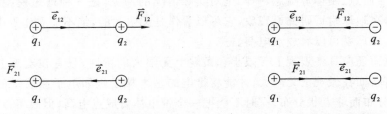

图 7-4　q_1 与 q_2 同号时的作用力　　　　图 7-5　q_1 与 q_2 异号时的作用力

　　需要说明的是,虽然库仑定律是通过宏观带电体的实验研究总结出来的规律,但它的正确性不断经历着实验的考验。现代高能粒子散射实验进一步证实,在 r 小到 10^{-17} m 的范围内,库仑定律仍然精确地成立。通过人造地球卫星研究地球的电磁场时,发现库仑定律精确地适用于大到 10^7 m 的范围。这些实验表明,库仑定律在 $10^{-17} \sim 10^7$ m 范围内是极其准确、可靠的。

7.2.3　静电力叠加原理

　　库仑定律决定了两个点电荷之间的静电力的大小和方向。实际上,往往存在多个点电荷同时对某一个点电荷作用的情形。**根据力的作用独立性原理,点电荷系对某一点电荷的总静电力等于点电荷系中每一个点电荷单独存在时对该点电荷作用力的矢量和,这就是静电力叠加原理**(superposition principle of electrostatic force)。(叠加原理是物理学中运用的基本原理之一,若物理量是矢量,其计算则服从平行四边形法则,若为标量则直接相加减,叠加原理在物理量的合成、运算及公式的推导方面有广泛的应用。)

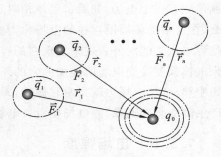

　　如图 7-6 所示,设 $\vec{F}_1, \vec{F}_2, \cdots, \vec{F}_n$ 分别为点电荷 q_1, $q_2, \cdots, q_n$ 单独存在时对点电荷 q_0 作用的静电力,则 q_0 所受静电力的合力 $\vec{F}$ 为

$$\vec{F} = \vec{F}_1 + \vec{F}_2 + \cdots + \vec{F}_n = \sum_{i=1}^{n} \vec{F}_i \qquad (7\text{-}3)$$

将库仑定律表达式代入式(7-3),即得静电力叠加原理的表达式

$$\vec{F} = \frac{q_0}{4\pi\varepsilon_0} \sum_{i=1}^{n} \frac{q_i}{r_{i0}^2} \vec{e}_{i0} \qquad (7\text{-}4)$$

图 7-6　静电力的合力

式中 r_{i0} 为 q_i 与 q_0 之间的距离,$\vec{e}_{i0}$ 为从点电荷 q_i 指向 q_0 的单位矢量。

　　实际上,库仑定律与静电力叠加原理是静电学的最基本规律,有关静电学的问题都可用这两条规律解决。例如,在求两个带电体之间的作用力时,若不能把它们当作点电荷,就无法直接应用库仑定律。这时根据上述叠加原理,可将它们划分成无数个能看成点电荷的小块,求出一个带电体上每一小块对另一带电体上每一小块的作用力,再求其矢量和,就可得到两个带电体之间相互作用的静电力。

7.3　电场　电场强度

　　库仑定律虽然确定了两个点电荷相互作用的定量关系,但是有人会提出这样的问题:互不接触的两个电荷间的作用力是通过什么方式传递的呢?又如何来描述电场力的性质呢?

7.3.1　电场

　　早期的电磁理论对于这个问题的回答,有两种不同观点:超距作用的理论认为,相隔一定距离的两个电荷间的相互作用既不需要传递介质,也不需要传递时间;后来,英国物理学家、化学家法拉第(Michael Faraday,1791—1867 年)在大量实验研究的基础上,提出了近距作用观点,即电荷间的相互作用都必须通过它们的直接接触,或者通过它们之间的媒介传递才能实现。为了解释"近距作用",法拉第提出了场和力线的概念,并认为带电体对其周围电荷的作用是通过"以太"场来传递的。

近代物理证明,超距作用的观点是错误的;而近距作用的观点认为作用必须有物质的传递,是正确的,但"以太"的说法是错误的,宇宙空间不存在任何形式的"以太"。法拉第提出的场的概念是新颖可取的,任何电荷都要在其周围激发电场,电荷的相互作用就是借助于电场传递的。**电场**(electric field)**是电荷在其周围空间激发的传递电荷间相互作用力的一种特殊物**

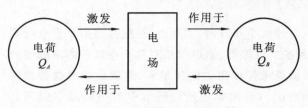

图 7-7   电荷间的作用模式

质。这种特殊物质不是由电子、质子和中子构成的实物质,而是由光子构成的,同样具有质量、能量和动量等物质属性。电荷所受到的作用力实际上是由电场施加的,也叫电场力。电荷间的相互作用模式如图 7-7所示。

如上所述,当有带电体存在时,其周围就伴随有一个电场。如果带电体相对于观察者所在的惯性参考系(例如地球等)是静止的,那么,在这带电体周围存在的电场称为静电场。静电场虽然不能像一般实物那样直接看得见,但是可以从它的对外表现来发现它的存在。静电场的对外表现主要有:① 引入静电场中的任何带电体都要受到电场所施加的力的作用,库仑力实际上就是这种电场力;② 当带电体在静电场中移动时,电场力就将对它做功,即静电场中储存着能量;③ 静电场能使引入电场中的导体产生静电感应现象,静电场使引入电场中的电介质产生极化现象。

7.3.2   电场强度

电场的一个重要作用就是传递电荷间的相互作用,**电场强度**(electric field intensity)**是用来定量地描述电场在传递作用方面的性质的物理量**。为了精确地确定电场强度,在静电场中放入一个试探电荷 q_0,用以观察各点电场对它的作用情况。**试探电荷**(test charge)应该具有以下两点特征:首先,要求试探电荷 q_0 的电量要充分小,引入该电荷不会改变原电荷的分布及电场的分布;其次,试探电荷 q_0 的几何尺寸必须很小,当它放在电场中时,它的位置在所取的直角坐标系中可用一组坐标 (x, y, z) 来确定,这样才能用它来确定空间各点的电场性质。

试探电荷在电场中某一点受到的电场力与其电量的比值为这一点的电场强度矢量,简称场强,用 $\vec{E}$ 表示,即

$$\vec{E} = \frac{\vec{F}}{q_0} \tag{7-5}$$

式(7-5)说明,电场中某点的电场强度(大小和方向)等于位于该点的单位正电荷所受的力。也就是说,某一点的电场强度矢量,其大小等于单位正电荷在该点所受电场力的大小,其方向与正电荷在该点所受电场力的方向一致,与负电荷在该点所受电场力的方向相反。由定义式(7-5)可知,只要知道电场中某一点的场强 $\vec{E}$,位于该点的试探电荷 q_0 所受到的电场力便可由下式求得

$$\vec{F} = q_0 \vec{E} \tag{7-6}$$

如果电场中各点场强的大小和方向都相同,则该电场称为匀强电场(uniform electric field)。在国际单位制,电场强度的单位为牛 / 库(N/C),以后将会讲到,电场强度的单位还可

以写成伏 / 米（V/m）。在电工学中常使用后者。必须指出，电场的存在与否是客观的，与是否引入试探电荷无关，引入试探电荷只是为了检验电场的存在和讨论电场的性质而已。电场强度的一些量值如表 7-1 所示。

表 7-1　电场强度的一些量值

地点（或情况）	量值 /（N/C）	地点（或情况）	量值 /（N/C）
铀原子核表面	3×10^{21}	摩擦起电塑料头梳附近	10^3
氢原子中离核 5.29×10^{-11} m 处	5×10^{11}	下层大气层中	10^2
空气击穿场强	3×10^6	日光灯内	10
电视机的电子枪内	10^5	无线电波内	10^{-1}
闪电内	10^4	家庭电路电线（铜线）中	10^{-2}

由库仑定律和式（7-5），很容易得到点电荷 q 在与其相距 r 的 P 点所产生的电场强度

$$\vec{E} = \frac{1}{4\pi\varepsilon_0} \frac{q}{r^2} \vec{e}_0 \tag{7-7}$$

式中，单位矢量 $\vec{e}_0$ 是由 q 指向场点 P 的单位径矢。式（7-7）说明，点电荷 q 在空间某一点产生的电场强度除与场源电荷有关外，仅与该点与场源的相对位置 r 有关，与试探电荷无关。若 $q > 0$，$\vec{E}$ 与 $\vec{e}_0$ 同方向，沿径矢向外，呈辐射状；若 $q < 0$，则 $\vec{E}$ 与 $\vec{e}_0$ 方向相反，沿径矢指向 q，呈汇聚状。

一般来说，描述电场的分布不能靠单个矢量，而是在空间每一点上都要有一个矢量，这些矢量的总体，叫矢量场。用数学的语言来说，矢量场是空间坐标的一个矢量函数。在研究电场时，着眼点往往不是个别地方的场强，而是求它与空间坐标的函数关系，可记作 $\vec{E}(x,y,z)$。电场力是矢量，它服从矢量叠加原理。也就是说，**点电荷系在空间某一点产生的总场强，等于点电荷系中每一个点电荷单独存在时在该点激发的场强的矢量和**，这一结论称为**电场强度叠加原理**（principle of superposition of electric field intensity），其数学表达式为

$$\vec{E} = \vec{E}_1 + \vec{E}_2 + \cdots + \vec{E}_n = \sum_{i=1}^{n} \vec{E}_i = \frac{1}{4\pi\varepsilon_0} \sum_{i=1}^{n} \frac{q_i}{r_i^2} \vec{e}_i \tag{7-8}$$

式中，$\vec{e}_i$ 为由 q_i 指向场点 P 的单位径矢，由式（7-8）可见，可叠加性是电场的基本性质之一，对任何带电系统都成立。

现在，我们来讨论连续分布电荷产生的电场强度。从微观看，由于电荷的量子性，电荷集中在一个个带电的微观粒子上；从宏观看，人们常忽略带电体电荷的量子性，视它们的电荷是连续分布的，包括连续分布在曲线、曲面或体积内。其实，可以将电荷连续分布的带电体看成无数个电荷元 dq 的集合，每一个 dq 都可以看成是无限小量。dq 在与它相距 r 的一点 P 处产生的场强为

$$d\vec{E} = \frac{1}{4\pi\varepsilon_0} \frac{dq}{r^2} \vec{e}_0 \tag{7-9}$$

其中，$\vec{e}_0$ 由 dq 指向 P 点。根据场强叠加原理，整个带电体在 P 点产生的总场强就等于这无数个 dq 在 P 点单独产生的场强的矢量和，即 $d\vec{E}$ 的矢量和。由于电荷连续分布，且 dq 和 $d\vec{E}$ 均为无限小量，这个矢量和可以用积分的方法来计算

$$\vec{E} = \int \mathrm{d}\vec{E} = \int_q \frac{\mathrm{d}q}{4\pi\varepsilon_0 r^2}\vec{e}_0 = \frac{1}{4\pi\varepsilon_0}\int_q \frac{\mathrm{d}q}{r^2}\vec{e}_0 \tag{7-10}$$

这是一个对电荷 q 的积分，必须知道 q 的分布函数才能进行运算。为此，我们引入电荷密度的概念。在电荷连续分布的体积内某一点周围取一小体积元 ΔV，如图 7-8 所示，其内电量为 Δq，则这一点处的**电荷体密度**（volume density of charge）定义为

$$\rho_{\mathrm{e}} = \lim_{\Delta V \to 0}\frac{\Delta q}{\Delta V} = \frac{\mathrm{d}q}{\mathrm{d}V} \tag{7-11}$$

同理，电荷连续分布在曲面和曲线上时，我们也可以分别给出**电荷面密度**（surface density of charge，见图 7-9）和**电荷线密度**（linear density of charge，见图 7-10）的定义

$$\sigma_{\mathrm{e}} = \lim_{\Delta S \to 0}\frac{\Delta q}{\Delta S} = \frac{\mathrm{d}q}{\mathrm{d}S} \tag{7-12}$$

$$\eta_{\mathrm{e}} = \lim_{\Delta l \to 0}\frac{\Delta q}{\Delta l} = \frac{\mathrm{d}q}{\mathrm{d}l} \tag{7-13}$$

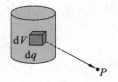

图 7-8　电荷体密度 ρ_{e}

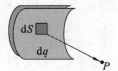

图 7-9　电荷面密度 σ_{e}

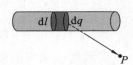

图 7-10　电荷线密度 η_{e}

这里需要说明几点：① 电荷密度是描述电荷分布的物理量，除了均匀分布的情况以外，它是与位置有关的点函数；② 上述定义式中的 $\mathrm{d}V,\mathrm{d}S,\mathrm{d}l$ 和 $\mathrm{d}q$ 均为物理无限小量；③ 在考虑电荷面密度和线密度时，是将面和线看成理想的几何模型的，忽略了它们的厚度和粗细，也没有考虑它们横断面上的电荷分布情况。

有了电荷密度，便可由它们的定义写出 $\mathrm{d}q$ 的分布函数了，代入式（7-10）进行积分运算，便可得到电荷连续分布的带电体的场强。

7.3.3　电场强度的计算

电场强度的具体计算方法如下：首先，建立适当的坐标系，将各变量用坐标量（如直角坐标系 x,y,z）表示出来；其次，求出场强在各坐标轴上的分量 $\mathrm{d}E_x,\mathrm{d}E_y,\mathrm{d}E_z$；再次，进行标量积分，求出各坐标轴上的总场强分量 E_x,E_y,E_z；最后，将各场强分量合成，求出总场强的大小和方向。

例 7-1　两个等量异号的点电荷 $+q$ 和 $-q$ 组成点电荷系，当它们之间的距离 l 比起所讨论问题中涉及的距离 r 小得多时，这对点电荷系称为**电偶极子**（electric dipole）。由负电荷 $-q$ 指向正电荷 $+q$ 的径矢 $\vec{l}$ 称为电偶极子的轴。$q\vec{l}$ 为**电偶极矩**（electric dipole moment），简称电矩，用 $\vec{p}_{\mathrm{e}}$ 表示，即 $\vec{p}_{\mathrm{e}} = q\vec{l}$。试计算电偶极子轴线延长线上一点 A 和轴的中垂线上一点 B 的场强，设 A 点和 B 点到两电荷连线中点 O 的距离都是 r。

解　（1）求 A 点的场强。选取如图 7-11 所示的坐标系，A 点到点电荷 $+q$ 和 $-q$ 的距离分别为 $r - \dfrac{l}{2}$ 和 $r + \dfrac{l}{2}$，所以点电荷 $+q$ 和 $-q$ 在 A 点产生的场强的大

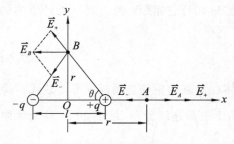

图 7-11　电偶极子的场强

小分别为

$$E_+ = \frac{1}{4\pi\varepsilon_0} \frac{q}{\left(r - \frac{l}{2}\right)^2} \qquad E_- = \frac{1}{4\pi\varepsilon_0} \frac{q}{\left(r + \frac{l}{2}\right)^2}$$

E_+ 沿 x 轴向右，E_- 沿 x 轴向左，故总场强 E_A 的大小为

$$E_A = E_+ - E_- = \frac{q}{4\pi\varepsilon_0}\left[\frac{1}{\left(r - \frac{l}{2}\right)^2} - \frac{1}{\left(r + \frac{l}{2}\right)^2}\right]$$

$$= \frac{2qlr}{4\pi\varepsilon_0\left[\left(r - \frac{l}{2}\right)^2\left(r + \frac{l}{2}\right)^2\right]}$$

因为 $r \gg l$，故

$$E_A \approx \frac{2ql}{4\pi\varepsilon_0 r^3} = \frac{2p_e}{4\pi\varepsilon_0 r^3}$$

$\vec{E}_A$ 方向沿 x 轴向右，与电矩 $\vec{p}_e$ 同方向，所以

$$\vec{E}_A = \frac{2\vec{p}_e}{4\pi\varepsilon_0 r^3}$$

（2）求 B 点的场强。B 点到点电荷 $+q$ 和 $-q$ 的距离都是 $\sqrt{r^2 + \frac{l^2}{4}}$，它们在 B 点产生的场强大

小相等，$E_+ = E_- = \dfrac{q}{4\pi\varepsilon_0\left(r^2 + \dfrac{l^2}{4}\right)}$，但它们方向不同，如图 7-11 所示。

　　为了求二者的矢量和，可取直角坐标系，其 x 轴与点电荷 $+q$ 和 $-q$ 的连线相平行，方向向

右，y 轴沿它们的中垂线。将 $\vec{E}_+$ 和 $\vec{E}_-$ 分别投影到 x，y 方向各自叠加。根据对称性可以看出，$\vec{E}_+$

和 $\vec{E}_-$ 的 x 轴分量大小相等，方向都沿 x 轴的负向；y 轴分量大小相等，方向相反。故

$$E_x = E_{+x} + E_{-x} = 2E_{+x} = 2E_+ \cos\theta, \quad E_y = E_{+y} + E_{-y} = 0$$

由图可以看出，$\cos\theta = \dfrac{\dfrac{l}{2}}{\sqrt{r^2 + \dfrac{l^2}{4}}}$，故总场强 $\vec{E}_B$ 的大小为

$$E_B = E_x = 2E_+ \cos\theta = \frac{ql}{4\pi\varepsilon_0\left(r^2 + \dfrac{l^2}{4}\right)^{\frac{3}{2}}}$$

因为 $r \gg l$，故

$$E_B \approx \frac{ql}{4\pi\varepsilon_0 r^3} = \frac{p_e}{4\pi\varepsilon_0 r^3}$$

$\vec{E}_B$ 方向沿 x 轴的负向，与电矩 $\vec{p}_e$ 方向相反，所以

$$\vec{E}_B = -\frac{\vec{p}_e}{4\pi\varepsilon_0 r^3}$$

　　可以注意到，A，B 两点场强的大小都只与乘积 ql 以及距离 r 有关。只要保持乘积 ql 即 p_e

不变，增大 q、减小 l，或减小 q、增大 l，场强都不变。正因为有这个性质，定义电矩才是有意义的

事。还应注意，电偶极子场是按 $\dfrac{1}{r^3}$ 变化的，而点电荷场则是按 $\dfrac{1}{r^2}$ 变化的。

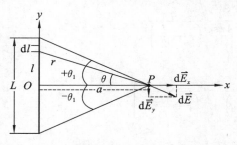

图 7-12　带电细直棒中垂线上的场强分布

例 7-2　一根带电直棒，如果限于考虑离棒的距离比棒的截面尺寸大很多的地方的电场，则该带电直棒就可以看作一条带电直线。如图 7-12 所示，设一均匀带电细直棒，长为 L，电荷线密度为 η_e（设 $\eta_e > 0$），求带电细直棒中垂线上的场强分布。

解　在带电细直棒上任取一长为 dl 的电荷元，其电量 $dq = \eta_e dl$，以带电直棒中点 O 为原点，建立坐标系，如图 7-12 所示。在细直棒中垂线上任取一点 P，OP 的距离为 a，电荷元 dq 在 P 点的场强为 $d\vec{E}$，$d\vec{E}$ 沿两个轴方向的分量分别为 $d\vec{E}_x$ 和 $d\vec{E}_y$。由于细直棒上电荷的分布对于中垂线 OP 来说具有对称性，所以全部电荷在 P 点的场强沿 y 轴方向的分量之和为零，因而 P 点的总场强 $\vec{E}$ 应沿 x 轴方向，其为

$$\vec{E} = \int d\vec{E}_x$$

而且

$$dE_x = dE\cos\theta = \frac{\eta_e \, dl\, a}{4\pi\varepsilon_0 r^3}$$

由于 $l = a\tan\theta$，所以 $dl = \dfrac{a}{\cos^2\theta}d\theta$，由图可知 $r = \dfrac{a}{\cos\theta}$，则

$$dE_x = \frac{\eta_e \, dl\, a}{4\pi\varepsilon_0 r^3} = \frac{\eta_e \cos\theta}{4\pi\varepsilon_0 a}d\theta$$

对整个带电细直棒来说，θ 的变化范围是从 $-\theta_1$ 到 $+\theta_1$，因而 P 点的总场强 $\vec{E}$ 的大小为

$$E = \int dE_x = \int_{-\theta_1}^{+\theta_1} \frac{\eta_e \cos\theta}{4\pi\varepsilon_0 a}d\theta = \frac{\eta_e \sin\theta_1}{2\pi\varepsilon_0 a}$$

将 $\sin\theta_1 = \dfrac{L}{2\sqrt{\dfrac{L^2}{4} + a^2}}$ 代入上式，可得

$$E = \frac{\eta_e L}{4\pi\varepsilon_0 a \sqrt{\dfrac{L^2}{4} + a^2}}$$

此总电场的方向垂直于带电细直棒，而且指向远离直棒的一方。

讨论：当 $a \ll L$ 时，即在带电直棒中部附近区域内，$E \approx \dfrac{\eta_e}{2\pi\varepsilon_0 a}$，此时相对于距离 a，可将该带电直棒看作"无限长"。此结果表明，在一根无限长带电直棒周围任意点的场强与该点到带电直棒的距离成反比。

当 $a \gg L$ 时，即在远离带电直棒的区域内，$E \approx \dfrac{\eta_e L}{4\pi\varepsilon_0 a^2} = \dfrac{q}{4\pi\varepsilon_0 a^2}$，其中 $q = \eta_e L$ 为带电直棒所带的总电量。此结果表明，离带电直棒很远处该带电直棒的电场相当于一个点电荷 q 的电场。

例 7-3　半径为 R 的均匀带电圆环，电荷线密度为 η_e（设 $\eta_e > 0$），求轴线上的场强分布。

解　如图 7-13 所示，把圆环分割成许多小段，任取一小段 dl，其上带电量为 $dq = \eta_e dl$。设此

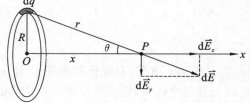

图 7-13　均匀带电圆环轴线上的场强分布

电荷元 dq 在点 P 的场强为 $d\vec{E}$，并设 P 点与 dq 的距离为 r，而 $OP = x$。显然，$d\vec{E}$ 可分解为平行和垂直于轴线的两分量，分别为 $d\vec{E_x}$ 和 $d\vec{E_y}$。由于圆环具有轴对称性，因此沿圆环一周，各个电荷在 P 点产生的 $d\vec{E_y}$ 是相互抵消的。因此 P 点的总场强 $\vec{E}$ 沿轴线方向，其大小为

$$E = E_x = \int_l dE_x = \int_l dE\cos\theta = \int_l \frac{\eta_e dl}{4\pi\varepsilon_0 r^2}\cos\theta = \int_l \frac{\eta_e dl}{4\pi\varepsilon_0 r^2}\frac{x}{r}$$

$$= \frac{\eta_e x}{4\pi\varepsilon_0 r^3}\int_0^{2\pi R} dl = \frac{2\pi R\eta_e x}{4\pi\varepsilon_0 r^3}$$

又因为 $r = \sqrt{x^2 + R^2}$，$q = 2\pi R\eta_e$，故得 P 点的总场强

$$E = \frac{qx}{4\pi\varepsilon_0 (R^2 + x^2)^{\frac{3}{2}}}$$

显然，P 点总场强 $\vec{E}$ 的大小与 P 点到环心 O 的距离 x 有关。为了弄清其变化的情况，可做以下的讨论。

（1）当 $x \gg R$，即在距环心很远处，$E \approx \dfrac{q}{4\pi\varepsilon_0 x^2}$，相当于点电荷产生的场强，与 x 的平方成反比。

（2）当 $x = 0$ 时，即在环心处，$E = 0$；当 $x \to \infty$ 时，$E = 0$。由此可知，在 $x = 0$ 与 $x \to \infty$ 之间，E 必存在最大值。E 取最大值时，必有

$$\frac{dE}{dx} = \frac{d}{dx}\left[\frac{qx}{4\pi\varepsilon_0 (R^2 + x^2)^{\frac{3}{2}}}\right] = 0$$

由此，可求出 E 取最大值的位置为 $x = \pm\dfrac{\sqrt{2}}{2}R$，场强最大值为

$$E_{max} = \frac{q}{6\sqrt{3}\pi\varepsilon_0 R^2}$$

由以上讨论可以看出，一个圆环在非常远处也可视为点电荷。这说明，带电体能否被看成点电荷，不在于其本身的形状和绝对大小，而在于其线度大小与所考虑的距离相比是否足够小而可以忽略。

例 7-4　对于带电平板，如果我们限于考虑离板的距离比板的厚度大得多的地方的电场，则该带电平板就可以被看成一个带电平面。设有一均匀带电圆盘，半径为 R，电荷面密度为 σ_e（设 $\sigma_e > 0$），求带电圆盘轴线上的场强分布。

解　带电圆盘可看成由许多同心的带电细圆环组成。取一半径为 r，宽度为 dr 的细圆环，如图 7-14 所示，此细圆环所带的电荷为

$$dq = \sigma_e dS = \sigma_e 2\pi r dr$$

由例 7-3 可知，此细圆环在 P 点的场强大小为

$$dE = \frac{x dq}{4\pi\varepsilon_0 (r^2 + x^2)^{\frac{3}{2}}} = \frac{x\sigma_e 2\pi r dr}{4\pi\varepsilon_0 (r^2 + x^2)^{\frac{3}{2}}}$$

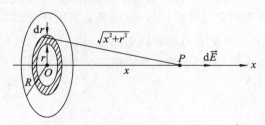

图 7-14　均匀带电圆盘轴线上的场强分布

由于各个带电细圆环在 P 点的场强的方向都是沿着 x 轴线指向远方，所以带电圆盘在 P 点的场强方向也是沿着 x 轴方向的，其大小为

$$E = \int dE = \frac{x\sigma_e}{2\varepsilon_0}\int_0^R \frac{r dr}{\sqrt{(r^2 + x^2)^3}} = \frac{\sigma_e}{2\varepsilon_0}\left(1 - \frac{x}{\sqrt{R^2 + x^2}}\right)$$

通过本例进一步讨论，可以发现：

（1）当 $x \ll R$ 时，即从 P 点看来，圆盘可以视为"无限大"带电平面。这时有

$$E = \frac{\sigma_e}{2\varepsilon_0}$$

因此可以说，在一无限大均匀带电平面附近，电场是一个均匀场，其方向垂直于平面。若 $\sigma_e > 0$，则 $\vec{E}$ 从带电平面指向两侧；若 $\sigma_e < 0$，则 $\vec{E}$ 从两侧指向带电平面。

（2）当 $x \gg R$ 时，首先将 $(R^2 + x^2)^{-\frac{1}{2}}$ 按二项式展开并略去高次项，有

$$(R^2 + x^2)^{-\frac{1}{2}} = \frac{1}{x}\left(1 - \frac{R^2}{2x^2} + \cdots\right) \approx \frac{1}{x}\left(1 - \frac{R^2}{2x^2}\right)$$

于是可得

$$E \approx \frac{\pi R^2 \sigma_e}{4\pi\varepsilon_0 x^2} = \frac{q}{4\pi\varepsilon_0 x^2}$$

式中，$q = \sigma_e \pi R^2$ 为圆盘所带的总电量。这个结果也说明，在远离带电圆盘处的电场也相当于一个点电荷的电场。

7.4　静电场的高斯定理

前面已经研究了描述电场性质的一个重要物理量——电场强度，并从叠加原理出发讨论了点电荷系和带电体的电场强度。为了更形象地描述电场，这一节将在介绍电场线的基础上，引进电场强度通量的概念，并导出静电场的重要定理——高斯定理。

7.4.1　电场线

电场线（electric field line）**是人们为了描述电场，而在电场中画出一些曲线，对电场中各处场强的分布情况给出的直观物理图像**。在任何电场中，每一点的场强 $\vec{E}$ 都有一定的方向。据此，可以在电场中画出一系列曲线，使曲线上每一点的切线方向都和该点的场强方向一致，这样画出来的曲线就是电场的电场线，如图 7-15 所示。

利用电场线，可确定它所通过的每一点的场强 $\vec{E}$ 的方向，因而也就可以表示出放在该点上的正电荷 q_0 所受电场力 $\vec{F}$ 的方向。但要注意，一般情况下，电场线并非正电荷 q_0 受电场力作用而运动的轨迹，因为电荷运动方向（即速度方向）不一定沿力的方向。

电场线不仅能够表示出场强的方向，而且其疏密程度也能反映场强的大小。为了找出两者之间的定量关系，引入电场线数密度概念。如图 7-16 所示，经过电场中任一点，作一个面积元 $\Delta S_{\perp}$，并使它与该点的 $\vec{E}$ 垂直，由于 $\Delta S_{\perp}$ 很小，所以 $\Delta S_{\perp}$ 面上各点的 $\vec{E}$ 可认为是相同的，则通过面积元 $\Delta S_{\perp}$ 的电场线数 ΔN 与该点的 E 的大小有如下关系

$$\frac{\Delta N}{\Delta S_{\perp}} = E \tag{7-14}$$

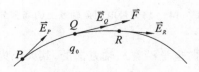

图 7-15　电场的电场线

图 7-16　电场线疏密反映场强的大小

这就是说,通过电场中某点垂直于 $\vec{E}$ 的单位面积的电场线数等于该点处电场强度 $\vec{E}$ 的大小,$\dfrac{\Delta N}{\Delta S_{\perp}}$ 也叫作电场线数密度。在电场中任一点处的电场线数密度在数值上等于该点处场强的大小。在静电场中,电场线具有下列性质:

（1）静电场中任何一条电场线,都是起自正电荷（或来自无穷远处）,止于负电荷（或伸向无穷远）,它们不会在没有电荷的地方中断,更不会回到电场线的起始点上的电荷处,而形成闭合的曲线。

（2）静电场中任何一点（除点电荷所在处以外）,只有一个确定的场强方向,所以任何两条电场线不可能相交。

（3）电场线的疏密程度表示电场强度的大小,电场线密的地方电场强度就大,电场线疏的地方电场强度就小。

总之,虽然电场中并不存在电场线,但引入电场线概念可以形象地描绘出电场的总体情况,对于分析某些实际问题很有帮助。在研究某些复杂的电场时,如电子管内部的电场、高压电气设备附近的电场,常采用模拟的方法把它们的电场线画出来。

7.4.2　电通量

为了利用电场线来研究电场的性质,我们还需要引入电通量的概念。**通过电场中某一给定面的电场线的总条数称为通过该面的电通量**（electric flux）,**用 Φ_e 表示,电通量是标量。**

先讨论匀强电场的情况。设在匀强电场中取一个平面 S,并使它和电场强度 $\vec{E}$ 的方向垂直,如图 7-17(a) 所示。由于匀强电场的电场强度处处相等,所以电场线数密度也应处处相等。这样,通过面 S 的电通量为

$$\Phi_e = ES \tag{7-15}$$

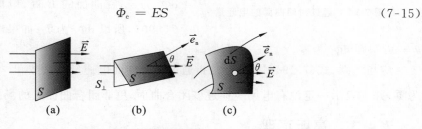

图 7-17　电通量的计算

如果平面 S 与电场强度 $\vec{E}$ 的方向不垂直,为了把面 S 在电场中的大小与方向同时表示出来,我们引入面积矢量 $\vec{S}$,规定其大小为 S,其方向用它的单位法线矢量 $\vec{e}_n$ 来表示,有 $\vec{S} = S\vec{e}_n$。在图 7-17(b) 中,平面 $\vec{S}$ 的单位法线矢量 $\vec{e}_n$ 与电场强度 $\vec{E}$ 之间的夹角为 θ。由于面 S 上电场强度处处相等,因此,通过面 S 的电通量为

$$\Phi_e = ES\cos\theta \tag{7-16}$$

由矢量标积的定义可知,$ES\cos\theta$ 为矢量 $\vec{E}$ 和 $\vec{S}$ 的标积,故上式可用矢量表示为

$$\Phi_e = \vec{E} \cdot \vec{S} = \vec{E} \cdot \vec{e}_n \cdot S \tag{7-17}$$

如果电场是非匀强电场,并且面 S 不是平面,而是任意曲面,如图 7-17(c) 所示,则可以把曲面分成无限多个面积元 $d\vec{S}$,每个面积元 $d\vec{S}$ 都可看成是一个小平面,而且在面积元 $d\vec{S}$ 上,$\vec{E}$ 也可以看成处处相等。若 $\vec{e}_n$ 为面积元 $d\vec{S}$ 的单位法线矢量,则 $\vec{e}_n dS = d\vec{S}$。如设面积元 $d\vec{S}$ 的单位

法线矢量$\vec{e}_n$与该处的电场强度$\vec{E}$成θ角,于是,通过面积元$\mathrm{d}\vec{S}$的电通量为

$$\mathrm{d}\Phi_e = E\mathrm{d}S\cos\theta = \vec{E}\cdot\mathrm{d}\vec{S}$$

所以通过曲面S的电通量Φ_e,就等于通过面S上所有面积元$\mathrm{d}\vec{S}$的电通量$\mathrm{d}\Phi_e$的总和,即

$$\Phi_e = \int_S \mathrm{d}\Phi_e = \int_S E\cos\theta\mathrm{d}S = \int_S \vec{E}\cdot\mathrm{d}\vec{S} \tag{7-18}$$

式中,"$\int_S$"表示对整个曲面S进行积分。如果曲面是闭合曲面,式(7-18)中的曲面积分应换成对闭合曲面的积分,用"$\oint_S$"表示,故通过闭合曲面的电通量为

$$\Phi_e = \oint_S E\cos\theta\mathrm{d}S = \oint_S \vec{E}\cdot\mathrm{d}\vec{S} \tag{7-19}$$

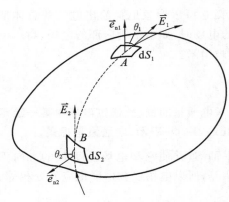

图 7-18　通过封闭曲面的电通量

对于一个曲面有正、反两面,与此对应,它的法线矢量也有正、反两种取法。正和反本身是相对的,对于单个面积元或不闭合的曲面,法线矢量的正向取向是无关紧要的。但闭合曲面则把整个空间划分成内、外两部分,其法线矢量正方向的两种取向就有了特定的含义:指向曲面外部空间的叫外法线矢量,指向曲面内部空间的叫内法线矢量。对于闭合曲面,总是取它的外法线矢量为正。按照这个规定,如图 7-18 所示,在A处,电场线从$\mathrm{d}\vec{S}$曲面里向外穿出,$\theta < 90°$,所以$\mathrm{d}\Phi_e$为正;在曲面的B处,电场线从外穿进曲面$\mathrm{d}\vec{S}$,$\theta > 90°$,所以$\mathrm{d}\Phi_e$为负;如果电场线与曲面$\mathrm{d}\vec{S}$相切,$\theta = 90°$,则$\mathrm{d}\Phi_e$为零。

应当注意,式(7-19)中的Φ_e是指通过闭合曲面电通量的代数和,如果通过闭合曲面的Φ_e为零,并不表示一定没有电场线穿过该闭合曲面,更非闭合曲面上的场强$\vec{E}$处处为零。

7.4.3　高斯定理

高斯定理是用电通量表示的电场和场源电荷关系的定理,它给出了通过任一闭合曲面的电通量与闭合曲面内部所包围的电荷的关系。下面利用电通量的概念根据库仑定律和场强叠加原理来导出这个关系。

1. 点电荷电场,电荷在闭合曲面内部

先讨论一个静止的正点电荷q的电场。如图 7-19 所示,以q所在点为中心,取任意长度r为半径作一球面S。很显然,球面上任一点的电场强度$\vec{E}$的大小都是$\dfrac{1}{4\pi\varepsilon_0}\dfrac{q}{r^2}$,方向都沿半径$r$向外呈辐射状。在球面上任取一面积元$\mathrm{d}\vec{S}$,其正单位法线矢量$\vec{e}_n$与场强$\vec{E}$的方向相同,即$\vec{E}$与面积元$\mathrm{d}\vec{S}$垂直。根据式(7-19),通过$\mathrm{d}\vec{S}$的

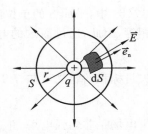

图 7-19　点电荷在球形高斯面的球心处

电场强度通量为

$$\mathrm{d}\Phi_e = \vec{E} \cdot \mathrm{d}\vec{S} = E\mathrm{d}S = \frac{1}{4\pi\varepsilon_0}\frac{q}{r^2}\mathrm{d}S$$

于是可得通过整个球面的电通量为

$$\Phi_e = \oint_S \mathrm{d}\Phi_e = \oint_S \vec{E} \cdot \mathrm{d}\vec{S} = \frac{1}{4\pi\varepsilon_0}\frac{q}{r^2}\oint_S \mathrm{d}S$$

$$= \frac{1}{4\pi\varepsilon_0}\frac{q}{r^2}4\pi r^2 = \frac{q}{\varepsilon_0} \tag{7-20}$$

此结果与球面半径 r 无关,只与它所包围的电荷的电量
有关。这意味着,对以正点电荷 q 为中心的任意球面来说,通
过它们的电通量都一样,都等于 $\frac{q}{\varepsilon_0}$。如图 7-20 所示,现在讨
论另一个任意的闭合曲面 S',S' 与球面 S 包围同一个点电
荷 q,由于电场线的连续性,可以得出通过闭合曲面 S' 和 S
的电场线数目是一样的。因此可以认为,通过任意形状的包
围点电荷 q 的闭合曲面的电通量都等于 $\frac{q}{\varepsilon_0}$。

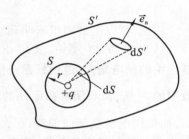

图 7-20　点电荷在任意高斯面内

2. 点电荷电场,电荷在闭合曲面外部

电场线始于正电荷,而终止于负电荷。如果电荷 q 在闭
合曲面以外,如图 7-21 所示,可以看出,它产生的每一条电场线对于闭合曲面总是有进必
出,其总电通量必然为零。所以,闭合曲面外的电荷对曲面的电通量没有贡献,或者说通过不包
围点电荷的任意闭合曲面 S 的电通量恒为 0,即

$$\oint_S \vec{E} \cdot \mathrm{d}\vec{S} = 0 \quad (q\text{ 在 }S\text{ 之外}) \tag{7-21}$$

3. 电场为处于真空中的许多点电荷所激发

如图 7-22 所示,设有点电荷 $q_1,q_2,\cdots,q_n$ 位于闭合曲面之内,点电荷 $q',q'',\cdots$ 位于闭合曲
面之外。由电场叠加原理,空间任一点的合场强为

$$\vec{E} = \vec{E}_1 + \vec{E}_2 + \cdots + \vec{E}_n + \vec{E}' + \vec{E}'' + \cdots$$

式中,$\vec{E}_1,\vec{E}_2,\cdots,\vec{E}_n$ 分别为 $q_1,q_2,\cdots,q_n$ 激发的场强;$\vec{E}',\vec{E}'',\cdots$ 分别为 $q',q'',\cdots$ 激发的场强,则
通过闭合曲面 S 的电通量为

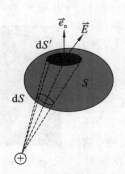

图 7-21　点电荷在高斯面外部

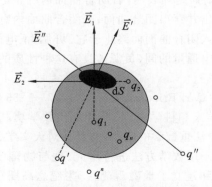

图 7-22　多个点电荷时闭合曲面的电通量

$$\Phi_e = \oint_S \vec{E} \cdot d\vec{S} = \oint_S (\vec{E}_1 + \vec{E}_2 + \cdots + \vec{E}_n) \cdot d\vec{S} + \oint_S (\vec{E}' + \vec{E}'' + \cdots) \cdot d\vec{S}$$

因 $q', q'', \cdots$ 等点电荷位于 S 之外,故 $\oint_S (\vec{E}' + \vec{E}'' + \cdots) \cdot d\vec{S} = 0$,因而

$$\Phi_e = \oint_S \vec{E} \cdot d\vec{S} = \oint_S (\vec{E}_1 + \vec{E}_2 + \cdots + \vec{E}_n) \cdot d\vec{S} = \frac{q_1 + q_2 + \cdots + q_n}{\varepsilon_0}$$

上式可写成

$$\Phi_e = \oint_S \vec{E} \cdot d\vec{S} = \frac{1}{\varepsilon_0} \sum_{i=1}^n q_i = \frac{1}{\varepsilon_0} \sum_{S内} q \tag{7-22}$$

注意,在以上证明里未明确规定 $q_1, q_2, \cdots, q_n$ 的正负。实际上,它们对正、负电荷都适用,式(7-22)的求和是代数和。式(7-22)就是**高斯定理**(Gauss theorem)的数学表达式,它表明:**在真空中的静电场内,通过任意一闭合曲面的电通量 Φ_e,等于该闭合曲面所包围的所有电量代数和的 $\frac{1}{\varepsilon_0}$ 倍,而与闭合曲面外的电荷无关**。在高斯定理中,常把所选取的闭合曲面称作高斯面。如果用电场线帮助理解,那么高斯定理说明自闭合曲面内部穿出的电场线的数目减去穿入闭合曲面的电场线的数目,等于闭合曲面所包围的电量代数和除以 ε_0。

因为电荷连续分布带电体可以看成无数个点电荷集合,所以式(7-22)对包围电荷连续分布带电体的闭合曲面也成立,只是其中的总电量 $\sum_{i=1}^n q_i = \int dq$,应该用积分的方法求得,则高斯定理表达式为

$$\oint_S \vec{E} \cdot d\vec{S} = \frac{1}{\varepsilon_0} \int dq \tag{7-23}$$

由以上高斯定理的推证过程可知,高斯定理是由库仑定律和场强叠加原理导出的,尤其是与库仑定律中的平方反比 $\left(\frac{1}{r^2}\right)$ 关系分不开,所以高斯定理也称为另一种形式的库仑定律。对高斯定理的理解应注意以下几点:

(1) 高斯定理表达式左边的场强 $\vec{E}$ 是曲面上各点的场强,它是由全部电荷(既包括闭合曲面内,又包括闭合曲面外的电荷)共同产生的合场强,并非只由闭合曲面内的电荷 $\sum q_i$ 所产生。

(2) 通过闭合曲面的总电通量只决定于它所包围的电荷,即只有闭合曲面内部的电荷才对总电通量有贡献,闭合曲面外部的电荷对总电通量无贡献。

(3) 高斯定理表明,若闭合曲面内有正电荷,则它对闭合曲面的电通量是正的,即有电场线从它发出并穿出闭合曲面;若闭合曲面内有负电荷,则它对闭合曲面的电通量是负的,即有电场线穿入闭合曲面而终止于它。可见,正电荷是发出电通量的源,负电荷是吸收电通量的闾(负源),具有这种性质的场称为有源场,因此,静电场是有源场。

高斯(Carl Friedrich Gauss,1777—1855 年,见图 7-23)是德国数学家、物理学家和科学家。高斯是近代数学奠基者之一,有"数学王子"之称。他十分注重数学的应用,并且在对天文学、大地测量学和磁学的研究中也偏重于用数学方法进行研究。他与物理学家 W.E. 韦伯,发明了有线电报机和建立了地磁观测台。为纪念高斯在电磁学领域的卓越贡献,在电磁学量的 CGS 单位制中,磁感应强度单位命名为高斯。

图 7-23　高斯

7.4.4　高斯定理的应用举例

根据电场叠加原理,原则上可以计算任何电荷系统所激发的静电场的场强,但因点电荷(或电荷元)所激发的分场强是矢量,在叠加时运算往往较复杂。高斯定理指出合场强 $\vec{E}$ 在闭合曲面 S 上的面积分

$$\oint_S \vec{E} \cdot d\vec{S} = \frac{1}{\varepsilon_0} \sum_{S内} q$$

用它来计算某些情况的合场强,比直接用叠加原理方便得多。但在使用高斯定理时一定要注意:

(1) 在一个参考系内,当静止的电荷分布具有某种对称性时,才可以应用高斯定理求场强分布。因为根据电荷分布的对称性选取合适的闭合曲面(高斯面),以便使积分 $\oint_S \vec{E} \cdot d\vec{S}$ 中的 $\vec{E}$ 能以标量形式从积分符号内提出来。

(2) 静电场的高斯定理表达式中的场强 $\vec{E}$ 是带电体系中所有电荷(无论在高斯面内或高斯面外)产生的总场强,而 $\sum_{S内} q$ 只是对高斯面内的电荷求和。这是因为高斯面外的电荷对总电通量 Φ_e 没有贡献,但不是对总场强没有贡献。

下面举几个例子,我们应用高斯定理求解具有对称性(如球形、圆柱形、无限长和无限大平板形等)的带电体的空间场强分布。

例 7-5　已知半径为 R,带电量为 $q(q > 0)$ 的均匀带电球面,求其空间场强分布。

解　首先求解在均匀带电球壳外部空间的场强分布,现按下列步骤求解:

(1) 分析对称性　由于电荷均匀分布在球壳上,具有球对称性,所以场强 $\vec{E}$ 的分布也具有球对称性,即距球心等距离的球面上各点的场强大小相等,方向沿各自的径矢方向。

(2) 选取高斯面　根据场强分布的对称性的特点,以 O 为球心,过 P 点作半径为 r 的闭合球面 S(高斯面),其截面图如图 7-24 所示。

(3) 计算电通量　由于高斯面上各点处面积元 $d\vec{S}$ 的法线方向与该点处的场强 $\vec{E}$ 同向,则 $\cos\theta = 1$,所以通过 S 面的电通量为

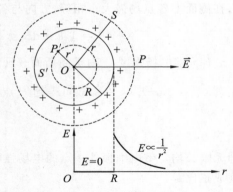

图 7-24　均匀带电球壳的电场

$$\Phi_e = \oint_S \vec{E} \cdot d\vec{S} = \oint_S E\cos\theta dS = E\oint_S dS = 4\pi r^2 E$$

(4) 求电场强度　由于闭合球面 S 所包围的电荷为 q,由高斯定理 $\Phi_e = 4\pi r^2 E = \dfrac{q}{\varepsilon_0}$,可得电场强度的大小为 $E = \dfrac{q}{4\pi\varepsilon_0 r^2}$　$(r > R)$,其矢量表达式为

$$\vec{E} = \frac{q}{4\pi\varepsilon_0 r^2} \vec{e}_r$$

$\vec{E}$ 的方向沿半径方向,式中 $\vec{e}_r$ 为沿径矢的单位矢量。对球面内部任一点 P',上述关于场强的大小和方向的分析仍然适用。过 P' 点作半径为 r' 的同心球面为高斯面 S'。通过它的电通量仍可表示为 $4\pi r'^2 E$,但由于此 S' 面内没有电荷,根据高斯定理,应该有 $4\pi r'^2 E = 0$,即当 $r < R$

时，$E = 0$。这表明，均匀带电球面内部的场强 $\vec{E}$ 处处为零。

通过上述讨论可知，均匀带电球壳在外部空间产生的电场，与电荷全部集中在球心处的一个点电荷产生的电场一样，而球面内部的场强处处为零，场强 $\vec{E}$ 的大小随距离 r 变化的曲线如图 7-24 所示。从 E-r 曲线中还可看出，场强值在球面($r = R$)上是不连续的，有个跃变。

例 7-6　求无限长均匀带电细棒的空间电场分布。已知细棒上电荷线密度为 η_e(设 $\eta_e > 0$)。

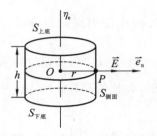

图 7-25　无限长均匀带电直线的电场

解　如图 7-25 所示，先进行以下分析。

(1) 分析对称性　因为均匀带电细棒是无限长的，所以棒上的每点都是中点，任意从哪里分割，上下两段棒都是无限长，谁也不比谁更长。因此细棒外任何地方的场强方向既不会向上偏，也不会向下偏，场强方向与细棒相垂直呈辐射状，而且所有与细棒等距离的点场强大小相等。

(2) 选取高斯面　根据场强分布的对称性的特点，作一个通过 P 点，以带电细棒为轴，半径为 r，高为 h 的圆柱形高斯面 S。

(3) 计算电通量　通过圆柱形高斯面 S 的电通量为

$$\Phi_e = \oint_S \vec{E} \cdot d\vec{S} = \int_{S_{上底}} \vec{E} \cdot d\vec{S} + \int_{S_{下底}} \vec{E} \cdot d\vec{S} + \int_{侧面} \vec{E} \cdot d\vec{S}$$

由于圆柱形高斯面 S 的上、下底面处，场强方向与底面平行，因此，通过上、下底面的电通量为 0；在侧面上各点场强大小相等，方向与各点的法线方向 $\vec{e}_n$ 相同($\theta = 0$)，所以有

$$\Phi_e = \oint_S \vec{E} \cdot d\vec{S} = \int_{侧面} \vec{E} \cdot d\vec{S} = E \int_{侧面} dS = 2\pi r h E$$

(4) 求电场强度　由于高斯面 S 只包围长度为 h 的一段细棒，其中电荷为 $q = \eta_e h$，由高斯定理 $\Phi_e = 2\pi r h E = \dfrac{\eta_e h}{\varepsilon_0}$，故可得到 P 点的场强

$$E = \frac{\eta_e}{2\pi\varepsilon_0 r}$$

即无限长均匀带电细棒外一点的电场强度，与该点距带电细棒的垂直距离成反比，与电荷线密度成正比。

例 7-7　求无限大均匀带电薄平板的空间场强分布，设电荷面密度为 σ_e(设 $\sigma_e > 0$)。

解　在平板左、右两侧任取两对称点 P 和点 P'，如图 7-26 所示。

(1) 分析对称性　无限大均匀带电薄平板可看成无数根无限长均匀带电直线排列而成。由于电荷分布对于垂线 OP 是对称的，所以带电平面两侧附近的场强必然垂直于该带电平面，并且与平面等距处的场强大小都相等。P 点场强方向垂直于平面向右，P' 点场强方向垂直于平面向左。

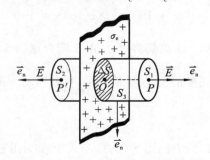

图 7-26　无限大均匀带电平面的电场

（2）选取高斯面　　我们作一个其轴垂直于带电平面的圆柱形闭合曲面作为高斯面 S，带电平面平分此圆筒，而 P 点和 P' 点位于它的两底面上。

（3）计算电通量　　圆柱形高斯面 S 可分为三部分，即两底面 S_1，S_2（其大小均为 ΔS）和侧面 S_3。在 S_1 和 S_2 上，场强与底面的法线 $\vec{e}_n$ 平行（$\theta = 0$）；在 S_3 上，场强与侧面的法线 $\vec{e}_n$ 垂直 $\left(\theta = \dfrac{\pi}{2}\right)$，因而，通过圆柱形高斯面 S 的电通量为

$$\Phi_e = \oint_S \vec{E} \cdot \mathrm{d}\vec{S} = \int_{S_1} \vec{E} \cdot \mathrm{d}\vec{S} + \int_{S_2} \vec{E} \cdot \mathrm{d}\vec{S} + \int_{S_3} \vec{E} \cdot \mathrm{d}\vec{S}$$
$$= 2E\Delta S$$

（4）求电场强度　　由于高斯面 S 在带电平面上截出的面积也是 ΔS，因而被包围的电量为 $q = \sigma_e \Delta S$，由高斯定理

$$2E\Delta S = \frac{\sigma_e \Delta S}{\varepsilon_0}$$

故可得到 P' 点和 P 点的场强大小为

$$E = \frac{\sigma_e}{2\varepsilon_0}$$

此结果说明，无限大均匀带电平面两侧的电场与场点到平面的距离无关，而且场强方向与带电平面垂直，无限大均匀带电平面附近的电场为匀强电场。利用上述结果，根据场强叠加原理，可以求得两无限大均匀带等量异号电荷的平行平面间的场强大小为

$$E = E_A + E_B = \frac{\sigma_e}{2\varepsilon_0} + \frac{\sigma_e}{2\varepsilon_0} = \frac{\sigma_e}{\varepsilon_0}$$

方向如图 7-27 所示。在两板外侧的场强为

$$E = E_A - E_B = 0$$

可见，均匀带等量异号电荷的平行板，在板面的线度远大于两板间距离时，除了边缘附近外，电场全部集中于两板之间，而且是匀强电场。

由上面的各例子可以发现，带电体的电荷分布都具有某种对称性，利用高斯定理计算这类带电体的场强分布是很方便的。另外，要注意的是，不具有特定对称性的电荷分布，其电场不能直接用高斯定理求出。当然，这不是说，高斯定理对这些电荷分布不成立。

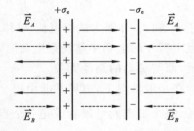

图 7-27　两无限大均匀带电平面的电场

7.5　静电场的环路定理

在牛顿力学中，我们知道保守力（例如万有引力和弹性力等）对质点做功只与起始和终止位置有关，而与路径无关这一重要特性，并由此而引入相应的势能概念。那么静电场力——库仑力的情况怎样？是否也具有保守力做功的特性而可引入电势能的概念呢？

7.5.1　静电场力的功

自由电荷在电场力的作用下发生位移时，电场力要做功。电场除了能传递作用力以外，还具有做功的本领。现在通过研究电场力做功的特点，进一步揭示静电场的性质。研究分两个步

骤：第一步，证明在单个点电荷产生的电场中，电场力所做的功与路径无关；第二步，证明对任何带电体系产生的电场来说，也有相同的结论。

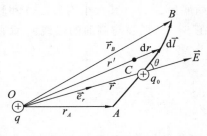

图 7-28　静电场力的功

如图 7-28 所示，设正点电荷 q 固定于原点 O，试探电荷 q_0 在 q 的电场中由 A 点沿任意路径 L 移到 B 点。显然，在这一过程中，q_0 受到的电场力 $\vec{F}$ 的大小和方向都是变化的，路径也是曲线，做功必须采用积分的方法来计算。将 L 分成无数个线元 $\mathrm{d}l$，使每一个 $\mathrm{d}l$ 都足够小，以致可将其视为直线，其上场强的大小和方向都可以是不变的。考虑其中任一线元 $\mathrm{d}\vec{l}$，与场强 $\vec{E}$ 的夹角为 θ，则电场力在 $\mathrm{d}\vec{l}$ 上做的元功为

$$\mathrm{d}A = \vec{F} \cdot \mathrm{d}\vec{l} = q_0 \vec{E} \cdot \mathrm{d}\vec{l} \tag{7-24}$$

已知点电荷的电场强度为 $\vec{E} = \dfrac{1}{4\pi\varepsilon_0} \dfrac{q}{r^2} \vec{e}_r$，式中 $\vec{e}_r$ 为沿径矢的单位矢量。于是元功可表示为

$$\mathrm{d}A = \frac{1}{4\pi\varepsilon_0} \frac{qq_0}{r^2} \vec{e}_r \cdot \mathrm{d}\vec{l}$$

从图 7-28 可以看出，$\vec{e}_r \cdot \mathrm{d}\vec{l} = \mathrm{d}l\cos\theta = \mathrm{d}r$，所以上式可写成

$$\mathrm{d}A = \frac{1}{4\pi\varepsilon_0} \frac{qq_0}{r^2} \mathrm{d}r \tag{7-25}$$

于是，在试探电荷 q_0 从 A 点移到 B 点的过程中，电场力所做的总功为

$$A = \int \mathrm{d}A = \frac{qq_0}{4\pi\varepsilon_0} \int_{r_A}^{r_B} \frac{\mathrm{d}r}{r^2} = \frac{qq_0}{4\pi\varepsilon_0} \left(\frac{1}{r_A} - \frac{1}{r_B} \right) \tag{7-26}$$

由于 r_A 和 r_B 分别为试探电荷 q_0 移动时的起点和终点距点电荷 q 的距离，此结果说明，在静止的点电荷 q 的电场中移动正电荷时，电场力所做的功只取决于被移动的电荷的起点和终点的位置，而与移动的路径无关。

在一般情况下，电场并非由单个点电荷产生，但是可以把产生电场的带电体划分为许多带电元，每个带电元可以看成是一个点电荷，这样就可把任何带电体系视为点电荷系，总场强 $\vec{E}$ 是各点电荷 $q_1, q_2, \cdots, q_n$ 单独产生的场强 $\vec{E}_1, \vec{E}_2, \cdots, \vec{E}_n$ 的矢量和

$$\vec{E} = \vec{E}_1 + \vec{E}_2 + \cdots + \vec{E}_n = \sum_{i=1}^{n} \vec{E}_i$$

从而当试探电荷 q_0 由 A 点沿任意路径 L 到达 B 点时，电场力 $\vec{F} = q_0\vec{E}$ 所做的功为

$$A = \int_L \vec{F} \cdot \mathrm{d}\vec{l} = q_0 \int_L \vec{E} \cdot \mathrm{d}\vec{l} = q_0 \int_L \left(\sum_{i=1}^{n} \vec{E}_i \right) \cdot \mathrm{d}\vec{l}$$

$$= A_1 + A_2 + \cdots + A_n = \sum_{i=1}^{n} \frac{q_0 q_i}{4\pi\varepsilon_0} \left(\frac{1}{r_{iA}} - \frac{1}{r_{iB}} \right)$$

式中，r_{iA}, r_{iB} 分别为试探电荷 q_0 的起点和终点距场源 q_i 的距离。由此得出结论：**在任何带电体系的静电场中，电场力移动试探电荷所做的功，只与试探电荷起止点的位置有关，与路径无关，即静电场力做功与路径无关。**

7.5.2　静电场的环路定理

静电场力做功与路径无关的特性还可以表述成另一种形式。如图 7-29 所示，在静电场中

作任意闭合路径$ABCDA$,试探电荷 q_0 沿此闭合路径运动时,电场力做的功为

$$A = q_0 \oint_L \vec{E} \cdot \mathrm{d}\vec{l} = q_0 \int_{ABC} \vec{E} \cdot \mathrm{d}\vec{l} + q_0 \int_{CDA} \vec{E} \cdot \mathrm{d}\vec{l}$$

又因为

$$\int_{CDA} \vec{E} \cdot \mathrm{d}\vec{l} = -\int_{ADC} \vec{E} \cdot \mathrm{d}\vec{l}$$

电场力做功与路径无关,即

$$q_0 \int_{ABC} \vec{E} \cdot \mathrm{d}\vec{l} = q_0 \int_{ADC} \vec{E} \cdot \mathrm{d}\vec{l}$$

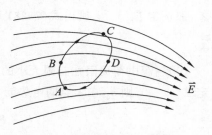

图 7-29　电场力沿闭合路径做功

可得

$$A = q_0 \oint_L \vec{E} \cdot \mathrm{d}\vec{l} = q_0 \int_{ABC} \vec{E} \cdot \mathrm{d}\vec{l} - q_0 \int_{ADC} \vec{E} \cdot \mathrm{d}\vec{l} = 0$$

上式中,由于 q_0 不为零,故上式成立的条件为

$$\oint_L \vec{E} \cdot \mathrm{d}\vec{l} = 0 \tag{7-27}$$

　　式(7-27)表明,在静电场中,电场强度 $\vec{E}$ 沿任意闭合路径的线积分为零。$\vec{E}$ 沿任意闭合路径的线积分又叫作 $\vec{E}$ 的环流,在静电场中电场强度 $\vec{E}$ 的环流为零,这结论称为静电场的环路定理(circuital theorem of electrostatic field)。它与高斯定理一样,也是表述静电场性质的一个重要定理。高斯定理说明静电场是有源场,环路定理说明静电场是有势场,或者说是保守力场。因此,静电场力与万有引力、弹性力一样,也是保守力。

　　应用静电场环路定理可以证明,静电场的电场线不可能闭合。用反证法来证明,设有一条电场线是闭合曲线,则以这条闭合电场线为环路,并沿电场线方向积分 $\oint_L \vec{E} \cdot \mathrm{d}\vec{l}$。因为每一点的切线方向即 $\mathrm{d}\vec{l}$ 的方向都与该点的 $\vec{E}$ 的方向一致,所有的 $\vec{E} \cdot \mathrm{d}\vec{l} > 0$,故 $\oint_L \vec{E} \cdot \mathrm{d}\vec{l} > 0$,这与环路定理是相矛盾的。这说明,有一条电场线是闭合曲线的假设是不成立的。电场线不闭合性表明了静电场具有无旋性,是无旋场。

7.5.3　电势能

　　在力学中,为了反映重力、弹性力这类保守力做功与路径无关的特点,曾引进重力势能和弹性势能。由于静电场是保守场,具有静电场力做功与路径无关的特性,因此相应地可以引入电势能的概念。物体在重力场中具有重力势能,并且可以用重力势能的改变量来量度重力所做的功。与此相似,**电荷在静电场中的一定位置上具有一定的电势能**(electrostatic energy),而且规定:**静电场力所做的功等于电势能增量的负值**。

　　如果以 E_{pa} 和 E_{pb} 分别表示试探电荷 q_0 在静电场中点 a 和点 b 时具有的电势能,则试探电荷 q_0 从 a 点移到 b 点时,静电场力对它做的功为

$$A_{ab} = \int_a^b q_0 \vec{E} \cdot \mathrm{d}\vec{l} = -(E_{pb} - E_{pa}) = E_{pa} - E_{pb} \tag{7-28}$$

　　可见,电场力做正功时,$A_{ab} > 0$,则 $E_{pa} > E_{pb}$,电势能减少;电场力做负功时,$A_{ab} < 0$,则 $E_{pa} < E_{pb}$,电势能增大。在国际单位制中,电势能的单位是焦耳,符号为 J。

　　与其他形式的势能一样,电势能也是相对量。只有先选定一个电势能为零参考点,才能确定电荷在某点的电势能的绝对大小。电势能零点可以任意选择,如选择电荷在 b 点的电势能为

零,即选定 $E_{pb} = 0$,则由式(7-28)可得 a 点电势能绝对大小为

$$E_{pa} = A_{ab} = \int_a^b q_0 \vec{E} \cdot \mathrm{d}\vec{l} \tag{7-29}$$

当场源电荷局限在有限大小的空间里时,为了方便,常把电势能零点选在无穷远处,即规定 $E_{p\infty} = 0$,则 q_0 在 a 点的电势能为

$$E_{pa} = A_{a\infty} = \int_a^\infty q_0 \vec{E} \cdot \mathrm{d}\vec{l} \tag{7-30}$$

可见,在规定无穷远处的电势能为零时,试探电荷 q_0 在电场中任一点 a 的电势能在数值上等于把 q_0 由 a 点移到无穷远处时电场力所做的功。应该指出,电势能是试探电荷和电场的相互作用能,它属于试探电荷和电场组成的系统。

7.6　电　势

前面从电荷在电场中受电场力出发引入了描述静电场性质的物理量——电场强度,下面将从电场力对电荷做功的特性出发,引入描述静电场性质的另外一个物理量——电势。而且,本节我们将进一步探讨电场强度与电势之间的相互关系。

7.6.1　电势

电势(electric potential)是描述静电场性质的另一个重要物理量。由式(7-30)可知,电势能 E_{pa} 不仅与电场性质及 a 点位置有关,而且还与电荷 q_0 有关,而比值 $\dfrac{E_{pa}}{q_0}$ 则与 q_0 无关,仅由电场性质和 a 点的位置决定。因此,$\dfrac{E_{pa}}{q_0}$ 是描述电场中任一点 a 电场性质的一个基本物理量,称为 a 点的电势,用 V_a 表示,即

$$V_a = \frac{E_{pa}}{q_0} = \frac{A_{a\infty}}{q_0} = \int_a^\infty \vec{E} \cdot \mathrm{d}\vec{l} \tag{7-31}$$

式(7-31)表明,**若规定无穷远处为电势零点,则电场中某点 a 的电势在数值上等于把单位正电荷从该点沿任意路径移到无穷远处的电场力所做的功**。电势是标量,在 MKSA 制中,电势的单位是伏特,符号为 V。在静电场中,任意两点 a 和 b 的电势之差称为 a,b 两点的**电势差**(electric potential difference),也称为**电压**(voltage),用 U_{ab} 表示,即

$$U_{ab} = V_a - V_b = \int_a^\infty \vec{E} \cdot \mathrm{d}\vec{l} - \int_b^\infty \vec{E} \cdot \mathrm{d}\vec{l} = \int_a^b \vec{E} \cdot \mathrm{d}\vec{l} \tag{7-32}$$

上式表明,静电场中 a,b 两点的电势差等于单位正电荷从 a 点移到 b 点时电场力做的功。因此,当任一电荷 q_0 从 a 点移到 b 点时,电场力做的功为

$$A_{ab} = q_0(V_a - V_b)$$

在近代物理学中,电子、质子的能量(包括电势能和动能)常用电子伏特作单位,符号为 eV。1 eV 表示 1 个电子通过 1 V 电势差时所获得的能量。当微观粒子的能量很大时,常用千电子伏 keV(10^3 eV)、兆电子伏 MeV(10^6 eV)、吉电子伏 GeV(10^9 eV)等单位。电子伏特与焦耳间的关系为 1 eV = 1.60×10^{-19} J。应该指出,电场中某一点的电势值与电势零点的选取有关,而电场中任意两点的电势差则与电势零点的选取无关。

前面已经谈及,电势零点的选择有很大的任意性,但又不是绝对任意的。在某些情况下,有

些点是不能被选择作为电势零点的。下面先看一个例子。设有一均匀带正电无限长直线,电荷线密度为 η_e,如图 7-30 所示,现计算垂直于直线的 x 轴上各点的电势。前面已经证明,上述线电荷分布所激发的场强为

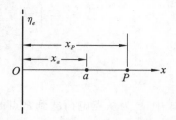

$$\vec{E} = \frac{1}{2\pi\varepsilon_0}\frac{\eta_e}{x}\vec{i}$$

式中 x 是给定点与带电直线的垂直距离。值得注意的是,此场强 $\vec{E}$ 的大小与 x 的一次方成反比,与点电荷场强比较,它随 x 递减要慢得多。下面计算 x 轴上某 a 点的电势,a 点的坐标为 x_a。我们

图 7-30　均匀带正电无限长
直导线附近的电势

可以选择 x 轴上的 P 点作为电势的零点。P 点的坐标为 x_P,于是,a 点的电势为

$$V_a = \int_a^P \vec{E} \cdot \mathrm{d}\vec{l} = \int_{x_a}^{x_P} E\,\mathrm{d}x = \frac{\eta_e}{2\pi\varepsilon_0}\int_{x_a}^{x_P}\frac{\mathrm{d}x}{x} = \frac{\eta_e}{2\pi\varepsilon_0}\ln\frac{x_P}{x_a}$$

不难看出,如果把 P 点选在无穷远处,则 $x_P \to \infty$,$\ln x_P \to \infty$,从而对 x 轴上任一点来说,电势都趋向无穷大。这显然是不合理的,这是电势的零点选择不当的缘故。

如果电荷分布局限在不大的空间范围内,就不会出现上述情况。因为这时无论电荷分布多么复杂,从很远的地方来看,这个电荷体系与点电荷相差甚微,当距离增大到一定程度以后,电荷体系所激发的场强,就会像点电荷的场强那样,将以 r^{-2} 的方式趋于零。电势也会像点电荷那样以 r^{-1} 的方式递减。所以,在这种情况下选择无穷远点作为电势的零点,自然是不会有什么问题的。

因此,对于有限大带电体的电场,如不做特殊规定,一般选择“无穷远”处作为电势的零点;而对于无限大带电体的电场,电势零点却不能选在无限远处,而应选带电体本身或附近一个已知点为电势零点。其原则是在电势的积分运算中,不要出现 $\frac{1}{0}$,$\ln\infty$,$\ln 0$ 等无意义的结果。

在实际中,常常取大地的电势为零,这样,任何导体接地后,就认为它的电势也为零。在电子仪器中,常取机壳或公共地线的电势为零,各点的电势值就等于它们与机壳或公共地线之间的电势差,只要测出这些电势差的数值,就容易判定仪器工作是否正常。

7.6.2　电势的计算

设场源为点电荷 q,则离 q 为 r 处的任意点 P 的电势可根据定义式(7-31)计算。由于电场力做功与路径无关,所以我们可选取沿径矢方向至无限远的直线作为积分路径,即

$$V = \int \vec{E} \cdot \mathrm{d}\vec{l} = \int_r^\infty E\,\mathrm{d}r = \int_r^\infty \frac{q}{4\pi\varepsilon_0 r^2}\mathrm{d}r = \frac{q}{4\pi\varepsilon_0 r} \tag{7-33}$$

这就是点电荷电场的电势公式。式(7-33)表明,以无限远处为电势零点的情况下,正点电荷电场中的电势都为正,距场源越远,电势越低;负点电荷电场的电势则都是负的,离场源越近,电势越低。也就是说,以无限远处为电势零点时,电场中电势的正负号与场源电荷一致。

若是点电荷系产生的电场,则由场强叠加原理和式(7-33)可得在电场中某点 P 的电势。设场源电荷系由若干个带电体组成,它们各自分别产生的电场强度为 $\vec{E}_1,\vec{E}_2,\cdots,\vec{E}_n$,由场强叠加原理知道总场强 $\vec{E} = \vec{E}_1 + \vec{E}_2 + \cdots + \vec{E}_n$。根据电势的定义公式,可得它们的电场中 P 点的电势为

$$V_P = \int_P^\infty \vec{E} \cdot \mathrm{d}\vec{l} = \int_P^\infty \vec{E}_1 \cdot \mathrm{d}\vec{l} + \int_P^\infty \vec{E}_2 \cdot \mathrm{d}\vec{l} + \cdots + \int_P^\infty \vec{E}_n \cdot \mathrm{d}\vec{l}$$

$$= V_1 + V_2 + \cdots + V_n$$

$$V_P = \sum_{i=1}^n V_i = \frac{1}{4\pi\varepsilon_0} \sum_{i=1}^n \frac{q_i}{r_i} \tag{7-34}$$

式中，r_i 为从点电荷 q_i 到 P 点的距离。式(7-34)表明：**在点电荷系的电场中，某一点的总电势等于电荷系中各个电荷单独存在时在该点电势的代数和**，这称为电势叠加原理（superposition principle of electric potential）。可见，在应用电势叠加原理时，可以先从点电荷的电势出发，考虑场源电荷系是由许多点电荷组成的，然后将点电荷电势公式(7-33)代入式(7-34)，可得点电荷系的电场中 P 点的电势。应该指出的是，场强叠加是矢量和，而电势叠加则是代数和，这就使得计算电势一般比计算场强方便。

对于电荷连续分布的带电体而言，可以设想它由许多电荷元 $\mathrm{d}q$ 所组成，将每个电荷元都当成点电荷，其电势为

$$\mathrm{d}V = \frac{1}{4\pi\varepsilon_0} \frac{\mathrm{d}q}{r}$$

带电体 q 的总电势为

$$V = \int \mathrm{d}V = \frac{1}{4\pi\varepsilon_0} \int_q \frac{\mathrm{d}q}{r} \tag{7-35}$$

应该指出的是，电荷连续分布带电体的总电势计算，只是标量积分，不用考虑方向问题，电势零点一般选取在无限远处。在真空中，当电荷系的电荷分布已知时，计算电势的方法有以下两种。

(1) 电场强度积分法求电势。

利用公式

$$V_P = \int_P^\infty \vec{E} \cdot \mathrm{d}\vec{l}$$

可求得电场中某点 P 的电势，而 P 点电势等于场强从 P 点到参考点（电势零点）沿任意路径的线积分。应用上式时，应注意参考点的选取，只有电荷分布在有限空间里，才能选无限远处的电势为零点（$V_\infty = 0$）。在具体问题中，可以选择一条最简捷的积分路线，只要知道了积分路线上的场强分布，就可以用场强积分的方法求出电势。

(2) 电势叠加原理法。

利用公式

$$V_P = \int \mathrm{d}V = \frac{1}{4\pi\varepsilon_0} \int_q \frac{\mathrm{d}q}{r}$$

可求得电场中某点 P 的电势。在应用电势叠加原理时，可以先从点电荷的电势出发，考虑场源电荷系是由许多微元点电荷组成的，然后将微元点电荷的电势公式代入上式进行计算，可得场源电荷系的电场中 P 点的电势。

下面举几个计算电势的例子，供读者分析比较。

(1) 电偶极子的电势。

例 7-8　求电偶极子在空间任意点 P 处的电势。如图 7-31 所示，已知电偶极子中两电荷 $+q$，$-q$ 间的距离为 l，设 $r \gg l$，r 与 l 的夹角为 θ。

解　设场点 P 离 $+q$ 和 $-q$ 的距离分别为 r_+ 和 r_-，则 $+q$ 和 $-q$ 各自在 P 点的电势为

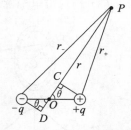

$$V_+ = \frac{q}{4\pi\varepsilon_0 r_+}, \quad V_- = \frac{-q}{4\pi\varepsilon_0 r_-}$$

根据电势叠加原理,可得 P 点的总电势为

$$V_P = V_+ + V_- = \frac{q}{4\pi\varepsilon_0}\left(\frac{1}{r_+} - \frac{1}{r_-}\right) = \frac{q}{4\pi\varepsilon_0}\frac{r_- - r_+}{r_+ r_-}$$

由 $+q$ 和 $-q$ 分别作 OP 的垂线,垂足为 C 和 D。由于 $r \gg l$,可近似认为

$$r_+ \approx PC = r - \frac{l\cos\theta}{2}, \quad r_- \approx PD = r + \frac{l\cos\theta}{2}$$

图 7-31　电偶极子的电势

应有 $r_+ r_- \approx r^2$,$r_- - r_+ \approx l\cos\theta$,所以

$$V_P = V_+ + V_- = \frac{ql\cos\theta}{4\pi\varepsilon_0 r^2} = \frac{p_e\cos\theta}{4\pi\varepsilon_0 r^2}$$

式中,p_e 是电偶极子电矩 $\vec{p}_e = q\vec{l}$ 的大小。

（2）均匀带电球面的电势。

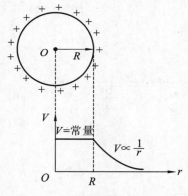

图 7-32　均匀带电球壳的电势

例 7-9　如图 7-32 所示,在真空中,有一半径为 R,总带电量为 $q(q>0)$ 的均匀带电球壳,求均匀带电球壳内外的电势分布。

解　用电场强度积分法求解。由高斯定理易求得均匀带电球壳场强分布规律为

$$\vec{E} = \begin{cases} 0 & (r \leqslant R), \\ \dfrac{1}{4\pi\varepsilon_0}\dfrac{q}{r^2}\vec{e}_r & (r > R) \end{cases}$$

场强 $\vec{E}$ 的方向是沿径矢的,$\vec{e}_r$ 为沿径矢的单位矢量。根据电势的定义,沿径向路径进行积分,可求得球壳内外任意点 P 的电势

$$V_P = \int_P^\infty \vec{E} \cdot \mathrm{d}\vec{r}$$

若 P 点在球壳外（$r > R$）,这时

$$V_P = \int_P^\infty \vec{E} \cdot \mathrm{d}\vec{r} = \int_r^\infty \frac{q}{4\pi\varepsilon_0 r^2}\mathrm{d}r = \frac{q}{4\pi\varepsilon_0 r}$$

若 P 点在球面内（$r \leqslant R$）,由于球壳内、外场强的分布不同,所以积分路径要分为两段,即

$$V_P = \int_P^\infty \vec{E} \cdot \mathrm{d}\vec{r} = \int_r^R \vec{E} \cdot \mathrm{d}\vec{r} + \int_R^\infty \vec{E} \cdot \mathrm{d}\vec{r} = \int_R^\infty \frac{q}{4\pi\varepsilon_0 r^2}\mathrm{d}r = \frac{q}{4\pi\varepsilon_0 R}$$

综上可知

$$V_P = \begin{cases} \dfrac{q}{4\pi\varepsilon_0 r} & (r > R), \\[2mm] \dfrac{q}{4\pi\varepsilon_0 R} & (r \leqslant R) \end{cases}$$

这说明,均匀带电球壳内各点电势相等,都等于球壳上各点的电势;球壳外电势与电量为 q 并位于球心的点电荷的电势相同。电势 V 随 r 的变化曲线（V-r 曲线）如图 7-32 所示。和场强分布 E-r 曲线（见图 7-24）相比,可看出,在球面处（$r = R$）,场强不连续,而电势是连续的。

（3）均匀带电细圆环轴线上的电势。

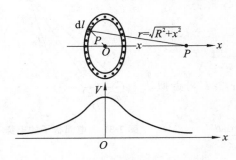

图 7-33　均匀带电细圆环轴线上的电势

例 7-10　如图 7-33 所示，有一半径为 R 的均匀带电细圆环，所带总电量为 $q(q>0)$，求圆环轴线上任意点的电势分布。

解　① 电势叠加原理法。在圆环上任取一线元 $\mathrm{d}l$，其电量为 $\mathrm{d}q=\eta_e\mathrm{d}l$，它在轴线上任一点 P 的电势为

$$\mathrm{d}V=\frac{\mathrm{d}q}{4\pi\varepsilon_0 r}=\frac{\eta_e\mathrm{d}l}{4\pi\varepsilon_0 r}$$

故 P 点的总电势为

$$V_P=\int\mathrm{d}V=\int_L\frac{\eta_e\mathrm{d}l}{4\pi\varepsilon_0 r}=\frac{\eta_e 2\pi R}{4\pi\varepsilon_0 r}=\frac{q}{4\pi\varepsilon_0\ \sqrt{x^2+R^2}}$$

式中，x 为 P 点到环心的距离。

② 电场强度积分法。我们已经求得圆环轴线上的场强分布为

$$E=\frac{qx}{4\pi\varepsilon_0\ (R^2+x^2)^{3/2}}$$

由场强积分，可得到 P 点的电势（以无限远处为电势零点）为

$$V_P=\int_P^\infty\vec{E}\cdot\mathrm{d}\vec{x}=\frac{q}{4\pi\varepsilon_0}\int_x^\infty\frac{x\mathrm{d}x}{(R^2+x^2)^{3/2}}=\frac{q}{4\pi\varepsilon_0\ \sqrt{x^2+R^2}}$$

两种方法所得结果完全一样。当 P 点位于环心 O 处时，$x=0$，则

$$V_P=\frac{q}{4\pi\varepsilon_0 R}$$

（4）均匀带电薄圆盘轴线上的电势。

例 7-11　如图 7-34 所示，有一半径为 R 的均匀带电薄圆盘，所带总电量为 $q(q>0)$，求圆盘轴线上任意点的电势分布。

解　由于薄圆盘均匀带有电荷 $q(q>0)$，其电荷面密度为 $\sigma_e=\dfrac{q}{\pi R^2}$。我们可以把薄圆盘分割成许多个小细圆环，其中取一个半径为 r，宽为 $\mathrm{d}r$ 的细圆环，则该圆环上的电荷为

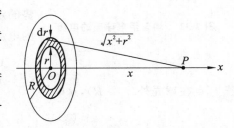

图 7-34　均匀带电薄圆盘轴线上的电势

$$\mathrm{d}q=\sigma_e 2\pi r\mathrm{d}r$$

利用例 7-10 的结果，可得到均匀带电薄圆盘轴线上 P 点的电势为

$$V_P=\frac{1}{4\pi\varepsilon_0}\int_0^R\frac{\sigma_e 2\pi r\mathrm{d}r}{\sqrt{x^2+r^2}}=\frac{\sigma_e}{2\varepsilon_0}\int_0^R\frac{r\mathrm{d}r}{\sqrt{x^2+r^2}}=\frac{\sigma_e}{2\varepsilon_0}(\sqrt{x^2+R^2}-x)$$

当 $x\gg R$ 时，$\sqrt{x^2+R^2}\approx x+\dfrac{R^2}{2x}$，由上式可得

$$V_P\approx\frac{\sigma_e}{2\varepsilon_0}\frac{R^2}{2x}=\frac{1}{4\pi\varepsilon_0}\frac{\sigma_e\pi R^2}{x}=\frac{1}{4\pi\varepsilon_0}\frac{q}{x}$$

由这个结果可以看出，在离开薄圆盘很远处，可以把整个带电薄圆盘看成一个点电荷。

7.6.3　电场强度与电势梯度

对于给定的静电场,既可以用场强矢量 $\vec{E}$,也可以用标量电势 V 来描述电场中各点的性质,因此,这两个物理量之间必然存在某种确定的关系。下面来研究场强与电势之间的相互关系。

1. 等势面

电场中场强的分布可借助电场线图来形象地描绘,电势的分布是否也可形象地描绘出来呢?同样可以,常用等势面来表示电场中电势的分布。

电场中的电势是随位置变化的点函数,但总可以找到一些电势相等的点。**在电场中,电势相等的点所组成的曲面叫等势面**(equipotential surface)。不同的电荷分布的电场具有不同形状的等势面,如图 7-35 所示。例如,对于一个点电荷 q 的电场,根据点电荷的电势 $V = \dfrac{1}{4\pi\varepsilon_0}\dfrac{q}{r}$ 可知,它的等势面是由 r 相同的点集合而成的,是一系列以点电荷所在点为球心的同心球面。

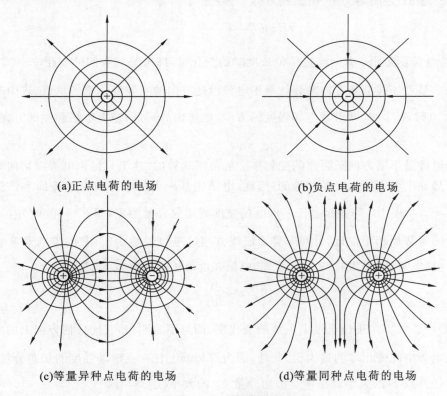

(a)正点电荷的电场　　　　　　　　(b)负点电荷的电场

(c)等量异种点电荷的电场　　　　　(d)等量同种点电荷的电场

图 7-35　电场线与等势面

为了直观地比较电场中各点的电势,画等势面时,使相邻等势面的电势差为常数,箭头线表示电场线,无箭头线代表等势面的截面图。综合各种等势面图,可以得出等势面具有如下性质:① 等势面与电场线处处正交;② 电场线总是指向电势降落的方向;③ 等势面较密区域场强大,较疏区域场强小。等势面的概念在实际问题中也很有用,主要是因为在实际遇到的很多带电问题中等势面(或等势线)的分布容易通过实验描绘出来,并由此可以分析电场的分布。

2. 电场强度与电势梯度

电场强度和电势都是描述电场中各点性质的物理量,式(7-33)以积分形式表示了场强与电势之间的关系,即电势等于电场强度的线积分。反过来,场强与电势的关系也应该可以用微分形式表示出来,即场强等于电势的导数。但由于场强是一个矢量,这样使得场强等于电势的导数关系显得复杂一些。下面来导出场强与电势的关系的微分形式。

所谓梯度,就是一个物理量的空间变化率。它是对物理量随空间位置增加快慢的量度。在数学上,梯度就是物理量对空间坐标的微分。电势梯度就是电势的空间变化率,即电势对坐标的微分。

如图 7-36 所示,设 a 和 b 为相距很近的两个等势面,电势分别为 V 和 $V+dV$。由前面讨论可知,场强 $\vec{E}$ 由 b 指向 a,并与 a,b 两等势面垂直。在两等势面上沿任意的 l 方向,分别取相距很近的两点 A,B,从 A 到 B 的微小位移矢量为 $d\vec{l}$。根据定义式(7-32),这两点间的电势差为

$$V_A - V_B = -dV = \vec{E} \cdot d\vec{l} = Edl\cos\theta$$

式中,θ 为 $\vec{E}$ 与 $d\vec{l}$ 之间的夹角。由此式可得

$$E\cos\theta = E_l = -\frac{dV}{dl} \tag{7-36}$$

式中,$\frac{dV}{dl}$ 为电势函数沿 l 方向经过单位长度时的变化量,即电势对空间的变化率。式(7-36)说明,在电场中某点场强沿某方向的分量等于电势沿此方向的空间变化率的负值。式中的负号表明,当 $\frac{dV}{dl} < 0$ 时,$E_l > 0$,即沿着电场强度的方向,电势由高到低;逆着电场强度的方向,电势由低到高。

显然,电势沿不同方向随距离的变化率一般是不相等的。这里只讨论电势沿切向和法向的变化率。等势面上各点的电势是相等的,因此,电场中某一点的电势在沿等势面上任意切向的变化率 $\frac{dV}{dl_t} = 0$。这说明,等势面上任一点电场强度的切向分量为零,即 $\vec{E_t} = 0$。此外,如图 7-37 所示,由于两等势面相距很近,且两等势面法线方向的单位矢量为 $\vec{e_n}$,它的方向通常规定为由低电势指向高电势。于是由式(7-36)可知,电场强度沿法线的分量 $\vec{E_n}$ 为

$$\vec{E_n} = -\frac{dV}{dl_n}\vec{e_n} \tag{7-37}$$

式中,$\frac{dV}{dl_n}$ 是沿法线方向单位长度上电势的变化率。而且不难明白,它比任何方向上的空间变化率都大,是电势空间变化率的最大值。此外,因为等势面上任一点电场强度的切向分量为零,所以,电场中任意点 $\vec{E}$ 的大小就是该点法向分量 $\vec{E_n}$ 的大小。于是,有

$$\vec{E} = \vec{E_t} + \vec{E_n} = -\frac{dV}{dl_n}\vec{e_n} \tag{7-38}$$

可见,电场中电势的变化率具有方向性,只有沿等势面法线方向的变化率最大,而且具有唯一的确定值,所以定义,**电场中某一点的电势变化率的最大值,即电势沿等势面法线方向的变化率为该点的电势梯度**(electric potential gradient)。电势梯度是一个矢量,其方向沿着等势面的法线指向电势升高的方向,大小等于该点的电场强度。电场中任意点的场强等于该点电势梯度的负值,负号表示该点场强方向和电势梯度方向相反,即场强指向电势降低的方向。

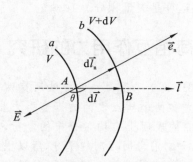

图 7-36　电场强度与电势梯度的关系

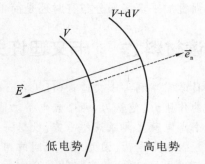

图 7-37　电场强度方向与等势面法线方向相反

当电势函数用直角坐标表示，即 $V = V(x, y, z)$ 时，可求得电场强度沿三个坐标轴方向的分量，它们是

$$E_x = -\frac{\partial V}{\partial x}, \quad E_y = -\frac{\partial V}{\partial y}, \quad E_z = -\frac{\partial V}{\partial z}$$

将上式合在一起，用矢量表示为

$$\vec{E} = -\left(\frac{\partial V}{\partial x}\vec{i} + \frac{\partial V}{\partial y}\vec{j} + \frac{\partial V}{\partial z}\vec{k}\right) \tag{7-39}$$

这就是式（7-38）用直角坐标表示的形式。梯度常用 **grad** 或 **∇** 算符（在直角坐标系中，**∇** 算符定义为 $\boldsymbol{\nabla} = \frac{\partial}{\partial x}\vec{i} + \frac{\partial}{\partial y}\vec{j} + \frac{\partial}{\partial z}\vec{k}$）表示，这样式（7-39）又常写作

$$\vec{E} = -\mathbf{grad}V = -\boldsymbol{\nabla}V \tag{7-40}$$

上式就是电场强度与电势的微分关系，由它可方便地根据电势分布求出场强分布。

需要指出的是，场强与电势的关系的微分形式说明，电场中某点的场强决定于电势在该点的空间变化率，而与该点电势值本身无直接关系。还应指出，电势梯度的单位是伏每米，符号为 V/m。同时，场强的单位也可用 V/m 表示，它与场强的另一单位 N/C 是等价的。

例 7-12　如图 7-38 所示，利用场强与电势梯度的关系求半径为 R、所带总电量为 $q(q > 0)$ 的均匀带电细圆环轴线上的场强。

解　由于均匀带电细圆环的电荷分布对于轴线是对称的，所以轴线上各点的场强在垂直于轴线方向上的分量的矢量和为零，因而轴线上任一点的场强方向沿 x 轴。根据均匀带电细圆环轴线上的电势公式

$$V = \frac{q}{4\pi\varepsilon_0}\frac{1}{\sqrt{x^2 + R^2}}$$

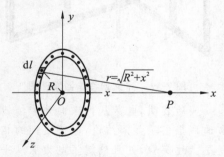

图 7-38　均匀带电圆环轴线上的场强

利用场强与电势梯度的关系，可得圆环轴线上的场强大小为

$$E = E_x = -\frac{\partial V}{\partial x} = -\frac{\partial}{\partial x}\left[\frac{q}{4\pi\varepsilon_0}\frac{1}{\sqrt{x^2 + R^2}}\right]$$

$$= \frac{qx}{4\pi\varepsilon_0}\frac{1}{(x^2 + R^2)^{3/2}}$$

电势是标量，可根据电荷分布用叠加法进行标量积分求电势分布，再根据式（7-39）由电势的空间变化率进行微分运算求场强分布。这样虽然经过两步运算，但是比起根据电荷分布直

接利用场强叠加来求场强分布有时还是简单些，因为后一运算是矢量积分。

阅读材料七　　卡文迪许关于点电荷相互作用力的研究

　　英国科学家亨利·卡文迪许（H. Cavendish，1731—1810 年）采用另一种方法研究两个点电荷之间的作用力。他认为，两个点电荷之间的相互作用力和两个质点之间的万有引力相似，反比于两个点电荷之间距离的平方。设想一个薄球壳，在它的表面上有均匀分布的电荷，在这个球壳内放入一个电荷。因为电荷之间的相互作用力反比于它们之间距离的平方，所以根据上面的结果可以得知，整个球壳上均匀分布的电荷对这个电荷的总的作用力等于零。如果在此球壳内再放入一个符号相同的电荷，则这两个电荷将互相排斥，并往相反的方向运动。

　　卡文迪许在 1773 年完成了这个实验。他把一个带电金属球放在一个空心金属球内，空心球是由两个金属半球拼成的（见图 7-39 和图 7-40）。起初空心球不带电，然后用细导线把内、外两个金属球连接起来。为此，在外球上弄了一个小孔，经过一段时间，把空心球打开，把内球取出。然后，把内球与验电器相连，检验内球是否带电。如果电荷之间的相互作用力（这里是指斥力）反比于它们之间距离的平方，则验电器不会张开，表明内球已经不带电。实验结果的确是这样，只要导线刚把内球与外球接通，电荷立刻就沿导线从内球传到外球，并均匀地分布在外球上。由于位于内球上的各个电荷之间存在一种相互排斥的力，只要内球与外球是相互绝缘的，电荷就不可能离开内球；当内球与外球接通后，电荷就传到外球上。它们将均匀地分布于外球壳的表面，它们对位于内球上的电荷的作用力之和等于零。

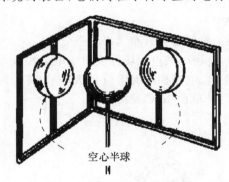

空心半球

图 7-39　卡文迪许仪器原理图

图 7-40　卡文迪许验证静电力的同心球装置实物图

　　实验表明，电荷从内球向外球传输的过程一直进行到全部电荷都离开内球为止。由此，卡文迪许得出了如下结论：电荷之间的相互作用力反比于它们之间距离的平方。卡文迪许多次重复了上述实验，并且确定了电力服从平方反比定律，指数偏差不超过 0.02，这比 1785 年库仑的结果"指数偏差不超过 0.04"还要精确。

　　卡文迪许的实验设计巧妙，用很简单的仪器获得了相当精确的结果。他成功的关键在于掌握了牛顿万有引力定律这一理论武器，通过数学处理，将直接测量变为间接测量，并用示零法精确判断结果，从而得出了电力的平方反比律。

　　应当说，卡文迪许是第一个用实验确定电荷之间的相互作用定律的人。可惜他没有公布他的这项发现。在卡文迪许生前，此项工作一直无人知晓。过了很久，直到 19 世纪中叶麦克斯韦公布它以后，卡文迪许的工作才为后人所知晓，但这时它只能作为一件历史资料了。由于卡文迪许一生性情孤僻，他在科学界没有形成一个学派，在民众心中也缺少声望。但他以学识广博、推理清晰、才智罕见而在英国皇家学会会员中备受崇敬。他在英国科学界的地位是牛顿以后最高的,他所具有的数学和实验才能可与牛顿媲美。可以说,18 世纪的英国科学界任何人的智力都无法与他相匹敌。

习　　题

7-1　　电荷面密度均为 $+\sigma$ 的两块"无限大"均匀带电的平行平板如图 7-41(a) 所示放置,其周围空间各点电场强度 E(设电场强度方向向右为正、向左为负)随位置坐标 x 变化的关系曲线为图 7-41(b) 中的(　　)。

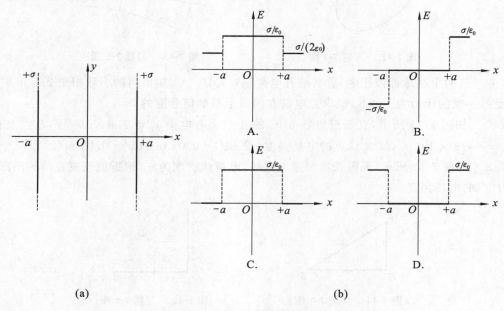

(a)　　　　　　　　　　　　　　　　　　　　(b)

图 7-41　习题 7-1 图

7-2　　下列说法正确的是(　　)。
A. 闭合曲面上各点电场强度都为零时,曲面内一定没有电荷
B. 闭合曲面上各点电场强度都为零时,曲面内电荷的代数和必定为零
C. 闭合曲面的电通量为零时,曲面上各点的电场强度必定为零
D. 闭合曲面的电通量不为零时,曲面上任意一点的电场强度都不可能为零

7-3　　下列说法正确的是(　　)。
A. 电场强度为零的点,电势也一定为零
B. 电场强度不为零的点,电势一定为零
C. 电势为零的点,电场强度也一定为零
D. 电势在某一区域内为零,则电场强度在该区域内必定为零

7-4　　点电荷 Q 被曲面 S 所包围,从无穷远处引入另一点电荷 q 至曲面外一点,如图 7-42 所示,则引入前后(　　)。
A. 曲面 S 上的电通量不变,各点场强也不变
B. 曲面 S 上的电通量变化,而各点场强不变
C. 曲面 S 上的电通量变化,各点场强也变化
D. 曲面 S 上的电通量不变,而各点场强变化

7-5　在某电场区域内的电场线（实线）和等势面（虚线）如图 7-43 所示，下面的结论正确的是（　　）。

A. $E_A > E_B > E_C, V_A > V_B > V_C$　　　B. $E_A > E_B > E_C, V_A < V_B < V_C$

C. $E_A < E_B < E_C, V_A > V_B > V_C$　　　D. $E_A < E_B < E_C, V_A < V_B < V_C$

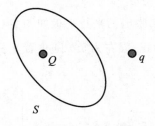

图 7-42　习题 7-4 图

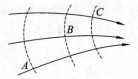

图 7-43　习题 7-5 图

7-6　若两个小球都带正电，总共带有电荷 5.0×10^{-5} C，如果当两小球相距 2.0 m 时，任一球受另一球的斥力为 1.0 N。试求总电荷在两球上是如何分配的。

7-7　如图 7-44 所示，直角三角形 ABC 的 A 点上有电荷 $q_1 = 1.8 \times 10^{-9}$ C，B 点上有电荷 $q_2 = -4.8 \times 10^{-9}$ C，试求 C 点的电场强度（设 $BC = 0.04$ m，$AC = 0.03$ m）。

7-8　如图 7-45 所示，无限长均匀带电直线，电荷线密度为 η_e，被折成互成直角的两部分。试求 P 点的电场强度。

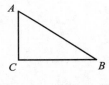

图 7-44　习题 7-7 图

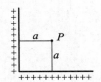

图 7-45　习题 7-8 图

7-9　如图 7-46 所示，一细棒被弯成半径为 R 的半圆形，其上部均匀分布有电荷 $+q$，下部均匀分布电荷 $-q$，求圆心 O 点处的电场强度 E。

7-10　均匀带电直线长为 L，电荷线密度为 η_e。求直线的延长线上距中点为 $r\left(r > \dfrac{L}{2}\right)$ 处的场强。

7-11　在图 7-47 所示的空间内，电场强度分量为 $E_x = bx^{\frac{1}{2}}$，$E_y = E_z = 0$，其中 $b = 800$ N·m$^{-1/2}$/C。试求：（1）通过正方体的电通量；（2）正方体的总电荷是多少？设 $a = 10$ cm。

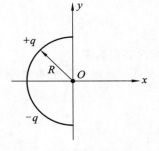

图 7-46　习题 7-9 图

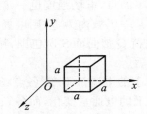

图 7-47　习题 7-11 图

7-12　两个带有等量异号电荷的无限大同轴圆柱面,半径分别为 R_1 和 $R_2(R_2 > R_1)$,单位长度上的电量为 η_e,求离轴线为 r 处的电场强度:(1)$r < R_1$;(2)$R_1 < r < R_2$;(3)$r > R_2$。

7-13　如图 7-48 所示,在半径为 R_1 和 R_2 的两个同心球面上分别均匀带电 q_1 和 q_2,求在(1)$r < R_1$;(2)$R_1 < r < R_2$;(3)$r > R_2$ 三个区域内的场强分布,并画出 E-r 曲线。

7-14　静电场中 a 点的电势为 300 V,b 点的电势为 -10 V。如把 5×10^{-8} C 的电荷从 b 点移到 a 点,试求电场力做的功。

7-15　如图 7-49 所示,$AB = 2l$,OCD 是以 B 为中心,以 l 为半径的半圆周,A,B 两点分别有点电荷 $+q$ 和 $-q$,求:(1)将单位正电荷从 O 点沿 OCD 移到 D 点,电场力所做的功;(2)将单位正电荷从 D 点沿 AB 的延长线移到无限远处,电场力所做的功。

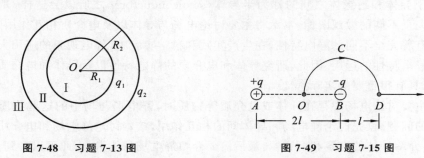

图 7-48　习题 7-13 图　　　　　　　　图 7-49　习题 7-15 图

7-16　一无限长直线均匀带电,电荷线密度为 $+\eta_e$,求离直线分别为 r_1 和 r_2 的两点间的电势差。

7-17　一电荷面密度为 σ 的无限大均匀带电平面,若以该平面处为电势零点,求带电平面周围的电势分布。

7-18　有一球面的半径为 R_A,所带电量为 Q_A,另有一同心球面,它的半径为 $R_B(R_B > R_A)$,所带电量为 Q_B,求:(1)电势在各区域的分布表达式;(2)两个球面之间的电势差。

7-19　在真空中,有一半径为 R 的均匀带电导体球壳,电荷为 Q。求:(1)球内、外任意一点的电场强度;(2)球内、外任意一点的电势。

7-20　如图 7-50 所示,三块互相平行的均匀带电大平面,电荷面密度为 $\sigma_1 = 1.2 \times 10^{-4}$ C/m^2,$\sigma_2 = 2.0 \times 10^{-5}$ C/m^2,$\sigma_3 = 1.1 \times 10^{-4}$ C/m^2。A 点与平面 Ⅱ 相距 5.0 cm,B 点与平面 Ⅱ 相距 7.0 cm。(1)计算 A,B 两点间的电势差;(2)设把电量 $q_0 = -1.0 \times 10^{-8}$ C 的点电荷从 A 点移到 B 点,外力克服电场力做多少功?

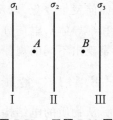

图 7-50　习题 7-20 图

第8章 静电场中的导体和电介质

前一章介绍了静电场的基本性质和规律,以此为基础,本章进一步讨论在电场中存在某些宏观物体的情况。根据物质导电性能的不同,可将物体大致分为三类:导电性能很好的物体称为**导体**(conductor);导电性能极差的或不导电的物体称为**绝缘体或电介质**(dielectric);而导电性能介于导体和绝缘体之间的称为**半导体**(semiconductor)。之所以会这样,是由于这三种物体具有完全不同的微观图像。本章将主要讨论电场与导体以及电介质相互作用的情况。导体和电介质有着完全不同的静电特性。在生产实践和科学实验中,静电现象的应用大多数是导体和电介质静电特性的运用。因此,研究导体和电介质的静电特性以及导体和电介质内外电场分布的图像,具有很重要的实际意义。

本章将主要讨论电场中存在导体或电介质等物质时,静电场与场中的这些物质相互作用或相互影响的问题。首先讨论静电场和导体间的相互作用,接着讨论静电场和电介质之间的相互作用,然后介绍导体的电容和电容器,最后简要介绍静电场的能量。由此可以看到,本章所讨论的问题不仅在理论上有重大意义,使读者对静电场的认识更加深入,而且在应用上也有重大作用。

8.1 静电场中的导体

事实上,任何物质都是一个复杂的电荷系统。这时,电场就要与物质中的电荷发生相互作用。所以,讨论电场与导体的相互作用的问题,实质就是讨论在电场的作用下,导体中的电荷分布如何发生变化,以及这种变化反过来又如何作用于电场。而且,对于不同的物质(导体、电介质和半导体),电荷分布改变的难易程度不同,因而这种相互作用的程度和方式也有所差别,也会表现出不同的规律。

8.1.1 金属导体的电结构

从物质的电结构来看,金属导体具有带负电的自由电子和带正电的晶体点阵。晶体点阵是

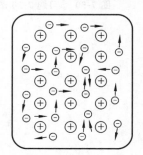

图 8-1　晶体点阵与自由电子

指组成金属的原子,失去了部分价电子,形成带正电的离子,正离子在金属内按一定的分布规则地排列着,形成金属的骨架。当导体不带电也不受外电场的作用时,两种电荷在导体内均匀分布,都没有宏观移动,或者说电荷并没有做定向运动。这时,只有微观的热运动存在,如图 8-1 所示。在导体中任意划取的微小体积元内,自由电子的负电荷和晶体点阵上的正电荷的数目是相等的,整个导体或其中任一部分都不显现电性,而呈中性。

当有电场力作用于金属时,自由电子定向移动而形成电流,而构成晶体点阵的正离子在一般情况,只在平衡位置附近做振动,不能参与导电。当金属与绝缘体相互摩擦或两种金属相互摩擦时,由于自由电子的转移,金

属可以带正电或负电。金属导体感应带电也是由于在外界电场力作用下，自由电子由导体的一部分转移到另一部分造成的。

8.1.2　静电感应过程

当把金属导体放入电场强度为 $\vec{E}_0$ 的外电场中，导体内带负电的自由电子在电场力 $-e\vec{E}_0$ 作用下，将相对于晶体点阵逆着电场 $\vec{E}_0$ 的方向做宏观的定向运动，如图 8-2(a) 所示。由于电子的定向运动，并在导体一侧面集结，使该侧面出现负电荷，而另一侧面相对出现正电荷，如图 8-2(b) 所示。这就是**静电感应**(electrostatic induction) 现象。由静电感应现象所产生的电荷，称为**感应电荷**(induced charge)。感应电荷必然在空间激发电场，这个电场与原来的电场相叠加，因而改变了空间各处的电场分布。我们把感应电荷产生的电场，称为附加电场，用 $\vec{E}'$ 表示。导体内各点的总场强为

$$\vec{E} = \vec{E}_0 + \vec{E}' \tag{8-1}$$

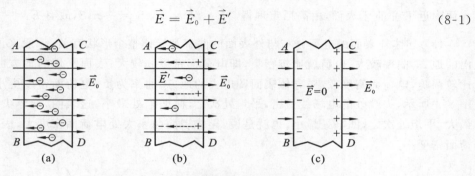

图 8-2　金属导体的静电平衡过程

在导体内部，附加电场 $\vec{E}'$ 与外加电场 $\vec{E}_0$ 方向相反，并且只要 $\vec{E}'$ 不足以抵消外加电场 $\vec{E}_0$，导体内部自由电子的定向运动就不会停止，感应电荷就继续增加，附加电场 $\vec{E}'$ 将相应增大，直至 $\vec{E}'$ 与 $\vec{E}_0$ 完全抵消，导体内部的电场为零，如图 8-2(c) 所示。这时自由电子的定向运动也就停止了。这样，**人们把导体上的电荷停止宏观迁移，分布不再随时间变化的状态称为导体的静电平衡**(electrostatic equilibrium)。金属导体建立静电平衡的过程就是静电感应发生并达到稳定的过程。实际上，这个过程是在极其短暂的时间内完成的。感应电荷所激发的附加电场 $\vec{E}'$，不仅导致导体内部的电场强度为零，改变了导体外部空间各处原来电场的大小和方向，甚至还可能会改变产生原来外加电场 $\vec{E}_0$ 的带电体上的电荷分布。静电平衡是一个宏观平衡态，在微观上，自由电子仍在不停地做无规则热运动。

8.1.3　静电平衡特点

当导体达到静电平衡时，导体内部总电场处处为零，导体内各处自由电子所受的电场力就为零，电子就必然没有宏观迁移；反之，如果导体内各处的电子都无宏观迁移，则它们所受的电场力必然为零，也就是处处场强为零。所以，导体达到静电平衡的充要条件是导体内部的场强处处为零，即 $\vec{E} = 0$。

由电场强度与电势的关系，我们很容易从静电平衡条件得出两个推论：① 处于静电平衡状态的导体必然是一个等电势体，其表面是一个等势面；② 静电平衡导体表面附近的场强必

然与导体表面垂直。总之，外电场改变了导体上的电荷分布，这种电荷分布改变了导体内原来电场的分布，使导体内部场强处处为零，达到静电平衡状态，形成一个等电势体，其表面附近的场强与导体表面相互垂直。

在静电平衡时，带电导体的电荷分布可运用高斯定理和电荷守恒定律来进行讨论。具体而言，处于静电平衡的导体上的电荷分布有以下的规律：

（1）当带电导体达到静电平衡时，导体内部没有净电荷（即没有未被抵消的正、负电荷）存在，因而净电荷只能分布在导体的表面上。

（2）当带电导体处于静电平衡时，导体表面之外非常邻近表面处的电场强度 $\vec{E}$，其数值与该处电荷面密度 σ 成正比，其方向与导体表面垂直。

在导体表面任意一点 P 取一个这样的高斯面：以与 P 点处表面平行的导体内、外附近两个小面元 ΔS 为底面，侧面垂直于表面的小柱面 S，如图 8-3 所示。考虑到导体内 $\vec{E}_{内}=0$，导体外表面附近 $\vec{E}$ 垂直于表面，由高斯定理得 $\oint_S \vec{E} \cdot \mathrm{d}\vec{S} = E\Delta S = \dfrac{1}{\varepsilon_0}\sigma\Delta S$，故有 $E = \dfrac{\sigma}{\varepsilon_0}$。

（3）导体外表面的电荷分布与外表面的曲率及导体整个形状有关。一般来说，导体表面凸出的地方，曲率较大，电荷就比较密集，即电荷面密度 σ 较大；表面平坦的地方曲率较小，电荷比较稀疏，电荷面密度较小；导体表面凹进去的地方，曲率为负，电荷面密度更小甚至为零。如图 8-4 所示，尖端处的电场线最密，平坦处次之，而凹陷处最小。这表明，导体尖端电荷面密度最大，平坦处次之，凹陷处最小。也就是说，导体表面曲率大处电荷面密度大，表面曲率小处电荷面密度小。

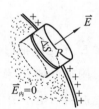

图 8-3　导体表面附近的场强

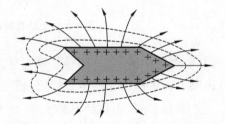

图 8-4　导体表面曲率对电荷分布的影响

8.2　静电场中的电介质

静电场与物质的相互作用既表现在静电场对物质的影响，也表现在物质对静电场的影响。前一节主要讨论了静电场中的导体对电场的影响，这一节将着重讨论电介质对静电场的影响。所谓**电介质，是指绝缘的物质**。与金属导体的分子不同的是，在电介质的分子内部，原子核和电子之间的引力相当大，使得电子和原子核结合得非常紧密，电子处于束缚状态，不能自由移动，因此不具有导电性。静电场不仅与导体存在相互作用，与电介质同样也存在相互作用。例如，用和皮毛摩擦过的塑料棒吸引小纸片的实验，就是静电场对小纸片这种电介质产生作用的结果。电介质有各向同性与各向异性之分，在此主要讨论各向同性的均匀电介质。

8.2.1　电介质的极化

在任何物质的内部，分子（或原子）都是由带正电的原子核和带负电的核外电子组成的，整个分子电荷的代数和为零。显然,分子内部的正、负电荷之间存在相互作用。但在离分子的距离远比分子的线度大得多的地方,分子中的全部负电荷对该处的影响可以用一个单独的负电荷等效。这个等效负电荷的位置称为分子负电荷的"中心"。例如,一个电子绕核做匀速运动时,它的"中心"可以认为在圆心。同样,每个分子的正电荷对负电荷的作用,也可以等效为一个正电荷"中心"。对于有些电介质的分子而言,这两个正、负电荷的"中心"是重合的,称它为无极分子,如氢、甲烷、石蜡、聚苯乙烯等,如图 8-5(a) 所示。对于另外一些电介质的分子,即使没有外电场的作用,它们的正、负电荷的"中心"也是不重合的,称之为有极分子,如水、有机玻璃、纤维素、聚氯乙烯等,如图 8-5(b) 所示。

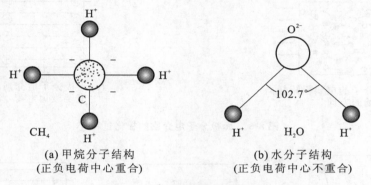

(a) 甲烷分子结构　　　　　　　　(b) 水分子结构
(正负电荷中心重合)　　　　　　(正负电荷中心不重合)

图 8-5　甲烷、水分子结构示意图

　　在外电场的作用下,每一个无极分子的正负电荷将偏离原来的位置,造成正负电荷的"中心"不再重合,形成一个电偶极子。这样,每一个分子就相当于一个电偶极子,具有电偶极矩,通常称它为**诱导电偶极矩**(induced electric moment)。在外电场的作用下,这些分子的电偶极矩 p_e 的方向要转到和外电场的方向基本一致。对各向同性的均匀电介质来说,介质内部任一相等的体积所包含的分子数相同,因而它们的电偶极子数也是相同的,在这个任意的体积内的电荷代数和为零。但是,在电介质的表面情况就不一样了,会在电介质的表面出现正电荷和负电荷的分布。**这种电荷与导体中的自由电荷是不一样的,它们不能在电介质内部自由运动,当然也不可能离开电介质**,称为**极化电荷**(polarization charge)。极化电荷的出现,完全是外电场对电介质作用的结果。对于无极分子构成的电介质分子,外电场越强,产生的诱导电偶极矩越大。当外电场撤销后,无极分子的正、负电荷的中心又将重合。通常把电介质在外电场的作用下,出现极化电荷的现象,叫作**电介质的极化**(polarization)。**像无极分子的这种极化,是由于正负电荷的中心发生相对位移(由于电子质量很小,因此主要是由于电子的位移)而引起的,所以又称为位移极化**(displacement polarization),如图 8-6 所示。

　　有极分子的极化过程与无极分子有所不同。有极分子的每一个分子就构成一个电偶极子,并有一定的固有电偶极矩。在无外电场作用时,由于分子的热运动,各电偶极子的电偶极矩的排列是混乱的,整个电介质对外不显电性。有外电场作用时,每个电偶极子都要受到电场力所形成的力矩的作用。于是,每个电偶极子的电偶极矩都将转向外电场的方向。但是由于分子内部的热运动总是存在的,因此外电场对电偶极子的这种作用,不可能使每个电偶极子的电偶极矩都一致地转到和外电场完全相同的方向。只是大多数分子的电偶极子趋于与外电场方向一致。不过,由于电场作用的原因,使得在电介质表面出现了极化电荷,如图 8-7 所示。**这种极化机制的特点是由电偶极子的转向而产生,因此叫作转向极化**(orientation polarization)。

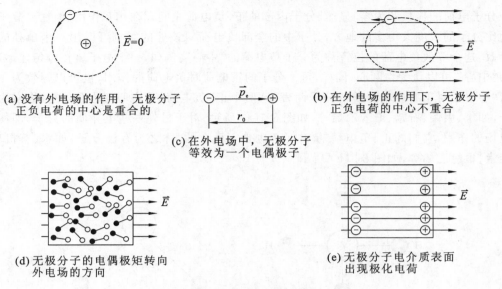

(a) 没有外电场的作用, 无极分子
正负电荷的中心是重合的

(c) 在外电场中, 无极分子
等效为一个电偶极子

(b) 在外电场的作用下, 无极分子
正负电荷的中心不重合

(d) 无极分子的电偶极矩转向
外电场的方向

(e) 无极分子电介质表面
出现极化电荷

图 8-6 无极分子电介质的极化过程

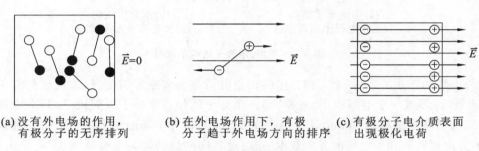

(a) 没有外电场的作用,
有极分子的无序排列

(b) 在外电场作用下, 有极
分子趋于外电场方向的排序

(c) 有极分子电介质表面
出现极化电荷

图 8-7 有极分子电介质的极化过程

应当说明的是,位移极化在任何电介质内都是存在的,而转向极化是有极分子所独有的。在有极分子所构成的电介质中,转向极化是主要的。无极分子构成的电介质,位移极化则是唯一的极化机制。显然,作为两种极化现象,它们的共同点是都会出现极化电荷,因此当我们仅仅是研究外电场对电介质的作用时,一般情况下都不去区分它是哪一类极化机制。而且,处于电场 $\vec{E}_0$ 中的电介质被极化后,电介质体内场强 $\vec{E}$ 为外场强 $\vec{E}_0$ 与极化电荷在该点产生的场强 $\vec{E'}$ 的矢量和,即 $\vec{E} = \vec{E}_0 + \vec{E'}$。

8.2.2　电极化强度与极化电荷

考虑电介质内任一宏观小体积 ΔV,在没有被外电场极化时,这个宏观小体积内分子的电偶极矩 $\vec{p}_e$ 的矢量和为零。当电介质处于外电场中,电介质被极化,此小体积内的分子电偶极矩的矢量和不为零,即 $\sum \vec{p}_e \neq 0$。外电场越强,介质内的分子电偶极矩的矢量和越大。因此,我们可以通过分析电介质内的总电偶极矩矢量的大小来描述电介质的极化情况,这需要引入一个新的物理量 —— 电极化强度 $\vec{P}$。要定量地描述电介质的极化状态,显然电极化强度这个矢量应定义为单位体积内的分子电偶极矩矢量和,即

$$\vec{P} = \frac{\sum \vec{p}_e}{\Delta V}$$

(8-2)

从上式中可以看出,电极化强度矢量的单位是 C/m^2。实验表明,当电介质中的电场 $\vec{E}$ 不太强时,各向同性的电介质的电极化强度与场强 $\vec{E}$ 成正比,方向相同,它们的关系可以表示为

$$\vec{P} = \varepsilon_0 (\varepsilon_r - 1) \vec{E} \tag{8-3}$$

上式中,ε_r 称为介质的相对电容率。这个量与真空中的介电常数 ε_0 的乘积 $\varepsilon_0 \varepsilon_r$,通常叫作电容率 ε。从上述分析可见,极化电荷是电介质被外电场极化的结果,而电介质的极化程度是用电极化强度矢量 $\vec{P}$ 来描述的。这两者之间有什么样的定量关系呢?下面我们以位移极化为例,说明这两者之间的关系。

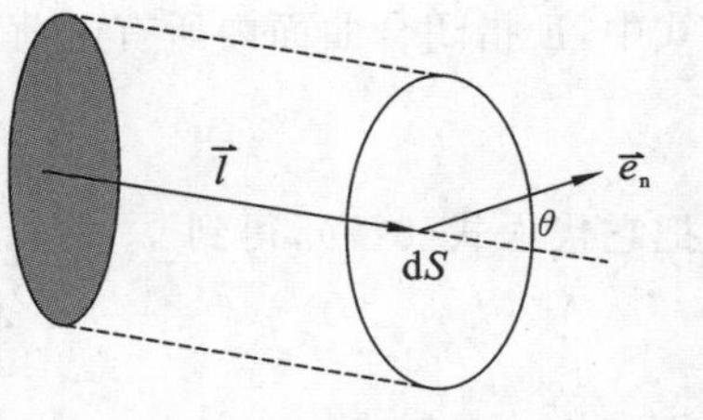

图 8-8　极化电荷

如图 8-8 所示,在电介质中任取一面元 $\mathrm{d}\vec{S} = \mathrm{d}S \vec{e}_n$,$\vec{e}_n$ 为面元法线方向的单位矢量。在面元 $\mathrm{d}S$ 的后侧沿 $\vec{l}$ 方向取一斜高为 l,底面积为 $\mathrm{d}S$ 的斜柱体。斜柱体的体积为 $\mathrm{d}V = l\mathrm{d}S\cos\theta$,$\theta$ 为 $\vec{l}$ 与 $\vec{e}_n$ 之间的夹角。在电场的作用下,此斜柱体内的所有分子的正电荷"中心"将穿过底面 $\mathrm{d}S$。设电介质单位体积内的分子数为 n,则这些正电荷的量为

$$\mathrm{d}q' = nq\,\mathrm{d}V = nql\,\mathrm{d}S\cos\theta$$

又根据 $P = np = nql$,上式可以表示为

$$\mathrm{d}q' = P\cos\theta\mathrm{d}S = \vec{P} \cdot \mathrm{d}\vec{S} = \vec{P} \cdot \mathrm{d}S\,\vec{e}_n \tag{8-4}$$

将上式两边除以 $\mathrm{d}S$,则得到极化面密度为

$$\sigma' = \frac{\mathrm{d}q'}{\mathrm{d}S} = P\cos\theta = \vec{P} \cdot \vec{e}_n \tag{8-5}$$

上式即极化电荷的分布与电极化强度矢量之间的定量关系。如果面元取在电介质的表面上,则上式就是电介质表面的极化电荷分布规律。由此可以看出,当电极化强度矢量 $\vec{P}$ 与电介质外法线方向的夹角 $\theta < 90°$ 时,$\sigma' > 0$,表示介质表面出现正的极化电荷;当 $\theta > 90°$ 时,$\sigma' < 0$,表示介质表面出现负的极化电荷。

如果在电介质内部任取一个闭合曲面 S,则由式(8-4)可知,因极化而穿出 $\mathrm{d}S$ 的极化电荷为 $\mathrm{d}q' = \vec{P} \cdot \mathrm{d}\vec{S}$。穿出整个闭合面的极化电荷总量为

$$q'_{\text{出}} = \oint_S \vec{P} \cdot \mathrm{d}\vec{S}$$

于是,根据电荷守恒定律,由于极化在面 S 内出现的极化电荷总量与穿出面 S 的极化电荷总量是相等的,但电性相反。即有

$$q' = -\oint_S \vec{P} \cdot \mathrm{d}\vec{S} \tag{8-6}$$

此式即电极化强度 $\vec{P}$ 与极化电荷之间的普适关系。

8.2.3　有电介质时的高斯定理

在前面一章研究了真空中静电场的高斯定理,它所讨论的是真空中自由电荷激发的电场遵循的规律。对于静电场中有电介质的情形,在高斯面内不仅会有自由电荷,而且还会有极化电荷,这时,高斯定理应有些什么变化呢?极化电荷同样要激发电场,并且这个场强会影响总的电场强度。因此,有介质时的高斯定理要做相应的改变。下面讨论这一问题。

有电介质情形下,对电场中任一闭合的曲面S,考虑到自由电荷q_0和极化电荷q'对电通量都有贡献,于是有

$$\oint_S \vec{E} \cdot \mathrm{d}\vec{S} = \frac{1}{\varepsilon_0}(q_0 + q') \qquad (8\text{-}7)$$

式中,$\vec{E}$指闭合曲面内所有电荷产生的总场强。由式(8-6),得闭合曲面内的极化电荷为

$$q' = -\oint_S \vec{P} \cdot \mathrm{d}\vec{S}$$

把它代入式(8-7),得到

$$\oint_S \vec{E} \cdot \mathrm{d}\vec{S} = \frac{1}{\varepsilon_0}\left(q_0 - \oint_S \vec{P} \cdot \mathrm{d}\vec{S}\right)$$

或写为

$$\oint_S (\varepsilon_0 \vec{E} + \vec{P}) \cdot \mathrm{d}\vec{S} = q_0 \qquad (8\text{-}8)$$

再令

$$\vec{D} = \varepsilon_0 \vec{E} + \vec{P} \qquad (8\text{-}9)$$

这个新定义的物理量称为**电位移矢量**(electric displacement vector),在国际单位制中,它的单位是C/m^2。这样,式(8-8)又可以写成

$$\oint_S \vec{D} \cdot \mathrm{d}\vec{S} = q_0 \qquad (8\text{-}10)$$

上式中,q_0指闭合曲面内所有的自由电荷。因此,这个式子表明:在静电场中,通过任意闭合曲面的电位移矢量通量等于该闭合曲面内所包围的自由电荷的代数和。这就是有介质时的高斯定理。通常它写成如下形式

$$\oint_S \vec{D} \cdot \mathrm{d}\vec{S} = \sum q_0 \qquad (8\text{-}11)$$

有介质时的高斯定理是电磁学理论中的基本规律之一。这个结论可以推广到变化的电磁场中,式(8-11)也是后面将会介绍的麦克斯韦方程组中的四个方程之一。

将式(8-3)代入式(8-9)有

$$\vec{D} = \varepsilon_0 \vec{E} + \vec{P} = \varepsilon_0 \varepsilon_r \vec{E} = \varepsilon \vec{E} \qquad (8\text{-}12)$$

上式是电位移矢量$\vec{D}$与电场强度$\vec{E}$之间的关系式。需要指出的是,电位移矢量只是我们用来描述电介质极化规律的一个辅助矢量。从式(8-9)可以看出,它与极化强度和电场强度都有关。与真空中的高斯定理相类似,在有一定对称性的情况下,根据有介质时的高斯定理和式(8-12),可以求出电介质极化时的电场强度分布。求解的思路通常是,由有介质时的高斯定理求出电介质中的电位移矢量$\vec{D}$,再由式(8-12)求出电场强度。

例 8-1　如图 8-9 所示,设有半径为R,带电量为q的金属球埋在相对电容率为ε_r的均匀无限大电介质中。求:(1)电介质中$\vec{D}$和$\vec{E}$的分布;(2)电介质与金属球分界面上极化电荷面密度。

解　(1)根据题设条件,自由电荷和电介质的分布具有球对称性,电介质中$\vec{D}$的分布也具有球对称性。在介质中任取一半径为r的同心球面S,球面上各点$\vec{D}$的大小相等,方向沿径向,与球

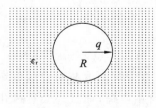

图 8-9　例 8-1 用图

面的外法线方向相同。于是,根据有介质时的高斯定理

$$\oint_s \vec{D} \cdot d\vec{S} = q$$

可得

$$\oint_s D \, dS = D4\pi r^2 = q$$

$$D = \frac{q}{4\pi r^2}$$

写成矢量形式为

$$\vec{D} = \frac{q}{4\pi r^2} \vec{e}_r$$

所以介质中电场强度为

$$\vec{E} = \frac{\vec{D}}{\varepsilon_0 \varepsilon_r} = \frac{q}{4\pi \varepsilon_0 \varepsilon_r r^2} \vec{e}_r$$

(2) 由式(8-5),在电介质与金属球的分界面上的极化电荷面密度为

$$\sigma' = P_n$$

对于各向同性电介质

$$P_n = \varepsilon_0 (\varepsilon_r - 1) E_n$$

在分界面的外法线方向为 $-\vec{e}_r$ 方向,则

$$E_n = -\frac{q}{4\pi \varepsilon_0 \varepsilon_r R^2} = -\frac{\sigma}{\varepsilon_0 \varepsilon_r}$$

所以有

$$\sigma' = P_n = \varepsilon_0 (\varepsilon_r - 1) E_n = -\frac{\varepsilon_r - 1}{\varepsilon_r} \frac{q}{4\pi R^2} = -\frac{\varepsilon_r - 1}{\varepsilon_r} \sigma$$

上式中,σ 为自由电荷的面密度。由于总有 $\varepsilon_r > 1$,所以极化电荷面密度 σ' 与自由电荷面密度 σ 反号。

8.3　电容　电容器

电容是电学中一个重要的物理量,它反映了导体储存电能的本领。**电容器**(capacitor)是电子和电工技术中一种非常重要的、常用的电子器件,它被用在电路中和电阻、电感等构成电路,实现一定的功能,如整流电路中的滤波、电子线路中的时间延迟等。这一节先讨论孤立导体的电容,然后讨论电容器及其电容,最后讨论电容器的连接。

8.3.1　电容器的电容

在实际的技术应用中,为了提高储能本领和减小体积以满足使用的需要,人们设计出用绝缘体隔开的两个金属导体所组成的元件,称为电容器。电容器中的这两个导体,通常称为电容器的两个极板。电容器在工作时,它的两个极板表面总是分别带上等量异号电荷 $+q$ 和 $-q$,这时两极板间存在电势差。设它的两个极板的电势分别为 V_+, V_-,则两极板间的电势差为 $U = V_+ - V_-$。**电容器的电容**(capacity)**定义为:两极板中任何一个极板的电量与两极板间的电势差的比值**,即

$$C = \frac{q}{U} \tag{8-13}$$

由式(8-13)可以看出,在电压相同的条件下,电容 C 越大的电容器,所储存的电量越多。这表明电容是反映电容器储存电荷本领大小的物理量。它的物理意义是导体每升高单位电势所需的电量。在国际单位制中,电容的单位是法拉(F),简称法。导体所带电量为 1 库仑(C),相应的电势差为1伏(V)时,其电容大小就是1法拉,所以有 $1\,\mathrm{F} = 1\,\mathrm{C/V}$。法拉这个单位太大,在实际应用中,用比它更小的单位:微法 ($1\,\mathrm{F} = 10^6\,\mu\mathrm{F}$) 和皮法 ($1\,\mathrm{F} = 10^{12}\,\mathrm{pF}$)。在实际应用中,平行板电容器、圆柱形电容器和球形电容器是很常见的。下面根据电容的定义式(8-13)计算这几种电容器的电容。

1. 孤立导体的电容

孤立导体是指在导体附近没有其他导体和带电体。通常把其他导体和带电体与之相隔足够远时的导体也看作孤立导体。设想有一孤立导体球,其带电量为 q,半径为 R。如果选取无限远处的电势为零,则这个导体球的电势为 $V = \dfrac{q}{4\pi\varepsilon_0 R}$。理论和实验都表明,如果使孤立导体球的电量 q 增加,则电势 V 将按比例地增加。如果用 C 表示这个比值,则可以写成

$$C = \frac{q}{U} = 4\pi\varepsilon_0 R \tag{8-14}$$

可见,对于给定的孤立导体球,这个比值是仅与导体形状、大小有关,与其带电量、电势无关的量。

2. 平行板电容器的电容

如图 8-10 所示,平行板电容器由两个靠得很近的导体板 A,B 组成,两极板的面积均为 S。

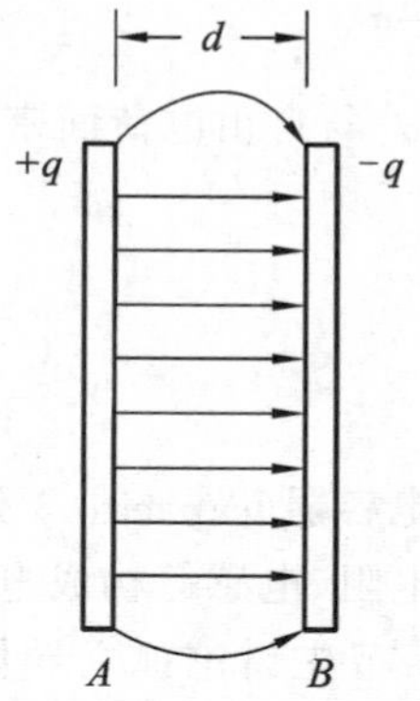

图 8-10　平行板电容器

设两极板间的距离为 d,所带电量分别为 $+q$ 和 $-q$,因此每块极板上的电荷面密度为 $\sigma = \dfrac{q}{S}$。由于两极板距离很近,因此两极板可以看作是无穷大的带电平面,它们之间的电场可以看作是均匀电场,边缘效应可忽略。根据高斯定理可求得极板之间的场强为

$$E = \frac{\sigma}{\varepsilon_0} = \frac{q}{\varepsilon_0 S}$$

于是可求得两极板间的电势差为

$$U = \int_A^B \vec{E} \cdot \mathrm{d}\vec{l} = Ed = \frac{qd}{\varepsilon_0 S}$$

根据电容器电容的定义式(8-13),可求得平行板电容器的电容为

$$C = \frac{q}{U} = \frac{\varepsilon_0 S}{d} \tag{8-15}$$

从上式可以看出,真空中平行板电容器的电容大小与极板的面积成正比,与极板间的距离成反比。某些可变电容器就是通过改变这两方面来改变电容大小的,如收音机通过旋进或旋出其接收电路的电容器两极板的方式,改变极板的正对面积来改变电容的大小。式(8-15)也反映了电容的大小与电容器是否带电或者其电势差大小无关,只与电容器本身的结构形状以及介质种类有关。

3. 圆柱形电容器的电容

如图 8-11 所示,圆柱形电容器是由两个同轴导体圆柱面 A 和 B 所构成的。设两导体圆柱

面的半径分别为 R_A，R_B，圆柱的长度为 $l \gg R_B$，所以可以把两圆柱面
间的电场看成是无限长圆柱面的电场。若内、外圆柱面各带有电荷 $+$
q 和 $-q$，则圆柱面单位长度上的电荷为 $\eta = \dfrac{q}{l}$。由高斯定理可知，在
两圆柱面间离轴为 r 处的场强大小为

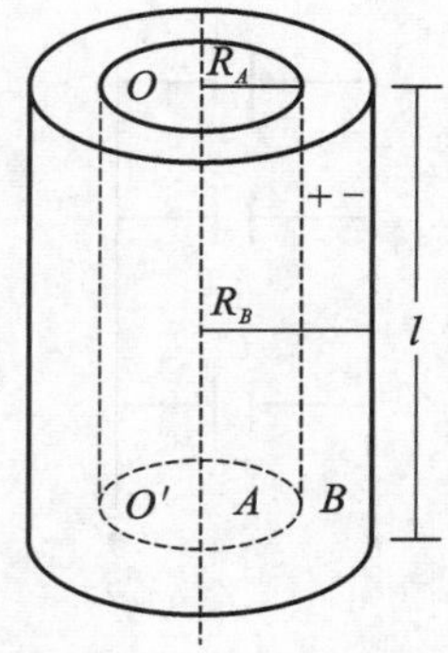

$$E = \frac{\eta}{2\pi\varepsilon_0 r} \quad (R_A < r < R_B)$$

由电势差的定义式，可以求得两导体柱面间的电势差为

$$U = \int_{R_A}^{R_B} \vec{E} \cdot \mathrm{d}\vec{r} = \int_{R_A}^{R_B} \frac{\eta}{2\pi\varepsilon_0 r}\mathrm{d}r = \frac{\eta}{2\pi\varepsilon_0}\ln\frac{R_B}{R_A}$$

同理，由电容的定义式可以求得圆柱形电容器的电容为

$$C = \frac{q}{U} = \frac{\eta l}{U} = \frac{2\pi\varepsilon_0 l}{\ln(R_B/R_A)} \tag{8-16}$$

图 8-11　圆柱形电容器

由上式可见，圆柱体越长，电容越大；两圆柱面之间的距离越小，电容也越大。

4. 球形电容器的电容

如图 8-12 所示，球形电容器是由两个半径分别为 R_A，R_B 的同心金属球壳构成的。设内外
球壳带电量分别为 $+q$ 和 $-q$，利用高斯定理可以求出两球壳间的场强分布为

$$E = \frac{q}{4\pi\varepsilon_0 r^2} \quad (R_A < r < R_B)$$

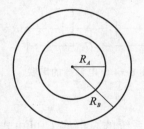

场强的方向沿径向。两球壳之间的电势差为

$$U = \int_{R_A}^{R_B} \vec{E} \cdot \mathrm{d}\vec{r} = \frac{q}{4\pi\varepsilon_0}\int_{R_A}^{R_B} \frac{\mathrm{d}r}{r^2} = \frac{q}{4\pi\varepsilon_0}\left(\frac{1}{R_A} - \frac{1}{R_B}\right)$$

与前面的求法相同，由电容的定义式可求得电容为

$$C = \frac{q}{U} = \frac{4\pi\varepsilon_0 R_A R_B}{R_B - R_A} \tag{8-17}$$

图 8-12　球形电容器

由上式不难做如下推论：当 $R_B \rightarrow \infty$ 时，上式 $C = 4\pi\varepsilon_0 R_A$，此即孤
立导体的电容；当两球面之间的距离 $d = R_B - R_A$ 很小时，$R_A R_B = R_A^2$，于是有

$$C = \frac{4\pi\varepsilon_0 R_A^2}{d} = \frac{\varepsilon_0 S}{d}$$

这也就是平行板电容器电容公式(8-15)。

8.3.2　电容器的并联和串联

在实际的电路设计和使用中，常需要把一些电容器组合起来才便于使用，电容器最基本的
组合方式是并联和串联。一个电容器的性能指标由两个参数表示，也就是电容值和耐压值。电
容器的耐压值表示该电容器所能承受的最高电压。如一个标有"200 μF, 100 V" 的电容器，表
示其电容值为 200 微法，所能承受的最大电压是 100 伏。当电容器的工作电压超过它所能承受
的最大电压时，电容器就会被击穿。因此，在实际的电路设计或使用中，会根据需要把电容器串
联或并联起来，使电容值和耐压值都能达到电路工作时的要求。

1. 电容器的并联

如图 8-13 所示，将两个电容器 C_1，C_2 的极板一一对应地连接起来，就是电容器的并联。接

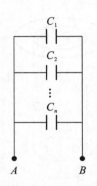

图 8-13　电容器的并联

上电源后,显然每一个电容器两极板上的电势差都等于电路 A,B 两端的电压 U。设两个电容器 C_1,C_2 上的电量分别为 q_1,q_2,根据式(8-13)可知

$$q_1 = C_1U, \quad q_2 = C_2U$$

两电容器上的总电量为　$q = q_1 + q_2 = (C_1 + C_2)U$

因此,整个电容系统的总电容是

$$C = \frac{q}{U} = \frac{(C_1 + C_2)}{U}U = C_1 + C_2$$

把这个结果推广到多个电容器的并联同样成立(证明方法与上面相同),即几个电容器并联时,总的等效电容为

$$C = C_1 + C_2 + \cdots + C_n \tag{8-18}$$

这说明,几个电容器并联时,总电容等于各电容器电容之和。

从上面的分析不难知道,电容器并联后的总电容值比其中的任何一个电容器的电容值都大,但它们的耐压值并没有得到提高。电路两端的最大耐压值受并联电容中的耐压值最小的那个电容器所制约。要提高整个电容系统的耐压能力,需要把电容器进行串联。

2. 电容器的串联

如图 8-14 所示,把两个电容器的极板首尾相连接,这叫作串联。设 A,B 两端的电压为 U,电容器 C_1 两极板所带电荷分别为 $+q,-q$。由于静电感应,电容器 C_2 的两极板上所带电荷也为 $+q,-q$,也就是说串联电容器组中每个电容器极板上所带电量是相等的。根据式(8-13),每个电容器两极板之间的电势差为

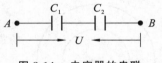

图 8-14　电容器的串联

$$U_1 = \frac{q}{C_1}, \quad U_2 = \frac{q}{C_2}$$

A,B 两端的电压 U 与电容上电压的关系为 $U = U_1 + U_2$,整个电容系统的总电容 C 可由式(8-13)可求得

$$C = \frac{q}{U} = \frac{q}{U_1 + U_2} = \frac{q}{\frac{q}{C_1} + \frac{q}{C_2}} = \frac{1}{\frac{1}{C_1} + \frac{1}{C_2}}$$

整理上式可得

$$\frac{1}{C} = \frac{1}{C_1} + \frac{1}{C_2}$$

这个结果同样可以推广到多个电容器串联的情况,即几个电容器串联时,总的等效电容为

$$\frac{1}{C} = \frac{1}{C_1} + \frac{1}{C_2} + \cdots + \frac{1}{C_n} \tag{8-19}$$

上式表明,几个电容器串联时,总的等效电容的倒数等于电容器组中各电容倒数之和。从式(8-19)也不难推导:电容器串联起来的总等效电容值比电容器组中的任何一个电容器的电容都要小,但整个电容系统的电压要高于每一个电容器上所承受的电压,这说明串联可以提高电容系统的耐压能力。

例 8-2　将一个标有"12 μF,100 V"(C_1)和两个标有"2 μF,100 V"(C_2,C_3)的电容器连接起来,欲组成电容为 3 μF 的电容器组,问:如何连接?此电容系统所能承受的最大电压是多大?

解　（1）从题中要求看，总电容为 3 μF。这个值大于 2 μF，而小于 12 μF。根据前面电容器的串联、并联规律可知，两个 2 μF 的电容器并联，它们的等效电容是 4 μF。要得到总电容是 3 μF 的结果，这两个电容器并联后还须和 12 μF 的电容器串联。

（2）两电容器并联起来的耐压值还是 100 V，但是它们的并联电容与 C_1 之比为

$$(C_2 + C_3) : C_1 = 4\ \mu\text{F} : 12\ \mu\text{F} = 1 : 3$$

所以并联部分所承受的电压较大，占 $\dfrac{3}{4}U_{\max}$，即有

$$\frac{3}{4}U_{\max} = 100\ \text{V}, \quad U_{\max} = 133\ \text{V}$$

电容器组能承受的最大电压为 133 V。

8.3.3　电介质对电容的影响

在前面讨论过，电容器的电容大小除了与它自身的结构有关外，还与电容器的两极板间的电介质有关。例如，对一面积为 S，相距为 d 的平行板电容器，两极板间为真空时，它的电容值由平行板电容公式决定，即电容 $C_0 = \dfrac{\varepsilon_0 S}{d}$。此时，对该电容器充电，设它两极板之间的电压为 U_0，则极板上的电量 $q = C_0 U_0$。如图 8-15 所示，若维持此电量不变，撤去电源并使两极板间充满各向同性的均匀电介质，则实验测得在这种情况下电容器两极板间的电压

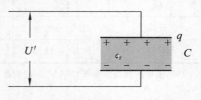

图 8-15　电介质对电容的影响

$$U' = \frac{1}{\varepsilon_r} U_0$$

式中，ε_r 就是式（8-3）中提到的相对电容率，它是由电介质自身的特性决定。显然，从电容的定义式（8-13）可知，充满电介质后的电容值变为

$$C = \varepsilon_r C_0 \tag{8-20}$$

这表明，在两极板间充满电介质，将改变电容器的电容值。事实上，我们根据电压 U' 与 U 以及电压和场强的关系，还可以推出两种情况下的场强之间的关系。设电容器两极板之间为真空时的场强大小为 E_0，充满均匀电介质后的场强大小为 E，则有

$$E = \frac{U'}{d} = \frac{1}{\varepsilon_r} \frac{U_0}{d} = \frac{E_0}{\varepsilon_r} \tag{8-21}$$

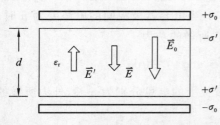

图 8-16　电容器两极板间的电介质的极化

由此可见，此时的电场强度变为真空时的场强的 $1/\varepsilon_r$。这些现象的出现，根据前面对电介质极化过程的分析，我们不难得到解释：**容器两极板间的电介质在电场的作用下，表面出现极化电荷的分布**。极化电荷同样要激发电场 $\vec{E}'$，这个电场当然会影响原来两极板间的场强分布。结果电介质内的场强是两场强叠加的结果，即 $\vec{E} = \vec{E}_0 + \vec{E}'$。如图 8-16 所示，极化电荷所激发的电场 $\vec{E}'$ 与自由电荷激发的场强 $\vec{E}_0$ 方向相反，这必然使得电介质内的场强 E 被削弱。因此，相对电容率 ε_r 总是一个大于 1 的常数。

需要指出的是,相对电容率是和电介质内部结构有关、反映其特性的一个常数。不同的电介质之间,它们的相对电容率相差很大,像钛酸钡锶的相对电容率高达10^4。这有利于满足电子技术中对高电容、小体积的设计要求。此外,对于交变电场中的情形,对有极分子来说,分子的电偶极矩在交变电场的作用下,需要不断地改变方向。但是当频率达到某一程度时,电偶极矩的转向跟不上外场的变化,这时相对电容率ε_r就要下降。因此,在高频条件下,电介质的相对电容率会随着外电场的频率而变化。几种常见电介质的相对电容率和击穿场强如表 8-1 所示。

表 8-1　几种常见电介质的相对电容率和击穿场强

电　介　质	相对电容率	击　穿　场　强	电　介　质	相对电容率	击　穿　场　强
真空	1		钛酸锶	约 250	8
空气(20 ℃)	1.000 59	3	钛酸钡锶	约 10^4	
水(20 ℃)	80.2		变压器油	2.2～2.5	12
纸	2.5	5～14	聚乙烯	2.2～2.4	50
云母	3.0～8.0	160	氯丁橡胶	6.6	10～20
陶瓷	8.0～11.0	4～25	硼硅酸玻璃	5～10	10～50

说明:击穿场强为室温下10^3 kV/mm。数据来源:马文蔚,《物理学(下册)》,第 5 版。

8.4　静电场的能量

近代电磁理论和实验表明,电场是一种特殊的物质,它不仅具有能量,还有动量和质量。本节讨论静电场的能量和能量密度。以平行板电容器的带电过程为例,讨论通过外力做功把其他形式的能量转变为电能的机理。在带电过程中,平行板电容器内建立起电场,从而将导出电场能量计算公式。

8.4.1　电容器储存的电能

电容器极板带上电,它就储存了能量。如图 8-17 所示,设电容器的电容为 C,给它充电后,极板上的电量为 Q,两极板之间的电压为 U。电容器的充电过程可以看作是不断地把微小电荷 dq 从负极移到正极的过程,结果使得两极板带上等量异号电荷。在电荷的移动过程中,电源需要克服极板间的静电力而做功。当电容器极板间的电势差为 u 时,移动微小电荷 dq,电源对它所做的功为

$$dA = u\,dq = \frac{1}{C}q\,dq$$

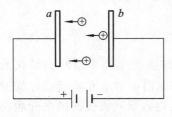

图 8-17　电容器的充电过程

到整个充电过程完成时,极板上的电量分别为 $\pm Q$,外力所做的总功为

$$A = \frac{1}{C}\int_0^Q q\,dq = \frac{Q^2}{2C} = \frac{1}{2}QU = \frac{1}{2}CU^2 \tag{8-22}$$

电源做功使极板上电荷的电势能增加,也就是电容器储存的静电电势能,简称为**静电能**(electrostatic energy),用 W_e 表示。于是,根据功能原理,有

$$W_e = \frac{1}{2}\frac{Q^2}{C} = \frac{1}{2}QU = \frac{1}{2}CU^2 \tag{8-23}$$

8.4.2　静电场的能量

电容器充电后,就储存了能量。从式(8-23)看,似乎能量的携带者是电荷。在静电学范围内,这种判断看不出有什么不对。然而,对于电磁波情况就不一样了。电磁波在空间传播时,振荡电路中的电荷并不随电磁波一起传播,但是电磁波携带着能量。这一点已经得到近代电磁理论与实验的证明。例如,在使用收音机或移动电话时,电磁波携带的能量就经天线输入接收电路,经放大后转变成扬声器的振动动能(声能),再传入人们的耳朵。电磁波是做周期性变化的电场和磁场。事实上,电磁波携带的能量既有电场能量 W_e,也有磁场的能量 W_m。因此,从这些事实可以看出,电场能是储存在电场这种特殊的物质里的。或者说,某一空间存在电场的分布,该空间就具有电能场量。下面以平行板电容器为例,推导静电场的能量和能量密度表达式。

设平行板电容器的两极板面积为 S,间距为 d,极板间的均匀电介质的电容率为 ε,则它的电容为

$$C = \frac{\varepsilon S}{d}$$

当两极板间的电压为 U 时,由式(8-23),得电容器的储能为

$$W_e = \frac{1}{2}CU^2 = \frac{1}{2}\frac{\varepsilon S}{d}U^2$$
$$= \frac{1}{2}\frac{\varepsilon S}{d}(Ed)^2 = \frac{1}{2}\varepsilon E^2 Sd$$

或者写成

$$W_e = \frac{1}{2}\varepsilon E^2 V = \frac{1}{2}\vec{D}\cdot\vec{E}V \tag{8-24}$$

上式中,$\vec{D},\vec{E}$ 分别表示电介质中的电位移矢量和电场强度,V 表示两极板所占空间的体积。式(8-24)虽然由平行板电容器所推导出来,但是具有普遍意义,揭示了电场能量的分布规律。如果忽视电容器中电场的边缘效应,可以认为电场分布是均匀,由此可以得到单位体积内的电场能量,即**能量密度**(energy density)公式

$$\omega_e = \frac{W_e}{V} = \frac{1}{2}\vec{D}\cdot\vec{E} = \frac{1}{2}\varepsilon E^2 \tag{8-25}$$

上式表明,电场能量密度与电场强度的二次方成正比或者说与电位移矢量和电场强度之积成正比。电场强度越大的地方,其电场能量密度也越大。与式(8-24)一样,式(8-25)也具有普遍意义。它不仅适用于静电场,而且对电磁场也是适用的。

如果电场分布是不均匀的,在电场分布空间体积 V 内的电场能等于该体积内电场能量密度的体积分。即有

$$W_e = \int_V dW_e = \int_V \frac{1}{2}\varepsilon E^2 dV \tag{8-26}$$

例 8-3　半径为 R 的导体球带电量为 q,球外充满电容率为 ε 的均匀电介质,求带电球的电场总能量。

解　根据前面的讨论可知,带电球的电位移矢量 $\vec{D}$ 和电场强度 $\vec{E}$ 分布为

当 $0 \leqslant r < R$ 时,　　　　　　　　　$D = 0,\quad E = 0$

当 $r > R$ 时，
$$\vec{D} = \frac{q}{4\pi r^2}\vec{e}_r, \quad \vec{E} = \frac{q}{4\pi\varepsilon r^2}\vec{e}_r$$

所以距离球心为 r 处的电场能量密度为
$$\omega_e = \frac{1}{2}\vec{D}\cdot\vec{E} = \frac{q^2}{32\pi^2\varepsilon r^4}$$

取半径为 r 和 $r+\mathrm{d}r$ 的同心球面，在体积 $\mathrm{d}V$ 内可以认为能量均匀分布，于是根据式(8-26)有
$$W_e = \int_V \omega_e \mathrm{d}V = \int_R^\infty \frac{q^2}{32\pi^2\varepsilon r^4}4\pi r^2\mathrm{d}r = \frac{q^2}{8\pi\varepsilon R}$$

*8.5　静电场的边值关系

在两种介质交界面附近，电场强度和电位移矢量要发生跃变，这对于精确地描述电场在不同区域的分布，有着很重要的意义。本节以静电场的高斯定理和环路定理、电介质的性质方程为基础，讨论静电场的边值关系。

8.5.1　场强的法向分量

设两种电介质的电容率分别为 ε_1 和 ε_2，它们交界面的法线的单位矢量 $\vec{e}_n$ 规定为由介质 1

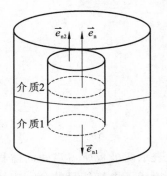

指向介质 2。如图 8-18 所示，在两介质交界面处作一圆柱形闭合高斯面。它的两个底面的面积 ΔS 为无穷小量，底面平行于界面。当这个圆柱体厚度趋于零时，侧面的面积可以忽略。根据有介质时的高斯定理，通过这个闭合曲面的电位移矢量通量为

$$\oint \vec{D}\cdot\mathrm{d}\vec{S} = \int_{\Delta S_1}\vec{D}\cdot\mathrm{d}\vec{S} + \int_{\Delta S_2}\vec{D}\cdot\mathrm{d}\vec{S}$$
$$= \vec{D}_1\cdot\vec{e}_{n1}\Delta S + \vec{D}_2\cdot\vec{e}_{n2}\Delta S$$

图 8-18　电场强度在法线方向不连续

设在介质分界面上的自由电荷面密度为 σ_0，两个底面的法线单位矢量方向相反，即 $\vec{e}_{n1} = -\vec{e}_{n2} = -\vec{e}_n$，代入上式有

$$\oint_S \vec{D}\cdot\mathrm{d}\vec{S} = \vec{D}_2\cdot\vec{e}_n\Delta S - \vec{D}_1\cdot\vec{e}_n\Delta S = \vec{e}_n\cdot(\vec{D}_2 - \vec{D}_1)\Delta S = \sigma_0\Delta S$$

于是有
$$\vec{e}_n\cdot(\vec{D}_2 - \vec{D}_1) = \sigma_0 \quad 或 \quad D_{2n} - D_{1n} = \sigma_0 \tag{8-27}$$

上式称为电位移矢量所满足的边值关系，它表明有电介质的界面上有自由电荷时，电位移矢量 $\vec{D}$ 的法向分量是不连续的。当界面上无自由电荷时，有
$$D_{2n} = D_{1n} \tag{8-28}$$

或者写成
$$\varepsilon_2 E_{2n} = \varepsilon_1 E_{1n} \tag{8-29}$$

式(8-28)说明，电介质界面无自由电荷时，$\vec{D}$ 的法向分量是连续的。式(8-29)则说明，无论电介质界面有无自由电荷，场强的法向分量是不连续的，这是由于界面上存在极化电荷。

8.5.2　场强的切向分量

如图 8-19 所示，在两电介质的交界面上取一线段 Δl，作一闭合回路 $ABCD$，使 AB，CD 与

Δl 平行且长度相等, AD, BC 长度很小。电介质内的电场同样遵循环路定理,即

$$\oint_{ABCD} \vec{E} \cdot \mathrm{d}\vec{l} = 0$$

把上式左边展开写成

$$\oint_{ABCD} \vec{E} \cdot \mathrm{d}\vec{l} = \int_{AB} \vec{E} \cdot \mathrm{d}\vec{l} + \int_{BC} \vec{E} \cdot \mathrm{d}\vec{l} + \int_{CD} \vec{E} \cdot \mathrm{d}\vec{l} + \int_{DA} \vec{E} \cdot \mathrm{d}\vec{l}$$

上式右边的第一项和第三项分别等于 $-E_{1t}\Delta l$ 和 $E_{2t}\Delta l$;由于 BC, AD 很小,因此它们对场强的积分可以看作是趋于零。于是积分可以写成

$$\oint_{ABCD} \vec{E} \cdot \mathrm{d}\vec{l} = -E_{1t}\Delta l + E_{2t}\Delta l = 0$$

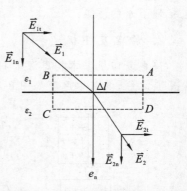

图 8-19　电场强度在切线方向连续

所以有

$$E_{1t} = E_{2t} \tag{8-30}$$

上式表明,电场强度在界面两侧的切向分量是连续的。

根据式(8-30)和 $\vec{D} = \varepsilon\vec{E}$,可得电位移矢量的切向分量满足关系

$$\frac{D_{1t}}{\varepsilon_1} = \frac{D_{2t}}{\varepsilon_2}$$

这说明在界面的两侧,电位移矢量的切向分量是不连续的。上述式(8-29)和式(8-30)即为在电介质分界面上静电场所满足的边值关系。

阅读材料八　　静电学的技术应用

1. 静电除尘器

静电除尘器用于消除燃烧煤产生的废气中的颗粒粉尘,特别适用于燃煤火力发电厂。目前的除尘器能消除燃煤发电厂烟囱排放废气中约 80%（重量百分比）的粉尘,但是轻质粉尘的清除率要低得多,成为大气的一个污染源。

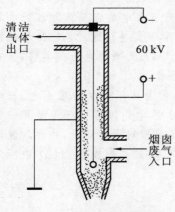

图 8-20　静电除尘器原理

除尘器构造如图 8-20 所示,外壳接地,而其中心导线则保持负高压（40 ～ 100 kV）。烟囱废气自下部进入,粉尘清除后的较清洁气体自上部排入大气中。腔体空间中电场由外壳指向中心导线。在导线周围,电场非常强（尖端效应）,足以使周围气体发生电离产生正离子、电子和负离子（电晕放电）。电子和负离子在加速向外壳运动的过程中,将和烟囱废气中的粉尘颗粒碰撞。粉尘颗粒由于这种碰撞或由于俘获离子而带电,大部分颗粒因而带负电而撞向外壳。当使外壳振动时,这些颗粒掉落到底部而得以清除,所收集粉尘中有时含具有利用价值的材料,如金属氧化物细粒,但这与所用煤的品种及产地密切有关。提取这些金属氧化物细粒多用与电磁学有关的技术。剩余粉尘和燃煤锅炉底部直接排出的煤灰（量比烟囱中排出的更多）可用作路基材料或建筑材料。我国大型火力发电厂普遍使用静电除尘器,但粉尘（包括煤灰）利用率尚不高,需用大量土地填埋,并造成对周围环境

包括地下水的污染。

2. 静电复印机

静电复印机基本构思源于 1938 年,1947 年生产出第一架实用机型。目前,它是最常用的办公用具之一。其基本原理如图 8-21 所示。

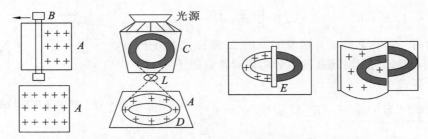

(a) 通过尖端放电使光电导体表面带正电荷   (b) 使用光源与透镜在光电导体表面产生由正电荷构成的图像   (c) 使色粉黏附在"正电荷图像"上面   (d) 在复印机上产生由色粉构成的图像

图 8-21　复印机工作原理

用真空蒸镀方法将硒等光导材料镀于金属(如铝)基板上,硒的厚度为几十微米。硒薄层当无光照射时,具有很高的电阻,呈现为绝缘体;遇光照射时,电阻率急剧下降,呈现为良导体。因此,硒薄层称为光电导体。图 8-21(a) 中,A 即为光电导体。可左右移动的棒 B 上,装有一排对着光电导体的针尖。当使针尖带 5000 ~ 6000 V 高压(金属基板接地)时,针尖对光电导体表面电晕放电。在静电力作用下,正离子(主要是氧离子)撞向光电导体表面。由于硒不导电,正离子积聚并均匀分布于其表面,并在金属基板表面感应出负电荷。图 8-21(a) 中,下面的图表示针尖自右向左扫过整个光电导体表面后,光电导体表面均匀分布有正电荷的情况。

将待复印的原件(见图 8-21(b))放在光电导体 A 上面,并用强光照射。光能透过白纸,但被其上的文字、图形所遮挡。用透镜 L 使原件的图形和文字成像于光电导体表面。图中原件内容为一圆环(用阴影表示)。由于圆环挡住光线,故经强光照射后,光电导体圆环图像表面正电荷仍保留,其余部分由于光的照射,光电导体成为导体,其上的正电荷均和金属基板上的负电荷中和。于是在光电导体表面形成一幅与原件相同(但可能被放大或缩小)的正电荷分布图像,如图 8-21(c) 所示。当然,这个图像用肉眼是看不见的。再让带有负电的色粉微粒与光电导体表面接触(色粉是一种有色塑料微粒,在与玻璃珠或铁粉摩擦后带负电),这时色粉微粒仅被光电导体上带有正电荷的那部分所吸引而黏附其上。图 8-21(c) 中,E 为喷洒色粉的装置,自右向左扫过,右边已被扫过部分形成与原件相同的由色粉覆盖的图像。

最后将复印纸盖在光电导体表面,并通过针尖的电晕放电,使复印纸的反面带正电。当电压达 6000 V 时,带负电的色粉就被吸引到复印纸上。图 8-21(d) 显示此时若将纸张掀开一部分,可以看到纸上粘有色粉图像,但极易被抖落,需通过加热加压使塑料微粒熔融,并渗入复印纸中,复印就完成了。上述各过程,总共只要大约 1 s 就可以完成。通过调节图 8-21(b) 中所示透镜的位置,可获得放大或缩小的复印件。

习　题

8-1　将一个带正电的带电体 A 从远处移到一个不带电的导体 B 附近,导体 B 的电势将(　　)。
A. 升高　　　　B. 降低　　　　C. 不会发生变化　　D. 无法确定

8-2　将一带负电的物体 M 靠近一不带电的导体 N，在 N 的左端感应出正电荷，右端感应出负电荷。若将导体 N 的左端接地（见图 8-22），则（　　）。

A. N 上的负电荷入地　　　　　　　B. N 上的正电荷入地

C. N 上的所有电荷入地　　　　　　D. N 上所有的感应电荷入地

8-3　如图 8-23 所示，将一个电荷量为 q 的点电荷放在一个半径为 R 的不带电的导体球附近，点电荷距导体球球心为 d。设无穷远处为零电势，则在导体球球心 O 点有（　　）。

A. $E = 0, V = \dfrac{q}{4\pi\varepsilon_0 d}$　　　　　　　B. $E = \dfrac{q}{4\pi\varepsilon_0 d^2}, V = \dfrac{q}{4\pi\varepsilon_0 d}$

C. $E = 0, V = 0$　　　　　　　　　D. $E = \dfrac{q}{4\pi\varepsilon_0 d^2}, V = \dfrac{q}{4\pi\varepsilon_0 R}$

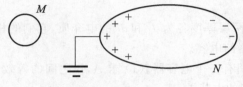　　　　　　　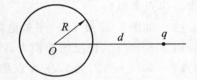

图 8-22　习题 8-2 图　　　　　　　　　图 8-23　习题 8-3 图

8-4　根据电介质中的高斯定理，在电介质中电位移矢量沿任意一个闭合曲面的积分等于这个曲面所包围的自由电荷的代数和。下列推论正确的是（　　）。

A. 若电位移矢量沿任意一个闭合曲面的积分等于零，曲面内一定没有自由电荷

B. 若电位移矢量沿任意一个闭合曲面的积分等于零，曲面内电荷的代数和一定等于零

C. 若电位移矢量沿任意一个闭合曲面的积分不等于零，曲面内一定有极化电荷

D. 介质中的电位移矢量与自由电荷和极化电荷的分布有关

8-5　对于各向同性的均匀电介质，下列概念正确的是（　　）。

A. 电介质充满整个电场并且自由电荷的分布不发生变化时，介质中的电场强度一定等于没有电介质时该点电场强度的 $1/\varepsilon_r$ 倍

B. 电介质中的电场强度一定等于没有介质时该点电场强度的 $1/\varepsilon_r$ 倍

C. 在电介质充满整个电场时，电介质中的电场强度一定等于没有电介质时该点电场强度的 $1/\varepsilon_r$ 倍

D. 电介质中的电场强度一定等于没有介质时该点电场强度的 ε_r 倍

8-6　如图 8-24 所示，有一外半径为 R_1、内半径为 R_2 的金属球壳，其内有一同心的半径为 R_3 的金属球。球壳和金属球所带的电量均为 q。求空间的电场分布。

8-7　两个半径分别为 $r_1, r_2 (r_2 > r_1)$ 互相绝缘的同心导体球壳，现将 $+q$ 电量给予内球壳，求外球壳上所带的电荷和外球的电势。

8-8　如图 8-25 所示，A, B 为两块平行无限大的带电导体平板，（1）证明：相对的两个表面上的电荷面密度总是等量异号，而相背的两面上电荷面密度等值同号。（2）若 A, B 两平行导体板带电量分别为 $\sigma_A = 4\ \mu C/m^2, \sigma_B = 8\ \mu C/m^2$，求各表面的电荷面密度。

8-9　如图 8-26 所示，两平行金属板充电后，A 和 B 板上的电荷面密度分别为 $+\sigma$ 和 $-\sigma$，设 P 为两板间任意一点，忽略边缘效应，求：（1）A, B 板上的电荷分别在 P 点产生的场强 $\vec{E}_A$，$\vec{E}_B$；（2）A, B 板上的电荷在 P 点产生的合场强 $\vec{E}$；（3）拿去 B 板后 P 点处的场强 $\vec{E'}$。

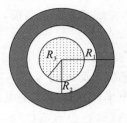

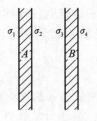

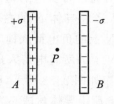

图 8-24　习题 8-6 图　　　　图 8-25　习题 8-8 图　　　　图 8-26　习题 8-9 图

8-10　两块相互平行的金属板 A,B,面积均为 $200\ cm^2$,相距 $5.0\ mm$,A 板带电 $2.66 \times 10^{-8}\ C$,B 板接地,以地为参考点并忽略边缘效应,求 A 板的电势。

8-11　如图 8-27 所示,球形金属壳内外半径分别为 R_1 和 R_2,腔内距球心 r 处有一点电荷 q,求球心 O 点的电势。

8-12　如图 8-28 所示,一平板电容器充满两层厚度各为 d_1 和 d_2 的电介质,它们的相对电容率分别为 ε_{r1} 和 ε_{r2},极板的面积为 S。求电容器的电容。

8-13　如图 8-29 所示,在 A 点和 B 点之间有三个电容器。(1) 求 A,B 之间的等效电容;(2) 若 A,B 之间的电势差为 $12\ V$,求 A,C 之间的电势差。

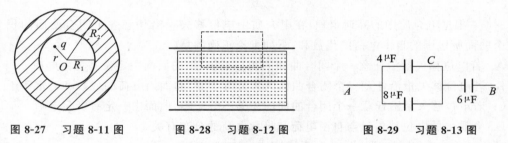

图 8-27　习题 8-11 图　　　　图 8-28　习题 8-12 图　　　　图 8-29　习题 8-13 图

8-14　半径分别为 a 和 b 的两个金属球,它们的间距比本身线度大得多,今用一细导线将两者相连接,并给系统带上电荷 Q,求:(1) 每个球上分配到的电荷是多少?(2) 按电容定义式,计算此系统的电容。

8-15　地球和电离层可当作一个球形电容器,它们之间的距离约为 $100\ km$,试估算地球-电离层系统的电容,设地球与电离层之间为真空。

8-16　有一平板电容器,充电后极板上电荷面密度为 $\sigma_0 = 3.5 \times 10^{-5}\ C/m^2$,现将两极板与电源断开,然后再将相对电容率为 $\varepsilon_r = 2.0$ 的介质插入两极板之间,此时电介质中的电位移矢量、电场强度和电极化强度各为多少?

8-17　同心球形电容器两板的半径分别为 R_1,R_2,中间充满各向同性介质 $\varepsilon = \dfrac{a}{r}$,$a$ 为常数,r 是到球心的距离,内极板和外极板带电量分别为 $+Q$,$-Q$。求:(1) 电容器的电容;(2) 靠近内极板介质表面的极化电荷面密度。

8-18　球形电容器由半径为 R_1 的导体球和与它同心的导体球壳构成,壳的内半径为 R_2,其间充满两层各向同性均匀电介质,介质分界面的半径为 R,相对介电常数分别为 ε_{r1} 和 ε_{r2}。求:(1) 电容器的电容;(2) 当内球带 $-Q$ 电量时,介质分界面上的极化电荷面密度;(3) 电容器中电场能量密度的分布。

8-19　球形电容器的内、外半径分别为 R_1 和 R_2,所带的电量为 $\pm Q$。若在两球之间充满电容率为 ε 的电介质,问此电容器电场的能量为多少?

第 9 章   恒 定 磁 场

人们对磁现象的认识已经有了非常悠久的历史。在我国春秋战国时期,人们就已经知道天然磁石之间相互吸引的磁现象,并发明了用以指引方向的指南针。到了现代文明社会,磁现象更是充满每一个角落。如人们随身携带的银行卡、家庭中烹饪菜肴的电磁炉、出门乘坐的交通工具——磁悬浮列车、记录和存储信息的载体——电脑硬盘等,这些都与物体磁性有关。

物体磁性的来源与电流或运动电荷有着密切关系。在静止电荷周围存在着电场,如果电荷运动,那么在它周围不仅有电场,而且还有磁场。磁场和电场、万有引力场一样,也是物质的一种形态。当电荷运动形成恒定电流时,在它周围激发的磁场也是恒定的,即不随时间变化而变化。本章首先从恒定电流基本磁现象出发引入描述磁场的基本物理量——磁感应强度,然后介绍电流产生磁场的基本规律——毕奥-萨伐尔定律、反映磁场性质的两条基本定理——磁场的高斯定理及安培环路定理,以及磁场对运动电荷和载流导线的作用,最后介绍有磁介质存在时的恒定磁场的基本性质和规律。

由于磁场和电场虽然是两种不同的场,但在探讨思路和研究方法上有类似之处,因此,读者在学习时可对照静电学中的有关内容,通过类比和借鉴,可以更好地掌握本章内容。

9.1   恒 定 电 流

9.1.1   电流   电流密度

电流是由电荷的定向移动形成的,形成电流的带电粒子称为**载流子**(carrier)。在不同的导电对象内,载流子并不一定都相同,如:在金属中,它是带负电的电子;在电解液和气态导体中,载流子是正、负离子和电子;在半导体中,载流子是带负电的电子和带正电的"空穴"。

以金属为例讨论电流的形成。金属可以认为是由自由电子和正离子组成的。正离子构成金属的晶格,而自由电子则在晶格之间做无规则的热运动。无外电场时,电子沿各方向运动的概率是相等的,电子热运动的平均速度为零,不形成电流。当导体两端存在电势差时,导体内部有电场存在,这时自由电子都将受到与电场方向相反的作用力。因此每个电子除了原来无规则的热运动之外,还要在电场的反方向上附加一个运动——漂移运动。大量电子的漂移运动则表现为电子的定向运动,这样就形成了电流。

由带电物体做定向机械运动形成的电流,称为**运流电流**。这里讨论的是离子或自由电子相对于导体的定向运动,这种由离子或自由电子相对于导体做定向运动形成的电流称为**传导电流**。

传导电流形成的条件有:

(1) 导体内有可移动的电荷,即载流子;

(2) 导体两端有电势差。

在金属导体内,自由电子定向移动的方向是由低电势到高电势,但在历史上,人们把正电荷移动的方向定义为电流的方向，因而电流的方向与自由电子移动的方向是相反的。

设有一导体，横截面积为 S，若在时间间隔 dt 内，通过截面 S 的电荷为 dq，则在导体中的**电流强度**（current strength，简称电流）I 为通过横截面 S 的电荷随时间的变化率，即有

$$I = \frac{dq}{dt} \tag{9-1}$$

如果导体中的电流不随时间改变而改变，则称这种电流为**恒定电流**。在国际单位制中，电流的单位为安培，简称安（A）。很多情况下，电流在导体内的分布是不均匀的，也就是说，电流在导体内的分布与空间位置有关，为精确地描述电流的分布规律，需要引入一个物理量，这个物理量就是**电流密度**（current density）。电流密度 $\vec{j}$ 是矢量，其大小和方向规定如下：导体中任一点的电流密度 $\vec{j}$ 的方向规定为该点正电荷的运动方向（场强方向）；$\vec{j}$ 的大小等于在单位时间内，通过该点附近垂直于正电荷运动方向的单位面积的电荷。事实上，电流在导体内的分布，通常可以看作是电流密度场（简称电流场）在导体内的分布。

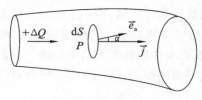

图 9-1　电流密度

如图 9-1 所示，设在电流场中某点 P 处取一面积元 dS，使该面积元的法线矢量 $\vec{e}_n$ 与电荷的运动方向（即电流密度 $\vec{j}$ 的方向）成 α 角。设在 dt 时间内有正电荷 dq 通过面积元 dS，则根据上述对电流密度的定义，有

$$j = \frac{dq}{dt\,dS\cos\alpha} = \frac{dI}{dS\cos\alpha} \tag{9-2}$$

式中，$dS\cos\alpha$ 为面积元 dS 在垂直于电流密度方向上的投影 $dS_\perp$，所以上式又可以写成矢量的标积形式，即

$$dI = j\,dS_\perp = \vec{j} \cdot d\vec{S}$$

通过任意有限截面 S 的电流为

$$I = \int_S \vec{j} \cdot d\vec{S} \tag{9-3}$$

电流的分布同样可以用电流线来形象地描述，这如同我们用电场线描述电场的分布一样：用电流线的疏密表示电流密度的大小；电流线上某一点的切线方向代表该处的电场密度矢量方向。

对于金属导体，电流密度矢量与自由电子数密度及电子的漂移速度之间有定量的对应关系。在金属中，载流子是自由电子，这些电子在正离子组成的金属晶格中做无规则运动，运动过程中它们不断和正离子做无规则的碰撞。在没有外电场作用的情况下，电子的这种无规则运动不可能形成电流。当有外电场作用时，每个电子都受到电场力的作用，形成相对于晶格的定向移动。这样，自由电子除了原来的无规则运动之外，还要加上相对于晶格的定向移动，这个定向移动的平均速度又叫**漂移速度**。

在图 9-2 中，设导体中自由电子数密度为 n，每个电子的漂移速度为 $\vec{v}_d$。在导体内取一面积元 dS，使面积元 dS 与 $\vec{v}_d$ 垂直。在时间间隔 dt 内，通过面积元 dS 的所有电子分布在一个长为 $v_d dt$、底面积为 dS 的柱体内。显然，通过面积元 dS 的电子数目为 $nv_d dt\,dS$，电子的电量的绝对值为 e，由此可求得通过面积元 dS 的电流为

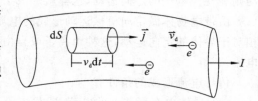

图 9-2　电流与电子漂移速度

$$dI = env_d dS$$

由于面积元与电子漂移速度垂直,根据电流密度的定义有

$$\vec{j} = en\vec{v}_d \qquad (9-4)$$

上式即金属导体内的电流密度与自由电子漂移速度 $\vec{v}_d$ 及电子数密度 n 的关系,它表明电流密度与电子漂移速度和电子数密度成正比。式(9-4)对一般导体或半导体也成立,只是需要将式中的电子电量换成相应的载流子的电荷 q,同时把自由电子的漂移速度换成载流子的平均定向运动速度。

9.1.2　电流连续性方程

由式(9-3)可知,在电流场中,通过某一面积的电流就等于通过该面积的电流密度的通量。考虑如图9-3所示的闭合曲面 S,在单位时间内从闭合曲面内向外流出的电荷,即通过闭合曲面的电流可以表示为

$$I = \frac{dq}{dt} = \oint_s \vec{j} \cdot d\vec{S}$$

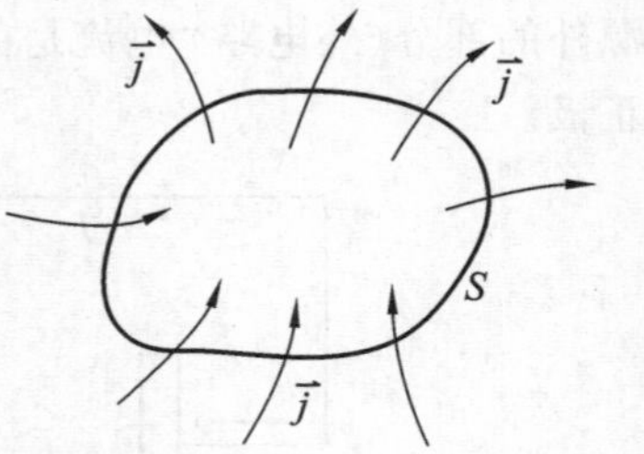

根据电荷守恒定律,在单位时间内从闭合曲面内向外流出的电荷,应当等于此闭合曲面在单位时间内电荷的减少,即有

$$\oint_s \vec{j} \cdot d\vec{S} = -\frac{dq_i}{dt} \qquad (9-5)$$

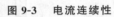

图 9-3　电流连续性

上式中,q_i 表示闭合曲面内的电荷,此式即电流的连续性方程。

前面提到,所谓恒定电流是指导体内各处的电流密度都不随时间变化而变化的电流,这要求导体内的电荷分布也不随时间变化。因此,在恒定电流条件下,式(9-5)右边等于零,于是有

$$\oint_s \vec{j} \cdot d\vec{S} = 0 \qquad (9-6)$$

此式即**恒定电流的条件**,它表明通过任一闭合曲面的恒定电流为零。从电荷的分布看,恒定电流的条件也说明,对恒定电流场中的闭合曲面 S,通过它的一侧流入的电量等于从另一侧流出的电量,因此整个导体的电荷分布不随时间变化,保持了电流的稳定性。

由上面的分析,再讨论与恒定电流对应的电场。由于导体内的电荷分布不随时间改变,这些电荷在导体内所激发的电场也是不随时间改变的,这种电场叫作恒定电场。它是和恒定电流相对应的电场分布,这种电场分布和静止电荷激发的电场类似,因此恒定电场的很多性质和静电场是相同的。例如,它们都服从高斯定理和环路定理。但是两者的性质也有一些重要差别,例如:即使在导体内部,恒定电场也不等于零,而静电平衡时导体内静电场强为零;电荷的定向运动形成电流,因此恒定电场的存在,总伴随着能量的转换(恒定电场对运动电荷要做功),而静止电荷激发静电场并不需要做功。究其根本原因,还是在于产生恒定电场的电荷分布虽然不随时间改变,但这种电荷的分布总伴随着电荷的运动,而产生静电场的电荷是固定不动的。

9.1.3　电源　电动势

不难设想,若在导体两端维持恒定的电势差,那么导体中就会有恒定的电流流过。怎样才能维持恒定的电势差呢?

先考虑如图9-4所示的电容器放电过程,由于充电后的电容器两极之间存在着电势差,因此当用导线把电容器两极连接起来时,导线中有电流通过,两极的电荷迅速减少。显然,电容器放电过程中所产生的电流是非常短暂的,也就是说不能形成持续的电流。要产生恒定的电流,

必须设法使流到负极板上的正电荷重新回到正极板上去,这样就可以在极板上保持恒定的电荷分布,在导体内产生恒定的电场。

由于电极之间的电场方向是由高电势的正极指向低电势的负极的,要使正电荷由负极回到正极,靠静电力不可能实现,只能靠其他类型的力使正电荷逆静电场运动。这种与静电场力类型不同的力,称为**非静电力** $\vec{F}_{ne}$。非静电力 $\vec{F}_{ne}$ 的具体形式随不同的电源而不同,例如化学电池中的非静电力是一种化学作用,发电机中的非静电力是一种电磁作用。

能够提供非静电力而把其他形式的能转化为电能的装置称为**电源**(power source)。在电源内,非静电力做功,使正电荷逆着电场力的方向运动,返回到电势较高的起始位置,从而维持电流线的闭合性。如图 9-5 所示,正是电源内部可以提供非静电力做功,使正电荷能逆着电场线回到正极,才使得两极板上维持恒定的电荷分布,从而产生恒定的电场,形成恒定电流。在电源外的部分(外电路)电流是由正极流向负极的,而在电源内部(称为内电路)电流由负极流向正极。

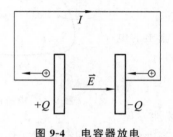

图 9-4　电容器放电

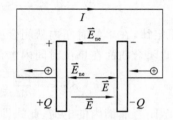

图 9-5　电源的作用

从能量角度来看,电源是一种能将其他形式的能量转化为电路中的电能的装置。为了描述不同电源把其他形式的能量转化为电能的本领大小,引入一个新的物理量——电动势(electromotive force)。在电源内,单位正电荷从负极移动到正极的过程中,非静电力做的功,叫作**电源的电动势**。电动势的这个定义说明,某个电源的非静电力移动单位电荷时所做的功越多,这个电源把其他形式的能量转化为电能的本领也越强。电动势大小可以用公式表示为

$$\mathscr{E} = \frac{A_{ne}}{q} \tag{9-7}$$

式(9-7)中,A_{ne} 表示非静电力所做的功,$\mathscr{E}$ 表示电源的电动势。在国际单位制中,电动势的单位是伏特(V),它的大小完全取决于电源本身的性质,而与外电路无关。电动势是一个标量,为了分析问题的方便,通常把电源内从负极到正极的方向,也就是电势升高的方向叫作电动势的"方向"。

非静电力移动电荷做功的过程,可以等效为电荷在一种"非静电场"的作用下由负极向正极的移动过程。与静电场类似,非静电场可以用非静电场强 $\vec{E}_{ne}$ 来描述。于是,式(9-7)中非静电力移动电荷 q 所做的功可以表示为

$$A_{ne} = \int_{电源内} q\vec{E}_{ne} \cdot d\vec{l}$$

由于在外电路不存在非静电场强,则在外电路的非静电场强积分为零,即 $\int_{外电路} q\vec{E}_{ne} \cdot d\vec{l} = 0$,则有

$$A_{ne} = \oint_l q\vec{E}_{ne} \cdot d\vec{l}$$

即积分可沿整个闭合电路进行,于是式(9-7)可以表示为

$$\mathscr{E} = \oint_l \vec{E}_{ne} \cdot d\vec{l} \tag{9-8}$$

上式即用场的观点来表示电动势,电动势大小仅取决于电源本身的性质,与外电路无关。

9.2　毕奥-萨伐尔定律

9.2.1　磁场　磁感应强度

　　人们曾经认为磁和电是两类截然分开的现象,直到 19 世纪初,才发现磁现象与电现象之间的密切关系。1819—1820 年间,丹麦科学家奥斯特(H. C. Oersted)发现,放置在通电直导线周围的磁针会受到力的作用而发生偏转(见图 9-6)。1820 年,法国物理学家安培(A. M. Ampère)进一步研究发现,载流导线或线圈在磁体附近也会受到力的作用而运动(见图 9-7),其后又发现载流导线之间或载流线圈之间也会有相互作用。这些实验表明,磁现象和电荷的运动是密切联系的,电荷运动会产生磁现象,运动电荷也会受到磁力的作用。

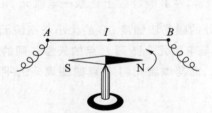

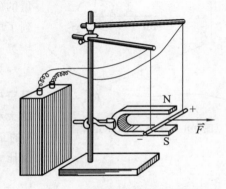

图 9-6　在载流导线附近,磁针发生偏转　　　　图 9-7　磁铁对载流导线的作用

　　为了解释磁的本质,1822 年安培提出了著名的分子电流假说:**一切磁现象的根源是电流**。在磁性物质的分子中,由于电子绕原子核的旋转和电子本身的自旋,在分子中存在着回路电流,称为**分子电流**(molecular current)。分子电流相当于一个基元磁铁,物质的磁性决定于物质中的分子电流。根据安培假说,基元磁铁的两个磁极对应于分子回路电流的正反两个面,因此两个磁极不能单独存在。安培假说与现代磁性理论是相当符合的。

　　与静止电荷间的相互作用类似,磁体或电流之间的相互作用也是通过一种场——磁场(magnetic field)来传递的。磁体或电流在其周围的空间产生磁场,磁场对任何置于其中的其他磁极或电流施加作用力,这是磁场的基本性质之一。

　　磁场是一个矢量场,与电场类似,也引入一个物理量——**磁感应强度**(magnetic induction density),用 $\vec{B}$ 表示,来描述磁场的性质。磁场中某点处 $\vec{B}$ 的方向由该处磁针 N 极所指的方向来确定,其大小可以用运动试探电荷 q 来获得。实验表明,当试探电荷 q 以速度 $\vec{v}$ 沿垂直于 $\vec{B}$ 的方向运动时,它所受的力 $F_\perp$ 与 qv 成正比,且对于磁场中的某一定点来说,该比值是确定的。把这个比值规定为磁场中该点的磁感应强度 $\vec{B}$ 的大小,即

$$B = \frac{F_\perp}{qv} \tag{9-9}$$

若磁场中各点的磁感应强度均不随时间变化，这种磁场称为恒定磁场。若磁场中某一区域内各点的磁感应强度都相同，那么该区域的磁场称为匀强磁场。在国际单位制中，磁感应强度的单位为牛顿每安培米，称为特斯拉，用 T 表示。另一常用单位为高斯，用 Gs 表示，二者的换算关系是 $1\ \text{T} = 10^4\ \text{Gs}$。

9.2.2　毕奥-萨伐尔定律

与静电场中求带电体电场强度的方法类似，为了求得任意电流所产生的磁场的磁感应强度 $\vec{B}$，把电流看成由无数个电流元连接而成。电流元可用矢量 $I\mathrm{d}\vec{l}$ 来表示，$\mathrm{d}\vec{l}$ 表示在载流导线上（沿电流方向）所取的线元矢量，I 为导线中的电流。这样，任意形状的线电流在空间某点所激发的磁场的磁感应强度 $\vec{B}$ 就等于该导线的所有电流元在该点所激发的磁场的磁感应强度 $\mathrm{d}\vec{B}$ 的矢量和。那么，电流元 $I\mathrm{d}\vec{l}$ 与它所激发的磁感应强度之间的关系如何呢？

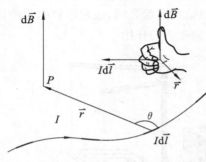

图 9-8　毕奥-萨伐尔定律

19 世纪 20 年代，法国物理学家毕奥（J. B. Biot）和萨伐尔（F. Savart）等人对载流导线产生的磁场做了大量的研究，并在法国数学家拉普拉斯的帮助下，总结得到了电流元产生磁场的磁感应强度的数学表达式，称为毕奥-萨伐尔定律，其表述如下：

如图 9-8 所示，在载流导线上任取一电流元 $I\mathrm{d}\vec{l}$，在真空中某点 P 处的磁感应强度 $\mathrm{d}\vec{B}$ 的大小与电流元 $I\mathrm{d}\vec{l}$ 的大小成正比，与电流元 $I\mathrm{d}\vec{l}$ 到 P 点的矢量 $\vec{r}$ 间的夹角 θ 的正弦成正比，而与电流元到 P 点的距离 r 的平方成反比，即

$$\mathrm{d}B = \frac{\mu_0}{4\pi} \cdot \frac{I\mathrm{d}l\sin\theta}{r^2} \tag{9-10}$$

式中，$\mu_0 = 4\pi \times 10^{-7}\ \text{N/A}^2$，称为真空磁导率（permeability of vacuum）。电流元在 P 点产生的磁感应强度的方向总是垂直于 $\mathrm{d}\vec{l}$ 和 $\vec{r}$ 构成的平面，并沿 $I\mathrm{d}\vec{l} \times \vec{e}_r$ 的方向，因此毕奥-萨伐尔定律的矢量形式表达式为

$$\mathrm{d}\vec{B} = \frac{\mu_0}{4\pi} \frac{I\mathrm{d}\vec{l} \times \vec{e}_r}{r^2} \tag{9-11}$$

式中，$\vec{e}_r = \dfrac{\vec{r}}{r}$，是电流元指向 P 点方向上的单位矢量。整个载流导线 l 在点 P 产生的磁感应强度，等于各电流元在点 P 产生的磁感应强度的矢量和，即

$$\vec{B} = \frac{\mu_0}{4\pi}\int_l \frac{I\mathrm{d}\vec{l} \times \vec{e}_r}{r^2} \tag{9-12}$$

应该指出，毕奥-萨伐尔定律是以实验为基础，经过科学抽象而得到的，它不能直接用实验来验证。然而应用式（9-12）计算各种形状的电流分布所激发的磁感应强度 $\vec{B}$ 的结果与实验结果相符，这就间接证明了式（9-11）的正确性。

应用毕奥-萨伐尔定律可以计算不同电流分布所产生的磁场的磁感应强度。解题一般步骤如下：

（1）根据已知电流的分布与待求场点的位置,选取合适的电流元 $I\mathrm{d}\vec{l}$。

（2）根据电流的分布与磁场分布的特点,选取合适的坐标系。

（3）根据所选择的坐标系,按照毕奥-萨伐尔定律写出电流元产生的磁感应强度 $\mathrm{d}\vec{B}$。

（4）由叠加原理求出整个载流导线在场点处的磁感应强度 $\vec{B}$ 的分布。

（5）一般来说,需要将磁感应强度的矢量积分变为标量积分,并选取合适的积分变量,来统一积分变量。

下面应用毕奥-萨伐尔定律来计算几种电流的磁场分布。

1. 载流直导线的磁场

如图 9-9 所示,设在真空中有一段长为 L、载有电流 I 的直导线,求距直导线为 a 处任意一点 P 的磁感应强度 $\vec{B}$。

解　建立如图 9-9 所示的坐标系,在载流直导线上,任取一电流元 $I\mathrm{d}z$,由毕奥-萨伐尔定律得电流元在 P 点产生的磁感应强度大小为

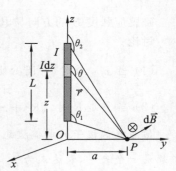

$$\mathrm{d}B = \frac{\mu_0}{4\pi}\frac{I\mathrm{d}z\sin\theta}{r^2}$$

磁感应强度方向为垂直纸面向里。所有电流元在 P 点产生的磁场方向相同,所以求总磁感应强度的积分为标量积分,即

$$B = \int_L \mathrm{d}B = \frac{\mu_0}{4\pi}\int_L \frac{I\mathrm{d}z\sin\theta}{r^2}$$

图 9-9　载流直导线的磁场

由图可知,$z = a\cot(\pi-\theta) = -a\cot\theta$,$\mathrm{d}z = \dfrac{a\mathrm{d}\theta}{\sin^2\theta}$,$r^2 = \dfrac{a^2}{\sin^2\theta}$。

将以上各式代入积分式,取积分下限为 θ_1,上限为 θ_2,整理后积分得

$$B = \frac{\mu_0}{4\pi}\int_{\theta_1}^{\theta_2}\frac{I\sin\theta\mathrm{d}\theta}{a} = \frac{\mu_0 I}{4\pi a}(\cos\theta_1 - \cos\theta_2)$$

讨论: 当载流直导线为无限长,即 $\theta_1 = 0,\theta_2 = \pi$ 时,在 P 点的磁感应强度 $\vec{B}$ 的大小为

$$B = \frac{\mu_0 I}{2\pi a}$$

可见,无限长载流直导线周围任一点的磁感应强度 $\vec{B}$ 的大小与该点到导线的垂直距离 a 的一次方成反比。对于长度为 L 的直导线,在 $a \ll L$ 时,上式近似成立。

思考: 若载流直导线为半无限长,即 P 位于导线一端附近处时,其磁感应强度 $\vec{B}$ 的大小将是多少?若 P 位于载流直导线的延长线上或就在载流直导线上,其磁感应强度 $\vec{B}$ 的大小又将是多少?

2. 载流圆线圈轴线上的磁场

如图 9-10 所示的圆环,求其轴线上距圆心 O 为 x 处的 P 点的磁感应强度。

解　在载流圆线圈上任取一电流元 $I\mathrm{d}\vec{l}$,设该电流元到 P 点的径矢为 $\vec{r}$,显然,$I\mathrm{d}\vec{l} \perp \vec{r}$,根据毕奥-萨伐尔定律,电流元在 P 点产生的磁感应强度 $\mathrm{d}\vec{B}$ 的大小为

$$\mathrm{d}B = \frac{\mu_0}{4\pi}\frac{I\mathrm{d}l\sin 90°}{r^2} = \frac{\mu_0}{4\pi}\frac{I\mathrm{d}l}{r^2}$$

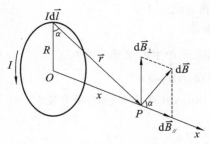

图 9-10　载流圆线圈轴线上的磁场

由图可知，$x = r\sin\alpha$，则

$$\mathrm{d}B = \frac{\mu_0}{4\pi} \frac{I\mathrm{d}l}{x^2} \sin^2\alpha$$

由圆线圈对称性可知，所有电流元在 P 点产生的磁感应强度 $\mathrm{d}\vec{B}$ 在与 x 轴垂直方向上的分量 $\mathrm{d}\vec{B}_{\perp}$ 总和为零，故

$$B = \oint\mathrm{d}B_{/\!/} = \oint\mathrm{d}B\cos\alpha = \frac{\mu_0}{4\pi} \frac{I}{x^2} \sin^2\alpha\cos\alpha\oint\mathrm{d}l$$

由几何关系有 $\cos\alpha = \dfrac{R}{\sqrt{R^2 + x^2}}$，$\sin^2\alpha = \dfrac{x^2}{R^2 + x^2}$，$\oint\mathrm{d}l = 2\pi R$，代入上式，整理得

$$B = \frac{\mu_0}{2} \frac{R^2 I}{(R^2 + x^2)^{3/2}}$$

磁感应强度 $\vec{B}$ 的方向与电流的环绕方向满足右手螺旋法则。

讨论：

（1）当 $x = 0$ 时，即圆心处的磁感应强度 $B = \dfrac{\mu_0 I}{2R}$。

（2）当 $x \gg R$ 时，$(R^2 + x^2)^{3/2} \approx x^3$，则 $B = \dfrac{\mu_0 I R^2}{2x^3}$。

仿照电偶极子的电偶极矩概念，在磁场中引入载流线圈的**磁矩**（magnetic moment）概念，磁矩是一个矢量，表达式为 $\vec{p}_{\mathrm{m}} = I\vec{S}$，$\vec{S}$ 的正法线方向与电流流向成右手螺旋关系，于是 P 点处的磁感应强度可写成

$$\vec{B} = \frac{\mu_0 I\vec{S}}{2\pi x^3} = \frac{\mu_0 \vec{p}_{\mathrm{m}}}{2\pi x^3}$$

3. 载流直螺线管中的磁场

绕在圆柱面上的螺线形线圈叫作螺线管。设在真空中有一个直螺线管是密绕的，即整个螺线管可以近似地看成一系列半径相同的圆线圈同轴密排而成，绕线的螺距可以忽略。如图 9-11 所示，设螺线管半径为 R，长度为 L，单位长度内绕有 n 匝线圈，总匝数 N，线圈中电流为 I。试求其管内轴线上一点 P 处的磁感应强度 $\vec{B}$。

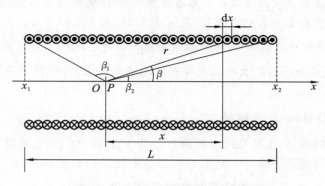

图 9-11　载流直螺线管中的磁场

解　以 P 为原点，沿轴线方向建立 Ox 坐标轴，由于直螺线管为密绕的，所以每匝线圈可

近似看作是一闭合的圆电流，P 点的磁感应强度可以看成各匝线圈在该点产生的磁感应强度的矢量和。在螺线管上距 P 点为 x 处取一段 dx，则可将其看作是 $dI = In\,dx$ 的圆电流。应用载流圆线圈轴线上的磁场的结论，可得其在 P 点处的磁感应强度为

$$dB = \frac{\mu_0}{2}\frac{nIR^2\,dx}{(R^2 + x^2)^{3/2}}$$

方向沿 x 轴正向。整个螺线管在 P 点的磁感应强度为

$$B = \int dB = \int_{x_1}^{x_2} \frac{\mu_0}{2}\frac{nIR^2\,dx}{(R^2 + x^2)^{3/2}}$$

由图可得 $x = R\cot\beta$，于是 $dx = -R\csc^2\beta\,d\beta$，代入上式得

$$B = -\int_{\beta_1}^{\beta_2} \frac{\mu_0 nI}{2}\sin\beta\,d\beta = \frac{\mu_0 nI}{2}(\cos\beta_2 - \cos\beta_1)$$

讨论：

（1）无限长螺线管：因 $L \to \infty$，$\beta_1 = \pi$，$\beta_2 = 0$，轴线上磁感应强度大小为 $B = \mu_0 nI$。可见，无限长螺线管轴线上的磁场是均匀的。这一结论不仅适用于轴线上，而且适用于螺线管内各点，即无限长螺线管内的磁场是均匀的，磁感应强度的大小均为 $\mu_0 nI$，方向与轴线平行。

（2）半无限长螺线管的一端：因 $\beta_1 = \pi$，$\beta_2 = \frac{\pi}{2}$，或者 $\beta_1 = \frac{\pi}{2}$，$\beta_2 = 0$，故有 $B = \frac{1}{2}\mu_0 nI$。可见，半无限长螺线管轴上端点处的磁感应强度为无限长螺线管内磁感应强度的一半。长螺线管 $(L \gg R)$ 轴线上的磁场分布情况如图 9-12 所示。

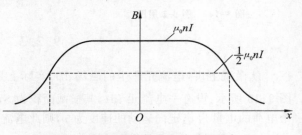

图 9-12　长螺线管轴线上的磁场分布

例 9-1　如图 9-13 所示，一内外半径分别为 R_1 和 R_2 的薄圆环均匀带正电，电荷面密度为 σ，以角速度 ω 绕通过环心且垂直于环面的轴转动。求：（1）环心处的磁场；（2）等效磁矩。

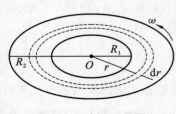

图 9-13　例 9-1 用图

解　（1）可将圆环分成许多同心的细圆环。考虑其上任一半径为 r，宽为 dr 的细圆环（见图 9-13），该细圆环所带电荷量为

$$dq = \sigma dS = \sigma 2\pi r dr$$

当圆环以角速度 ω 转动时，该细环等效于一载流圆线圈，其电流为

$$dI = \frac{\omega}{2\pi}dq = \sigma\omega r\,dr$$

应用圆电流在圆心处的磁感应强度公式，可得细圆环在环心 O 处的磁感应强度为

$$dB = \frac{\mu_0 dI}{2r} = \frac{\mu_0 \sigma\omega}{2}dr$$

于是整个转动圆环在环心 O 处的磁感应强度为

$$B = \int_{R_1}^{R_2} dB = \frac{\mu_0 \sigma\omega}{2}(R_2 - R_1)$$

$\vec{B}$ 的方向垂直纸面向外。

（2）细圆环转动形成的圆电流的磁矩为

$$\mathrm{d}p_{\mathrm{m}} = \mathrm{d}I \cdot S = \sigma\omega r\,\mathrm{d}r \cdot \pi r^2 = \sigma\omega\pi r^3\,\mathrm{d}r$$

整个圆环转动形成的电流的等效磁矩为

$$p_{\mathrm{m}} = \int\mathrm{d}p_{\mathrm{m}} = \int_{R_1}^{R_2}\sigma\omega\pi r^3\,\mathrm{d}r = \frac{1}{4}\sigma\omega\pi(R_2^4 - R_1^4)$$

例 9-2　如图 9-14 所示，一宽为 a 的薄金属板，其电流强度为 I 并均匀分布。试求在板平面内距板一边为 b 的 P 点的磁感应强度 $\vec{B}$。

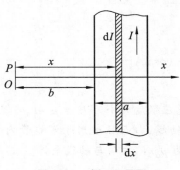

图 9-14　例 9-2 用图

解　取 P 为原点，x 轴过平板所在平面且与板边垂直，在 x 处取窄条，视为无限长载流导线，它在 P 点产生的 $\mathrm{d}\vec{B}$ 的方向为垂直纸面向外，大小为

$$\mathrm{d}B = \frac{\mu_0\mathrm{d}I}{2\pi x} = \frac{\mu_0 I\mathrm{d}x}{2\pi ax}\text{（均匀分布）}$$

所有这样的窄条在 P 点的 $\mathrm{d}\vec{B}$ 方向均相同，所以求 $\vec{B}$ 的大小可用下面代数积分

$$B = \int\mathrm{d}B = \int_b^{b+a}\frac{\mu_0 I\mathrm{d}x}{2\pi ax} = \frac{\mu_0 I}{2\pi a}\ln\frac{b+a}{a}$$

9.2.3　匀速运动电荷的磁场

从微观上讲，电流元产生的磁场 $\mathrm{d}\vec{B}$，实际上是电流元内做定向运动的电荷共同产生的。如图 9-15 所示，设有一电流元 $I\mathrm{d}\vec{l}$，其横截面积为 S，电流元中做定向运动的电荷的数密度为 n，每个电荷的电量为 q，定向运动的速度为 $\vec{v}$，则此电流元的电流 $I = nqvS$。根据毕奥-萨伐尔定律有

$$\mathrm{d}\vec{B} = \frac{\mu_0}{4\pi}\frac{I\mathrm{d}\vec{l}\times\vec{e}_r}{r^2} = \frac{\mu_0}{4\pi}\frac{nSq\,\mathrm{d}l\vec{v}\times\vec{e}_r}{r^2}$$

因电流元中带电粒子数 $\mathrm{d}N = nS\mathrm{d}l$，所以一个以速度 $\vec{v}$ 运动的电荷在距它为 r 处产生的磁感应强度为

$$\vec{B} = \frac{\mathrm{d}\vec{B}}{\mathrm{d}N} = \frac{\mu_0}{4\pi}\frac{q\vec{v}\times\vec{e}_r}{r^2} \tag{9-13}$$

$\vec{B}$ 的方向垂直于 $\vec{v}$ 和 $\vec{r}$ 组成的平面向里。应该说明的是，只有当电荷运动的速度远小于光速时，式（9-13）才成立。另外，$\vec{B}$ 的方向可由右手螺旋法则确定，与运动电荷的正负有关。如果粒子带正电，即 $q > 0$，则 $\vec{B}$ 的方向沿 $\vec{v}\times\vec{e}_r$ 方向；如果粒子带负电，即 $q < 0$，则 $\vec{B}$ 的方向沿 $\vec{v}\times\vec{e}_r$ 的反方向，如图 9-16 所示。

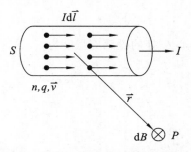

图 9-15　电流元中的运动电荷

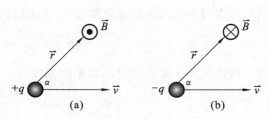

图 9-16　运动电荷磁场的方向

9.3　磁场的高斯定理

9.3.1　磁感应线　磁通量

在静电场中,可以用电场线来形象描述电场的分布情况;与此类似,在恒定磁场中也可以用磁场线来形象描述磁场的分布情况,磁场线也称**磁感应线**(magnetic induction line)。规定:① 磁感应线上任一点切线的方向即为磁感应强度 $\vec{B}$ 的方向;② 磁感应强度 $\vec{B}$ 的大小可用磁感应线的疏密程度表示。

图 9-17 所示分别是载流长直导线、圆电流、载流长螺线管等典型电流的磁感应线分布的示意图。

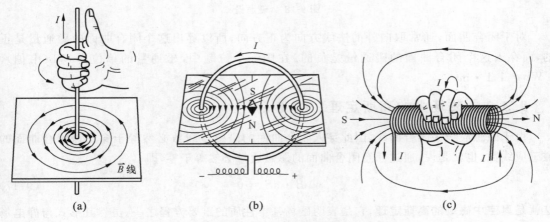

图 9-17　几种磁感应线示意图

从图 9-17 中的几种典型载流导线可以看出,磁感应线的绕行方向与电流流向都遵守右手螺旋法则。磁感应线有如下特性:

(1) 磁感应线是环绕电流的无头无尾的闭合曲线,没有起点,也没有终点,即没有磁单极子存在。

(2) 任意两条磁感应线不相交,这一性质与电场线相同。

为了使磁感应线能够定量地描述磁场的强弱,规定:通过某点垂直于磁感应强度方向的单位面积的磁感应线条数,在数值上等于该点磁感应强度矢量的大小。这样,磁场较强的地方,磁感应线就较密;反之,磁场较弱的地方,磁感应线就较疏。在均匀磁场中,磁感应线是一组间隔相等的同方向平行线。

在磁场中穿过任意曲面 S 的磁感应线条数称为穿过该面的**磁通量**(magnetic flux),用 Φ_m 表示,如图9-18(a)所示。为了计算穿过任意曲面 S 的磁通量,需将曲面 S 分割成无限多个面积元。任取一个面积元 $\mathrm{d}S$,根据磁通量的定义,穿过该面积元的磁通量,即磁感应线条数为

$$\mathrm{d}\Phi_m = B\cos\theta\,\mathrm{d}S = \vec{B} \cdot \mathrm{d}\vec{S} \tag{9-14}$$

式中,θ 是面积元 $\mathrm{d}\vec{S}$ 的法向单位矢量 $\vec{e}_n$ 与磁感应强度 $\vec{B}$ 之间的夹角,$\mathrm{d}\vec{S} = \mathrm{d}S\,\vec{e}_n$ 是面积元矢量。对上式积分,可得到穿过整个曲面 S 的磁通量为

$$\Phi_{\mathrm{m}} = \int_S B\cos\theta\mathrm{d}S = \int_S \vec{B}\cdot\mathrm{d}\vec{S} \tag{9-15}$$

如果曲面 S 是一闭合曲面，如图 9-18(b) 所示，则穿过闭合曲面 S 的磁通量为

$$\Phi_{\mathrm{m}} = \oint_S B\cos\theta\mathrm{d}S = \oint_S \vec{B}\cdot\mathrm{d}\vec{S} \tag{9-16}$$

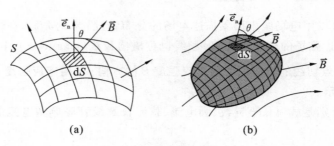

图 9-18　磁通量

对于闭合曲面，通常取向外的法线方向为正方向，所以穿出这个闭合曲面的磁通量是正的，而穿入这个闭合曲面的磁通量是负的。在国际单位制中，磁通量的单位是 Wb（韦伯），$1\ \mathrm{Wb} = 1\ \mathrm{T}\cdot\mathrm{m}^2$。

9.3.2　磁场中的高斯定理

由于磁感应线为闭合曲线，因此穿入闭合曲面的磁感应线数必然等于穿出该闭合曲面的磁感应线数，也就是说，通过任意闭合曲面的总磁通量必然等于零，即

$$\oint_S \vec{B}\cdot\mathrm{d}\vec{S} = 0 \tag{9-17}$$

这就是**真空中磁场的高斯定理**。它是表明磁场基本性质的重要方程之一。虽然其形式与静电场的高斯定理相似，但二者有本质上的区别。在静电场中，由于自然界有独立存在的自由电荷，所以通过某一闭合曲面的电通量可以不为零，说明静电场是有源场；在磁场中，因自然界没有单独存在的磁极，所以通过任一闭合曲面的磁通量必恒等于零，说明磁场是无源场，或者说是涡旋场。

9.4　安培环路定理及其应用

在静电场中，电场强度 $\vec{E}$ 的环流（沿任一闭合回路的线积分）恒等于零，即 $\oint_L \vec{E}\cdot\mathrm{d}\vec{l} = 0$，它反映了静电场是保守场的性质。对于恒定磁场，磁感应强度矢量 $\vec{B}$ 沿任一闭合回路的线积分 $\oint_L \vec{B}\cdot\mathrm{d}\vec{l}$（$\vec{B}$ 的环流）是否等于零？恒定磁场是否为保守场？

9.4.1　安培环路定理

根据毕奥-萨伐尔定律可以得出：磁感应强度 $\vec{B}$ 沿任何闭合路径的环路积分等于穿过该环路所有电流强度的代数和的 μ_0 倍，其数学表达式为

$$\oint_L \vec{B}\cdot\mathrm{d}\vec{l} = \mu_0 \sum_i I_i \tag{9-18}$$

上式称为磁场的安培环路定理。该定理表明磁场是有旋场和非保守场。下面以无限长载流直导线的磁场来验证上述定理。

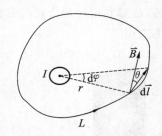

设真空中有一无限长载流直导线，电流为 I，垂直纸面向外，如图 9-19 所示。由于无限长载流直导线的磁感应线是以直导线为圆心的一系列同心圆，其绕向与电流 I 方向成右手螺旋关系。现在垂直于导线的平面内任取一闭合路径 L 且包围该电流，则磁感应强度沿该闭合路径的环路积分为

图 9-19　长直导线磁场中的环路积分

$$\oint_L \vec{B} \cdot d\vec{l} = \oint_L B\cos\theta dl$$

式中，θ 为路径上的线元 $d\vec{l}$ 与该处磁感应强度的夹角。由几何关系知 $\cos\theta dl = r d\varphi$，$r$ 为线元到直导线的距离。将 $B = \dfrac{\mu_0 I}{2\pi r}$ 代入上式，可得

$$\oint_L \vec{B} \cdot d\vec{l} = \int_0^{2\pi} \frac{\mu_0 I}{2\pi r} r\, d\varphi = \mu_0 I$$

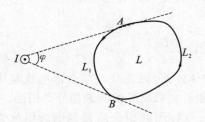

现在再考虑垂直于直导线平面内的闭合路径 L 不包围电流的情形。如图 9-20 所示，若从直导线引两条切线，将路径 L 分为 L_1 和 L_2 两部分，则

$$\oint_L \vec{B} \cdot d\vec{l} = \int_{L_1} \vec{B} \cdot d\vec{l} + \int_{L_2} \vec{B} \cdot d\vec{l}$$

$$= \frac{\mu_0 I}{2\pi}\left(\int_{L_1} d\varphi + \int_{L_2} d\varphi\right) = \frac{\mu_0 I}{2\pi}(\varphi - \varphi) = 0$$

图 9-20　闭合路径不包围电流时的环路积分

可见，当闭合路径不包围电流时，$\vec{B}$ 的环路积分为零。

为了更好地理解安培环路定理，有以下几点需要说明：

（1）安培环路定理对于恒定电流的任一形状的闭合回路均成立，反映了恒定电流产生磁场的规律。恒定电流本身是闭合的，故安培环路定理仅适用于闭合的载流导线，而对于任意设想的一段载流导线则不成立。

（2）电流的正负规定：若电流流向与积分回路的绕向满足右手螺旋关系，则式中的电流取正值；反之取负值。

（3）$\oint_L \vec{B} \cdot d\vec{l}$ 只与闭合回路所包围的电流有关，但路径上磁感应强度 $\vec{B}$ 是闭合路径内外电流分别产生的磁感应强度的矢量和。

（4）磁场中 $\vec{B}$ 的环流一般不等于零，说明恒定磁场与静电场不同，恒定磁场是非保守场，不能引入与静电场中电势相应的物理量。

9.4.2　安培环路定理的应用

安培环路定理对于研究恒定磁场有重要意义。应用安培环路定理，计算一些具有一定对称性的电流分布的磁感应强度十分方便。计算时，首先用磁场叠加原理对载流体的磁场做对称性分析；然后根据磁场的对称性和特征，设法找到满足一定条件（可使 $\vec{B}$ 提到积分符号外）的积

分路径;最后利用定理公式求磁感应强度。下面举例讨论几种情况的磁场分布,说明安培环路定理的应用。

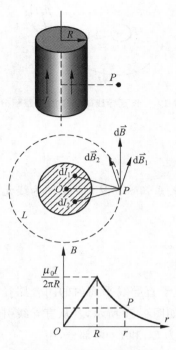

图 9-21　无限长均匀载流
圆柱导体的磁场

例 9-3　如图 9-21 所示,有一无限长载流圆柱导体,截面半径为 R,电流在截面内均匀分布,电流为 I,试求圆柱导体内外的磁场分布。

解　由于电流分布有轴对称性,而且圆柱体很长,所以磁场对圆柱导体轴线同样是有对称性的。磁感应线是在垂直于轴线平面内以该平面与轴线交点为圆心的一系列同心圆,如图 9-21 所示。因此可以选取通过场点 P 的圆作为积分回路,圆的半径为 r,使电流方向与积分回路绕行方向满足右手螺旋法则,在每一个圆周上 $\vec{B}$ 的大小是相同的,方向与每点的 $\mathrm{d}\vec{l}$ 的方向相同,则有 $\vec{B}\cdot\mathrm{d}\vec{l}=B\mathrm{d}l$。利用安培环路定理,对半径为 r 的环路有

$$\oint_L \vec{B}\cdot\mathrm{d}\vec{l}=\oint_L B\mathrm{d}l=B\cdot 2\pi r=\mu_0\sum_i I_i$$

对于圆柱体外部一点,闭合积分路径包围的电流为 $\sum_i I_i = I$,可得

$$B=\frac{\mu_0 I}{2\pi r}\quad(r>R)$$

结果表明,在圆柱体外部,磁场分布与全部电流集中在圆柱导体轴线上的无限长直载流导线的磁场分布相同。

对于圆柱体内部一点,闭合积分路径包围的电流为总电流 I 的一部分,由于电流均匀分布,所以

$$\sum_i I_i = \frac{I}{\pi R^2}\pi r^2 = \frac{r^2}{R^2}I$$

于是有

$$B=\frac{\mu_0}{2\pi r}\frac{r^2}{R^2}I=\frac{\mu_0 rI}{2\pi R^2}\quad(r<R)$$

结果表明,在圆柱体内部,磁感应强度 $\vec{B}$ 的大小与 r 成正比。B-r 曲线如图 9-21 所示。

例 9-4　如图 9-22 所示,设无限长载流密绕螺线管中通有电流 I,单位长度上的匝数为 n,试求载流螺线管内的磁场分布。

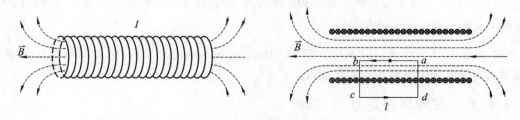

图 9-22　无限长螺线管的磁场

解　如图 9-22 所示,根据对称性可知,管内平行于轴线的任一直线上各点的磁感应强度相同。作过管内任意场点 P 的一矩形闭合曲线 $abcd$ 为积分路径 l,则环路 ab 段的 $\mathrm{d}\vec{l}$ 方向与磁

场 $\vec{B}$ 的方向一致,即 $\vec{B}$ 与 $d\vec{l}$ 的夹角为 $0°$,故在 ab 段上,$\vec{B} \cdot d\vec{l} = Bdl$;在环路 cd 段上,$\vec{B} = 0$,则 $\vec{B} \cdot d\vec{l} = 0$;在环路 bc 段和 da 段上,管内部分 $\vec{B}$ 与 $d\vec{l}$ 垂直,管外部分 $\vec{B} = 0$,则都有 $\vec{B} \cdot d\vec{l} = 0$。因此,沿此闭合路径 l,磁感应强度 $\vec{B}$ 的环流为

$$\oint_L \vec{B} \cdot d\vec{l} = \int_a^b \vec{B} \cdot d\vec{l} + \int_b^c \vec{B} \cdot d\vec{l} + \int_c^d \vec{B} \cdot d\vec{l} + \int_d^a \vec{B} \cdot d\vec{l} = \int_a^b \vec{B} \cdot d\vec{l} = B\overline{ab}$$

螺线管上每单位长度有 n 匝线圈,通过每匝的电流是 I,则闭合路径所围绕的总电流为 $n\,\overline{ab}\,I$。根据右手螺旋法则,其方向是正的。由安培环路定理 $B\overline{ab} = \mu_0 n\overline{ab}I$,因此有

$$B = \mu_0 nI$$

此结果表明管内中间部分的磁场是均匀的。

例 9-5　如图 9-23 所示,设真空中有一螺绕环,环上均匀密绕 N 匝线圈,环的平均半径为 R,线圈中电流为 I,求螺绕环的磁场分布。

解　根据对称性分析,环内磁感应强度为一系列以螺绕环中心为圆心的同心圆,在同一磁感应线上,$\vec{B}$ 大小相等,方向沿磁感应线的切线方向。如图 9-23 所示,以螺绕环中心为圆心,以 r 为半径在螺绕环内作一与螺绕环同轴的圆形闭合路径。根据安培环路定理可得

$$\oint_L \vec{B} \cdot d\vec{l} = B \cdot 2\pi r = \mu_0 NI$$

则在螺绕环内部的磁感应强度为

$$B = \frac{\mu_0 NI}{2\pi r}$$

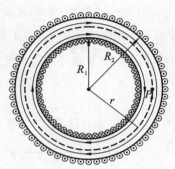

图 9-23　螺绕环的磁场

可见,螺绕环内任意点处的磁感应强度随到环心的距离变化而变化,即螺绕环内的磁场是不均匀的。用 R 表示螺绕环的平均半径,当 $R \gg R_2 - R_1$ 时,可近似认为环内任一与环共轴的同心圆的半径 $r \approx R$,则上式可变换为

$$B = \mu_0 \frac{N}{2\pi R}I = \mu_0 nI$$

式中,$n = \dfrac{N}{2\pi R}$ 为环上单位长度所绕的匝数。因此,当螺绕环的平均半径比环的内外半径之差大得多时,环内的磁场可视为相同的,计算公式与长直螺线管相同。

再分析螺绕环外的磁场分布。类似地,在环外取一圆形闭合回路,因穿过它的总电流为零,由安培环路定理可得

$$\oint_L \vec{B} \cdot d\vec{l} = 2\pi rB = 0$$

则可得

$$B = 0$$

上述结果表明,密绕螺绕环内部的磁场可近似看成均匀的,环外无磁场。

9.5　带电粒子在磁场和电场中的运动及其应用

9.5.1　洛伦兹力

带电粒子在磁场中运动时,受到磁场的作用力,这种磁场对运动电荷的作用力叫作**洛伦兹力**(Lorentz force)。9.2 节中已经指出,当带电粒子沿磁场方向运动时,作用在带电粒子上的洛

伦兹力为零；带电粒子的运动方向与磁场方向相互垂直时，所受洛伦兹力最大，记作 $\vec{F}_{m\perp}$，其值为

$$F_{m\perp} = qvB$$

并且磁力 $\vec{F}_{m\perp}$、电荷运动速度 $\vec{v}$ 和磁感应强度 $\vec{B}$ 三者相互垂直。

一般情况下，运动的带电粒子在磁场中某点所受到的洛伦兹力 $\vec{F}_m$ 的大小，与粒子所带电量 q 的量值、粒子运动速度 $\vec{v}$ 的大小、该点处磁感应强度 $\vec{B}$ 的大小以及 $\vec{B}$ 与 $\vec{v}$ 之间夹角 θ 的正弦成正比。洛伦兹力 $\vec{F}_m$ 的大小为

$$F_m = qvB\sin\theta \qquad\qquad (9\text{-}19)$$

洛伦兹力 $\vec{F}_m$ 的矢量表达式为

$$\vec{F}_m = q\vec{v} \times \vec{B} \qquad\qquad (9\text{-}20)$$

如图 9-24 所示，洛伦兹力 $\vec{F}_m$ 的方向垂直于 $\vec{v}$ 和 $\vec{B}$ 构成的平面，其指向按右手螺旋法则由矢积 $\vec{v} \times \vec{B}$ 的方向以及 q 的正负来确定：对于正电荷，$\vec{F}_m$ 的方向与矢积 $\vec{v} \times \vec{B}$ 的方向相同；对于负电荷，$\vec{F}_m$ 的方向与矢积 $\vec{v} \times \vec{B}$ 的方向相反。

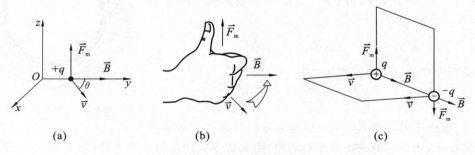

(a) 　　　　　　　(b) 　　　　　　　(c)

图 9-24　洛伦兹力的方向

由于运动电荷在磁场中所受的洛伦兹力的方向始终与运动电荷的速度垂直，所以洛伦兹力只能改变运动电荷速度的方向，不能改变运动电荷速度的大小。也就是说**洛伦兹力只能使运动电荷的运动路径发生弯曲，但对运动电荷不做功**。这是洛伦兹力的一个重要特性。

例 9-6　宇宙射线中的一个质子以速率 $v = 1.0 \times 10^7$ m/s 竖直进入地球磁场内，估算作用在这个质子上的磁力多大。（地面附近磁感应强度约为 $B = 0.3 \times 10^{-4}$ T）

解　已知质子所带电荷量为 $q = 1.6 \times 10^{-19}$ C，按照洛伦兹力公式，可算出磁场对质子的作用力为

$$F_m = qvB\sin\theta = 1.6 \times 10^{-19} \times 1.0 \times 10^7 \times 0.3 \times 10^{-4} \times \sin90° \text{ N}$$
$$= 4.8 \times 10^{-17} \text{ N}$$

这个力约是质子重力（$mg = 1.6 \times 10^{-26}$ N）的 10^9 倍，因此当讨论微观带电粒子在磁场中的运动时，一般可以忽略重力的影响。

9.5.2　带电粒子在磁场中的运动

一个带电荷为 q、质量为 m 的粒子，在电场强度为 $\vec{E}$ 的电场中所受到的电场力为

$$\vec{F}_e = q\vec{E}$$

一个带电荷为 q、质量为 m 的粒子，以速度 $\vec{v}$ 进入磁感应强度为 $\vec{B}$ 的均匀磁场中，它所受到

的洛伦兹力为

$$\vec{F}_m = q\vec{v} \times \vec{B}$$

一般情况下,带电粒子如果既在电场中又在磁场中运动,则带电粒子在电场和磁场中所受的力应为电场力和洛伦兹力的和,即

$$\vec{F} = \vec{F}_e + \vec{F}_m = q\vec{E} + q\vec{v} \times \vec{B} \tag{9-21}$$

下面讨论带电粒子在均匀磁场中的运动情形。

如果有一个带电粒子电荷为 q,质量为 m,以初速度 $\vec{v}$ 进入磁感应强度为 $\vec{B}$ 的均匀磁场中,根据 $\vec{v}$ 与 $\vec{B}$ 之间的方向关系,分三种情况讨论带电粒子在磁场中的运动。

(1) 粒子的初速度 $\vec{v}$ 与磁场平行或反平行,即 $\vec{v} /\!/ \vec{B}$,磁场对运动粒子的作用力 $\vec{F}_m = 0$,带电粒子做速度为 $\vec{v}$ 的匀速直线运动,不受磁场的影响。

(2) 粒子的初速度 $\vec{v}$ 与磁场垂直,即 $\vec{v} \perp \vec{B}$,带电粒子所受的洛伦兹力的大小为 $F_m = qvB$,方向与速度 $\vec{v}$ 垂直,所以洛伦兹力只能改变速度的方向,不改变速度的大小。带电粒子进入磁场后,将做匀速圆周运动,洛伦兹力提供了向心力,如图 9-25 所示。

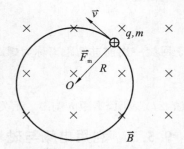

图 9-25　带电粒子在均匀磁场中的圆周运动

由牛顿第二定律,得

$$qvB = m\frac{v^2}{R}$$

所以圆轨道半径为

$$R = \frac{mv}{qB} \tag{9-22}$$

从式(9-22)可以看出,粒子运动半径 R 与带电粒子的速率成正比,与磁感应强度 $\vec{B}$ 的大小成反比。

粒子运动一周所需的时间,即回旋周期为

$$T = \frac{2\pi R}{v} = \frac{2\pi}{v}\frac{mv}{qB} = \frac{2\pi m}{qB} \tag{9-23}$$

带电粒子在单位时间内运行的周数,即频率为

$$f = \frac{1}{T} = \frac{qB}{2\pi m} \tag{9-24}$$

从式(9-23)和式(9-24)可以看出,回旋周期 T、频率 f 与带电粒子的速率和回旋半径无关。

(3) 带电粒子的速度 $\vec{v}$ 与磁场 $\vec{B}$ 之间的夹角为 θ 时,则可以把速度 $\vec{v}$ 分解为平行于磁感应强度 $\vec{B}$ 的分量 $\vec{v}_{/\!/}$ 和垂直于磁感应强度 $\vec{B}$ 的分量 $\vec{v}_\perp$,如图 9-26(a) 所示,它们的大小分别为

$$v_{/\!/} = v\cos\theta$$

$$v_\perp = v\sin\theta$$

若带电粒子在平行于磁场 $\vec{B}$ 的方向或其反方向运动,有 $F_{m/\!/} = 0$,则带电粒子做匀速直线运动;若带电粒子在垂直于磁场 $\vec{B}$ 的方向运动,有 $F_{m\perp} = qvB\sin\theta$,则带电粒子在垂直于 $\vec{B}$ 的平面内做匀速圆周运动。

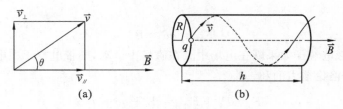

图 9-26　螺旋运动

当两个分量同时存在时,带电粒子同时参与两个运动,则粒子沿螺旋线向前运动,轨迹是螺旋线,如图 9-26(b) 所示。粒子的回旋半径为

$$R = \frac{mv_\perp}{qB} \tag{9-25}$$

粒子的回旋周期为

$$T = \frac{2\pi R}{v_\perp} = \frac{2\pi m}{qB} \tag{9-26}$$

粒子回旋一周前进的距离称为螺距,螺距为

$$h = v_{/\!/} T = \frac{2\pi mv\cos\theta}{qB} \tag{9-27}$$

式(9-27)表明,螺距 h 与 $\vec{v}_\perp$ 无关,只与 $\vec{v}_{/\!/}$ 成正比。

9.5.3　利用电场与磁场控制带电粒子运动的实例

1. **磁聚焦——磁透镜原理**

由式(9-27)可知,当 θ 很小时,$\cos\theta \approx 1$,$h \approx \frac{2\pi mv}{qB}$。从磁场中某点发射一束很窄的带电粒子流时,如果它们的速率大小相近,则这些粒子沿磁场方向的 $v_{/\!/}$ 近似相等,尽管它们在做不同半径的螺旋线运动,但其螺距近似相等。每转一周,粒子又会重新汇聚在一起,这种现象称为磁聚焦,如图 9-27 所示。在实际中用得更多的是短线圈产生的非均匀磁场的磁聚焦作用,这种线圈称为磁透镜,它在电子显微镜中起了与透镜相类似的作用。

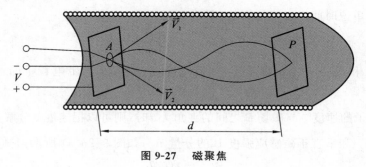

图 9-27　磁聚焦

2. **磁镜原理**

下面来看看一带电粒子在非均匀磁场中的运动情况。如图 9-28 所示,带电粒子在磁场中做螺旋线运动的回旋半径 R 和 B 成反比,即磁场越强,则回旋半径越小。这样一来,在强磁场中,整个带电粒子便被约束在一条磁感应线附近的很小范围内做螺旋线运动。也就是说,带电

粒子回旋轨道中心（称为引导中心）只能沿磁感应线做纵向运动，而不能横越它。可以证明，带电粒子由较弱的磁场区域进入较强的磁场区域（B 增加），它的横向动能 $\frac{1}{2}mv_\perp^2$ 也要按比例增加，然而洛伦兹力不做功，带电粒子的总动能 $\frac{1}{2}m(v_\perp^2 + v_\parallel^2)$ 不变，于是纵向动能 $\frac{1}{2}mv_\parallel^2$ 必然减小，即 $v_\parallel$ 减小。若某个区域磁场变得足

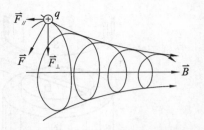

图 9-28　在非均匀磁场中带电粒子的受力

够强，$v_\parallel$ 还有可能变为零，这时引导中心沿磁感应线的运动被抑制，而后沿反方向运动。带电粒子的这种运动形式就像光线遇到镜面发生反射一样，所以通常把这种由弱到强的磁场分布叫作磁镜。如图 9-29 所示，用两个电流方向相同的线圈产生一个中央弱、两端强的磁场，对其中的带电粒子来说，相当于两端各有一面磁镜，于是带电粒子就被局限在一定范围内做往返运动而无法逃出，这种磁场位形通常称为磁瓶。

　　人类生活的地球磁场也具有中间弱、两极强的特点，是一个天然的磁镜捕集器，如图 9-30 所示。它将宇宙线中的大量带电粒子约束在一定的空间范围内，形成环绕地球的辐射带 —— 范·阿仑辐射带（Van Allan radiation belts）。辐射带有内、外两个，分别在距地面几千千米和 2 万千米的高空，内辐射带中主要是高能质子，外辐射带中主要是高能电子。对人类来说，地磁场这顶"保护伞"至关重要。从太阳发出的强大的带电粒子流（通常叫太阳风），会受到地磁场的作用发生偏转而不直射地球。不然，在这种高能粒子的轰击下，地球的大气成分可能不是现在的样子，生命也将无法存在。

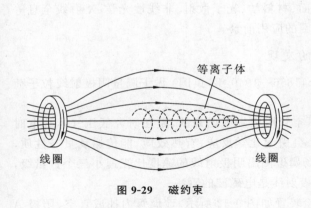

图 9-29　磁约束

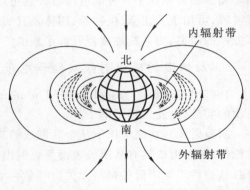

图 9-30　地球磁场 —— 范·阿仑辐射带

3. 回旋加速器的基本原理

　　回旋加速器是获得高能粒子的一种装置，是原子核物理实验研究的基本设备。1932 年，劳伦斯（Ernest Lawrence）制成了第一台回旋加速器，可将质子加速到 1 MeV。

　　回旋加速器的示意图如图 9-31 所示。两个半圆形的金属空盒（D 形盒）放在真空室中，窄缝中心放置离子源（如质子、氘核或粒子源等）。电磁铁产生的强大恒定均匀磁场垂直于 D 形盒的底面，两 D 形盒接上高频交流电源，在缝隙间形成交变电场，由于金属盒的电屏蔽作用，D 形盒内部的电场很弱。

　　设当 D_2 电势高于 D_1 时，正离子从离子源 P 发出，经缝隙间电场加速后以速率 v_1 进入，受

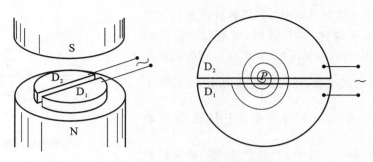

图 9-31   回旋加速器的示意图

均匀磁场作用,做半径 $R_1 = \dfrac{mv_1}{qB}$ 的匀速圆周运动,经 $\dfrac{T}{2} = \dfrac{\pi m}{qB}$ 时间在 D_1 内绕过半个圆周后进入缝隙。若此时电场恰好反向,使正离子通过缝隙时又被加速,以较大的速率进入 D_2,在 D_2 中绕过 $R_2 = \dfrac{mv_2}{qB}$ 的较大半圆后再次回到缝隙。尽管 $v_2 > v_1$,$R_2 > R_1$,但正离子绕半圆的时间 $T/2$ 不变。因此,只要保持交变电场的周期与离子回旋的周期相等(同步),就能确保离子经过缝隙时都能得到加速,随着离子速率的增大,轨道半径相应增大并趋于 D 形盒的边缘,达到预期速率后,再利用致偏电极将离子引出供实验之用。总之,交变电场加速离子,均匀磁场使之回旋,关键在于利用了回旋频率(或周期)与速率无关的性质,这就是回旋加速器的基本原理。

另外,离子在磁场中的匀速圆周运动是一种加速运动,它产生的电磁辐射称为同步加速器辐射,这是回旋加速器中最主要的能量损失机制,也是被加速离子能量受到限制的原因。然而,由于同步辐射提供了一种高度准直并且可以连续调谐的强光光源,特别是在真空紫外与 X 射线波段,可用于光化学、生物学、固体及其表面、材料学、光子散射、非线性光学、X 射线全息等多方面的研究,为回旋加速器开辟了新的广阔的应用前景。

4. 汤姆逊的阴极射线实验和电子的发现

1897 年,汤姆逊(Joseph John Thomson,1856—1940 年,英国)做了测量阴极射线粒子荷质比的实验,由此发现了电子。

阴极射线是在高电压下从金属制成的真空管阴极发射出来的,是在研究低压气体放电时发现的。阴极射线具有从阴极表面垂直射出、会引起化学反应、有热效应、能传递动量等性质,并且这些性质与阴极的材料无关。1894 年,汤姆逊测出阴极射线的速度比光速小三个数量级,断定阴极射线是带负电的粒子流,否定了阴极射线是电磁波的看法。

汤姆逊测量阴极射线粒子荷质比的实验装置如图 9-32 所示。玻璃管内抽成真空,阳极 A 和阴极 C 之间维持数千伏电压,管内残存气体的离子撞击阴极引起的二次发射产生阴极射线。阳极 A 是紧固在玻璃管中的接地金属环,B 是另一接地金属环,A 和 B 中央的小孔使得在 C 和 A 之间加速的粒子通过小孔后形成窄束,打在玻璃管另一端荧光屏的中央 P 点,形成光斑。玻璃管中央的 D 和 E 是电容器两极板,在竖直方向产生均匀电场 $\vec{E}$,管外电磁铁在图中圆形区域内产生垂直纸面的均匀磁场 $\vec{B}$,调节 $\vec{E}$ 和 $\vec{B}$,使粒子束在电场、磁场的作用下不发生偏转,即满足 $eE = evB$ 或 $v = E/B$。然后,撤去电场 $\vec{E}$,保留磁场 $\vec{B}$,粒子偏转,其轨迹半径为

$$R = \frac{mv}{eB}$$

由以上关系,得

$$\frac{e}{m} = \frac{E}{RB^2}$$

测量出 E, B, R,得出阴极射线粒子的荷质比 e/m 比氢离子的荷质比大千余倍。

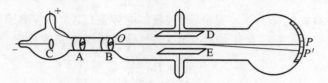

图 9-32　汤姆逊的阴极射线实验

汤姆逊采用不同金属材料制成阴极,并在放电管中充入不同气体,测出的阴极射线粒子的荷质比都很接近。他还测量了光电效应带电粒子以及炽热金属发出的带电粒子的荷质比,结果也都相近,从而发现了电子。电子的发现、原子结构模型的建立,使人们对物质的电磁性质以及各种相关问题的研究有了更可靠的内在依据。

例 9-7　质谱仪是测量同位素质量和相对含量的仪器,种类很多,其一的构造原理如图 9-33 所示。离子源 P 产生的离子经过窄缝 S_1 和 S_2 之间的电场加速后射入滤速器,滤速器中的电场 $\vec{E}$ 和磁场 $\vec{B}$ 都垂直于离子速度 $\vec{v}$,且 $\vec{E} \perp \vec{B}$。通过滤速器的离子接着进入均匀磁场 $\vec{B}_0$ 中,沿着半圆周运动后,到达照相底片上形成谱线。若测出谱线 A 到入口 S_0 的距离为 x,试证明相应的离子质量为

$$m = \frac{qB_0 B}{2E} x$$

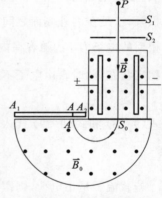

图 9-33　质谱仪原理图

证

(1) 速度选择器:为使离子沿原方向前进通过窄缝 S_0,离子所受电场力与洛伦兹力应平衡,即 $qE = qvB$,故通过滤速器的离子的速率为

$$v = \frac{E}{B}$$

(2) 质谱分析:离子在底片上的谱线 A 与入口 S_0 的距离 x 等于离子在磁场 $\vec{B}_0$ 中做圆周运动的直径,即

$$x = 2R = \frac{2mv}{qB_0} = \frac{2mE}{qB_0 B}$$

则

$$m = \frac{qB_0 B}{2E} x$$

质谱仪中,$\vec{E}, \vec{B}$ 和 $\vec{B}_0$ 均固定,当离子所带电量 q 相同时,由 x 即可确定离子质量 m。通常元素都有若干个质量不同的同位素,在质谱仪底片上会形成若干条谱线,由谱线位置可以确定同位素的质量。由谱线浓黑程度可以确定同位素的相对含量。

9.5.4　霍尔效应

当通有电流的导体或半导体板置于与电流方向垂直的磁场中时,在垂直于电流和磁场方

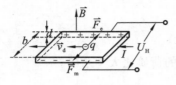

图 9-34　霍尔效应

向的导体或半导体的两侧之间，会产生横向电势差。这种现象是 1879 年美国物理学家霍尔对铜箔做实验时发现的，称为**霍尔效应**（Hall effect），该电势差称为霍尔电势差（U_H），如图 9-34 所示。

实验表明，霍尔电势差 U_H 大小与磁感应强度 $\vec{B}$ 的大小、电流 I 均成正比，而与导体板厚度 d 成反比，即

$$U_H = R_H \frac{IB}{d} \qquad (9-28)$$

式中，R_H 为霍尔系数，它是仅仅与导体材料有关的常数。霍尔效应可以用洛伦兹力来解释。以金属导体为例，其载流子为自由电子，设自由电子数密度为 n，漂移速度为 $\vec{v}_d$，则 $I = env_d db$，可得

$$v_d = \frac{I}{endb} \qquad (9-29)$$

由图 9-34 可以看出，向左漂移的电子受到了向外的洛伦兹力 $\vec{F}_m$ 的作用，其值为 $F_m = qv_d B$。在洛伦兹力作用下，导体板内的电子向外移动，使导体板的内、外侧面分别有正、负电荷的积累，于是在内外侧面之间建立起电场强度为 $\vec{E}$ 的电场，因此电子将受到一个与洛伦兹力方向相反的电场力 $\vec{F}_e$。随着在内外侧面上电荷的积累，$\vec{F}_e$ 也不断增大。当两个力平衡时，体系达到稳定状态，此时自由电子不再偏转而定向漂移，于是有 $ev_d B = -e \dfrac{U_H}{b}$，可得

$$U_H = -Bv_d b$$

将式（9-28）和式（9-29）代入上式，得

$$R_H = -\frac{1}{ne} \qquad (9-30)$$

若载流子是正电荷，则霍尔系数为 $R_H = \dfrac{1}{nq}$。式（9-30）表明，测量霍尔系数 R_H，可以确定载流子浓度 n。半导体内载流子浓度远小于金属，所以半导体的霍尔系数比金属大得多。由于半导体内载流子浓度受温度、杂质和其他因素影响很大，所以霍尔效应为研究半导体载流子浓度的变化提供了重要的方法。根据霍尔系数的正负，还可以判断载流子所带电荷的符号，确定半导体的导电类型（电子型或空穴型）。霍尔效应还用于测量磁场，测量直流或交流电路中的电流和功率，转换信号（如把直流电转换成交流电并进行调制，放大直流或交流信号）等。利用多种半导体材料制成的霍尔元件具有结构简单、工作可靠、使用方便、成本低廉等优点，广泛应用于测量技术、电子技术、自动化技术等方面。2013 年，由清华大学薛其坤院士领衔，清华大学、中科院物理所和斯坦福大学的研究人员联合组成的团队在量子反常霍尔效应研究中取得重大突破，从实验上首次观测到量子反常霍尔效应。

9.6　磁场对载流导线的作用

9.6.1　安培力

导线中的电流是电子做定向运动形成的，当把载流导线置于磁场中时，运动的载流子会受

到洛伦兹力的作用,所以载流导线在磁场中受到的磁力本质上是在洛伦兹力作用下,导体中做定向运动的电子与金属导体中晶格上的正离子不断地碰撞,把动量传递给了导体,从而使整个载流导体在磁场中受到磁力的作用。

如图 9-35(a) 所示,在平行纸面向下的均匀磁场中的载流导线上取一电流元 $I\mathrm{d}\vec{l}$,此电流元与磁感应强度 $\vec{B}$ 之间的夹角为 φ。假设电流元中自由电子的定向漂移速度为 $\vec{v}_{\mathrm{d}}$,且 $\vec{v}_{\mathrm{d}}$ 与磁感应强度 $\vec{B}$ 之间的夹角为 θ,则 $\theta = \pi - \varphi$。

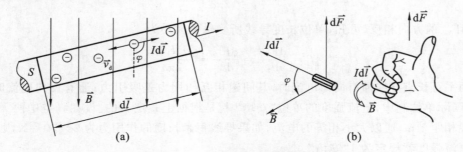

图 9-35　磁场对电流元的作用力

电流元中的每一个自由电子受到的洛伦兹力的大小均为 $F_{\mathrm{m}} = ev_{\mathrm{d}}B\sin\theta$,由于电子带负电,这个力的方向为垂直纸面向里。若电流元的截面积为 S,单位体积内有 n 个自由电子,则电流元中的自由电子数为 $nS\mathrm{d}l$。这样,此电流元所受的力等于这些电子所受洛伦兹力的总和。由于作用在每个电子上的力的大小及方向都相同,所以,磁场作用于电流元上的力为

$$\mathrm{d}F = F_{\mathrm{m}}nS\mathrm{d}l = ev_{\mathrm{d}}B\sin\theta nS\mathrm{d}l = nev_{\mathrm{d}}S\mathrm{d}lB\sin\theta$$

由于通过导线的电流为 $I = nev_{\mathrm{d}}S$,且 $\sin\theta = \sin\varphi$,故上式可写成

$$\mathrm{d}F = I\mathrm{d}lB\sin\varphi$$

上式表明:**磁场对电流元 $I\mathrm{d}\vec{l}$ 作用的力,在数值上等于电流元的大小、电流元所在处磁感应强度大小以及电流元 $I\mathrm{d}\vec{l}$ 和磁感应强度 $\vec{B}$ 之间夹角 φ 的正弦的乘积,这个规律叫作安培定律。磁场对电流元作用的力,通常叫作安培力。**安培力的方向可以通过如下方法判定:如图 9-35(b) 所示,**右手四指由 $I\mathrm{d}\vec{l}$ 经小于180° 的角弯向 $\vec{B}$,大拇指的指向即为安培力的方向。**

安培定律用矢量式表示为

$$\mathrm{d}\vec{F} = I\mathrm{d}\vec{l} \times \vec{B} \qquad (9\text{-}31)$$

此式为安培定律的数学表达式。对于任意形状的载流导线 L,在磁场中所受的安培力,就等于其上各电流元所受安培力的矢量和,即为

$$\vec{F} = \int_{L} \mathrm{d}\vec{F} = \int_{L} I\mathrm{d}\vec{l} \times \vec{B} \qquad (9\text{-}32)$$

两载流导线间的相互作用力,实质上是一载流导线的磁场对另一载流导线的作用力。如图 9-36 所示,设两导线间的距离为 a,分别通有同向电流 I_1 和 I_2。根据长直电流的磁场公式,导线 AB 在导线 CD 处产生的磁场为

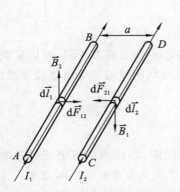

图 9-36　两平行长直载流导线间的相互作用力

$$B_1 = \frac{\mu_0 I_1}{2\pi a}$$

由安培力公式,导线 CD 上电流元 $I_2\mathrm{d}\vec{l}_2$ 受到的磁力大小为

$$\mathrm{d}F_{21} = \frac{\mu_0 I_1 I_2}{2\pi a}\mathrm{d}l_2$$

$\mathrm{d}\vec{F}_{21}$ 的方向在两导线构成的平面内并垂直指向导线 AB。同理,导线 CD 产生的磁场作用在导线 AB 的电流元 $I_1\mathrm{d}\vec{l}_1$ 上的磁力大小为

$$\mathrm{d}F_{12} = \frac{\mu_0 I_1 I_2}{2\pi a}\mathrm{d}l_1$$

方向与 $\mathrm{d}\vec{F}_{21}$ 的方向相反。可知,单位长度导线所受磁力大小为

$$f = \frac{\mathrm{d}F_{21}}{\mathrm{d}l_2} = \frac{\mathrm{d}F_{12}}{\mathrm{d}l_1} = \frac{\mu_0 I_1 I_2}{2\pi a} \tag{9-33}$$

当两平行长直导线通有同向电流时,其间磁相互作用力是吸引力;通有反向电流时,是排斥力。在国际单位制中,电流强度的单位"安培"就是根据上式定义的。设在真空中两无限长平行直导线相距 1 m,通以大小相等的电流,如果导线每米长度的作用力为 2×10^{-7} N,则每根导线上的电流强度就规定为 1"安培"。

例 9-8　如图 9-37 所示,在均匀磁场 $\vec{B}$ 中有一半径为 R 的半圆形导线,通有电流 I,磁场的方向与导线平面垂直,求该导线受到的磁力。

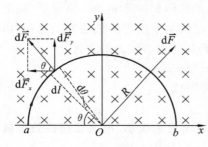

图 9-37　磁场中半圆形载流导线

解　如图 9-37 所示,取坐标系 xOy,在导线上任取一电流元 $I\mathrm{d}\vec{l}$,它受到的磁力为

$$\mathrm{d}\vec{F} = I\mathrm{d}\vec{l}\times\vec{B}$$

$\mathrm{d}\vec{F}$ 的大小为 $\mathrm{d}F = BI\mathrm{d}l$,$\mathrm{d}\vec{F}$ 的方向沿半径背离圆心。

由于各电流元所受磁力方向不同,所以应将 $\mathrm{d}\vec{F}$ 分解为两个分量 $\mathrm{d}\vec{F}_x$ 和 $\mathrm{d}\vec{F}_y$,由对称性可知各电流元所受磁力在 x 方向的分力相互抵消,即 $F_x = \int\mathrm{d}F_x = 0$,所以合磁力的大小为

$$F = F_y = \int\mathrm{d}F\sin\theta = \int BI\mathrm{d}l\sin\theta$$

将 $\mathrm{d}l = R\mathrm{d}\theta$ 代入上式,可得

$$F = \int_0^\pi BIR\mathrm{d}\theta\sin\theta = 2BIR$$

不难看出,上述结果与连接半圆导线的起点和终点的直导线 ab 所受磁力相同。可以证明,这个结论具有普遍意义,即在均匀磁场中,任意形状的平面载流导线所受磁力等于连接导线的起点和终点的载流直导线受到的磁力。

9.6.2　磁力矩

在磁电式电流计和直流电动机内,一般都有处在磁场中的线圈。当线圈中有电流通过时,它们将在磁场的作用下发生转动,因而讨论磁场对载流线圈的作用具有重要的实际意义。

如图 9-38 所示,在磁感应强度为 $\vec{B}$ 的均匀磁场中,有一刚性矩形载流线圈 $abcd$,边长分别为 l_1 和 l_2,线圈通过的电流为 I,方向如图所示,磁感应强度 $\vec{B}$ 的方向沿水平方向,与线圈平面

成 φ 角。现分别求磁场对 4 个载流导线边的作用力。由式(9-32)可得,作用于导线 ab,cd 两边的磁场力大小为

$$F_2 = BIl_2$$
$$F_2' = BIl_2$$

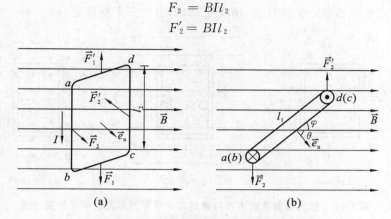

图 9-38 矩形载流线圈在磁场中所受的磁力矩

两者大小相等,方向相反,但作用线不在同一条线上。作用在导线 bc,ad 两边的磁场力为

$$F_1 = BIl_1\sin\varphi$$
$$F_1' = BIl_1\sin(\pi-\varphi)$$

两者大小相等,方向相反,且在同一直线上,相互抵消,故对于线圈来说,它们的合力矩为零。而 $\vec{F_2}$ 与 $\vec{F_2'}$ 形成一个力偶,其力偶臂为 $l_1\cos\varphi$。所以线圈所受的磁力矩为

$$M = F_2 l_1\cos\varphi$$

又因为 $\theta = \dfrac{\pi}{2} - \varphi$,所以 $\cos\varphi = \sin\theta$,因此线圈所受的磁力矩为

$$M = F_2 l_1\cos\varphi = BIl_2 l_1\sin\theta = BIS\sin\theta \tag{9-34}$$

式中,$S = l_1 l_2$ 是矩形线圈的面积,θ 是线圈法线 $\vec{e_n}$(规定 $\vec{e_n}$ 的方向与线圈电流的方向之间满足右手螺旋关系,即四指与电流方向相同,大拇指方向即为法线方向,如图 9-39 所示)与磁感应强度 $\vec{B}$ 之间的夹角。当线圈有 N 匝时,则线圈所受的磁力矩为

$$M = NBIS\sin\theta$$

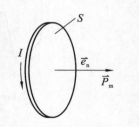

图 9-39 线圈的正法线

根据磁矩 $\vec{P_m}$ 的定义,线圈磁矩 $\vec{P_m} = NI\vec{S} = NIS\vec{e_n}$,因此,上式可以写成矢量形式

$$\vec{M} = \vec{P_m}\times\vec{B} \tag{9-35}$$

力矩 $\vec{M}$ 的大小为 $M = P_m B\sin\theta$,方向由磁矩 $\vec{P_m}$ 与 $\vec{B}$ 的矢积确定。

式(9-35)虽然是从矩形线圈推导出来的,但可以证明对任意形状的平面载流线圈都成立。

下面分几种情况讨论:

(1) 如图 9-40(a) 所示,当 $\theta = 0$ 时,线圈平面与磁场 $\vec{B}$ 垂直,线圈所受的磁力矩为零,即 $M = 0$。此时线圈处于稳定平衡状态。

(2) 如图 9-40(b) 所示,当 $\theta = \dfrac{\pi}{2}$ 时,线圈平面与磁场 $\vec{B}$ 平行,线圈所受的磁力矩最大,即

$M_{\max} = ISB$。

（3）如图 9-40(c) 所示，当 $\theta = \pi$ 时，线圈平面与磁场 $\vec{B}$ 垂直，线圈所受的磁力矩为零，即 $M = 0$。此时线圈处于不稳定平衡状态，稍受扰动，就会离开平衡位置。

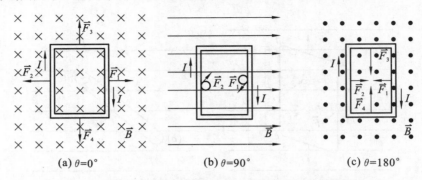

(a) $\theta = 0°$　　　　　　　　(b) $\theta = 90°$　　　　　　　　(c) $\theta = 180°$

图 9-40　载流线圈法线方向与磁场方向成不同角度时所受的磁力矩

如果载流线圈处于非匀强磁场中，线圈除受磁力矩作用外，还要受到安培力的作用。因此，线圈除了转动外，还有平动，向磁场强的地方移动。

磁电式电流计就是通过载流线圈在磁场中受磁力矩的作用发生偏转而制作的。磁电式电流计的结构如图 9-41 所示。在永久磁铁的两极和圆柱体铁芯之间的空气隙内，放一可绕固定转轴 OO' 转动的铝制框架，框架上绕有线圈，转轴的两端各有一个旋丝，且在一端固定一指针。当电流通过线圈时，由于磁场对载流线圈的磁力矩作用，使指针跟随线圈一起发生偏转，从偏转角的大小，就可以测出通过线圈的电流。

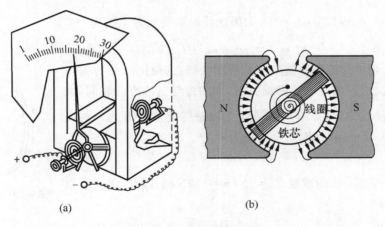

(a)　　　　　　　　　　　(b)

图 9-41　磁电式电流计

在永久磁铁与圆柱之间空隙内的磁场是径向的，所以线圈平面的法线方向总是与线圈所在处的磁场垂直，因而线圈所受的磁力矩 $\vec{M}$ 的大小均为

$$M = NBIS$$

当线圈转动时，旋丝卷紧，产生一个反抗力矩 $\vec{M'}$，其大小为

$$M' = \alpha\theta$$

式中，α 为游丝的扭转常数，θ 为线圈转过的角度。平衡时有

$$M = NBIS = \alpha\theta$$

所以

$$I = \frac{\alpha}{NBS}\theta = k\theta$$

式中，$k = \frac{\alpha}{NBS}$ 为常量，因而根据线圈偏转角度 θ，就可以测出通过线圈的电流 I。

9.6.3　磁力的功

　　载流导线或载流线圈在磁力和磁力矩的作用下运动时，磁力就要做功。下面从两个特例出发，导出磁力做功的一般公式。

　　1. 载流导线在磁场中运动时磁力所做的功

　　设在磁感应强度为 $\vec{B}$ 的均匀磁场中，有一载流闭合回路 $abcda$，其中 ab 长度为 l，可以沿 da 和 cb 滑动，如图 9-42 所示。设 ab 滑动时，回路中电流不变，则载流导线 ab 在磁场中所受的安培力 $\vec{F}$ 的大小为 $F = IBl$，方向向右，在 $\vec{F}$ 的作用下将向右运动。当由初始位置 ab 移动到位置 $a'b'$ 时，磁力 $\vec{F}$ 所做的功为

$$A = F\,\overline{aa'} = IBl\,\overline{aa'} = BI\Delta S = I\Delta\Phi_m$$

　　上式说明，当载流导线在磁场中运动时，若电流保持不变，磁力所做的功等于电流乘以通过回路所包围面积内磁通量的增量，即磁力所做的功等于电流乘以载流导线在移动中所切割的磁感应线数。

　　2. 载流线圈在磁场内转动时磁力矩所做的功

　　如图 9-43 所示，设载流线圈在均匀磁场中做顺时针转动，若设法使线圈中电流维持不变，线圈所受磁力矩 $\vec{M}$ 的大小为 $M = BIS\sin\varphi$，当线圈转过小角度 $\mathrm{d}\varphi$ 时，使线圈法向 $\vec{e}_n$ 与磁感应强度 $\vec{B}$ 之间的夹角由 φ 变为 $\varphi + \mathrm{d}\varphi$，则磁力矩所做的元功为

$$\mathrm{d}A = -M\mathrm{d}\varphi = -BIS\sin\varphi\mathrm{d}\varphi = BIS\mathrm{d}(\cos\varphi) = I\mathrm{d}(BS\cos\varphi)$$

式中的负号表示磁力矩做正功时将使 φ 减小，$\mathrm{d}\varphi$ 为负值。

　　由于 $BS\cos\varphi$ 为通过线圈的磁通量，所以 $\mathrm{d}(BS\cos\varphi)$ 表示线圈转过 $\mathrm{d}\varphi$ 后磁通量的增量。所以有

$$\mathrm{d}A = I\mathrm{d}\Phi_m$$

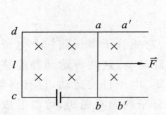

图 9-42　磁力对载流导线的功

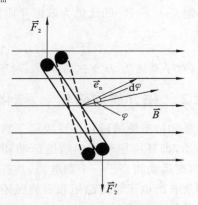

图 9-43　磁力矩对载流线圈的功

当线圈从 φ_1 转到 φ_2 时，磁力矩所做的总功为

$$A = \int_{\Phi_{m1}}^{\Phi_{m2}} I d\Phi_m = I(\Phi_{m2} - \Phi_{m1}) = I\Delta\Phi_m \tag{9-36}$$

式中，Φ_{m1} 和 Φ_{m2} 分别为线圈在 φ_1 和 φ_2 时通过线圈的磁通量。

9.7　磁场中的磁介质

前面讨论的都是真空中运动电荷及电流所产生的磁场，而在实际磁场中，一般都存在着各种各样的磁介质。与电场中的电介质由于极化而影响电场类似，磁场与磁介质之间也有相互作用。处于磁场中的磁介质产生磁化，磁化的磁介质也会产生附加磁场，从而对原磁场产生影响。

9.7.1　磁介质

在磁场中与磁场发生相互作用，反过来影响原来磁场的物质称为**磁介质**。实验表明，不同磁介质对磁场的影响是不同的。设真空中某点的磁感应强度为 $\vec{B}_0$，磁介质由于磁化而产生的附加磁感应强度为 $\vec{B}'$，则磁介质中磁感应强度 $\vec{B}$ 为 $\vec{B}_0$ 和 $\vec{B}'$ 的矢量和，即

$$\vec{B} = \vec{B}_0 + \vec{B}' \tag{9-37}$$

附加磁感应强度 $\vec{B}'$ 的方向和大小随磁介质的不同而不同。根据 $\vec{B}'$ 与 $\vec{B}_0$ 方向之间的关系，磁介质可分为以下三类。

（1）顺磁质。

顺磁质的附加磁感应强度 $\vec{B}'$ 与 $\vec{B}_0$ 同向，则有 $B > B_0$，如氧、铝、铂、铬等。

（2）抗磁质。

抗磁质的附加磁感应强度 $\vec{B}'$ 与 $\vec{B}_0$ 反向，则有 $B < B_0$，如铜、铋、氢等。

实验指出，无论是顺磁质还是抗磁质附加磁感应强度 $\vec{B}'$ 的值都要比 $\vec{B}_0$ 的值小得多（通常只有 $\vec{B}_0$ 的十万分之几），它对原来磁场的影响比较微弱，所以，顺磁质和抗磁质统称为弱磁性物质。

（3）铁磁质。

铁磁质的附加磁感应强度 $\vec{B}'$ 与 $\vec{B}_0$ 同向，附加磁感应强度 $\vec{B}'$ 的值要比 $\vec{B}_0$ 的值大得多，即 $B' \gg B_0$。这类磁介质能够显著地增强磁场，称为铁磁质。如铁、钴、镍及其合金等。

通常定义 B 与 B_0 的比值为该磁介质的相对磁导率，用 μ_r 表示，即

$$\mu_r = \frac{B}{B_0} \tag{9-38}$$

所以，对于顺磁质，$B > B_0$，$\mu_r > 1$；对于抗磁质，$B < B_0$，$\mu_r < 1$；对于铁磁质，$B \gg B_0$，$\mu_r \gg 1$。

9.7.2　磁介质的磁化　磁化强度

顺磁质和抗磁质的磁化特性决定于物质的微观结构。物质分子中任何一个电子都同时参与两种运动，即环绕原子核的轨道运动和电子本身的自旋运动。这两种运动都能够产生磁效应。电子轨道运动相当于一个圆电流，具有一定的轨道磁矩。电子自旋运动，也有自旋磁矩。一个分子中所有的电子轨道磁矩和自旋磁矩的矢量和称为分子的固有磁矩，可以看成是一个等效的圆形分子电流产生的。

研究表明,当没有外磁场时,抗磁质的分子磁矩为零,顺磁质的分子磁矩不为零(称为分子固有磁矩)。但是,由于分子的热运动,这些分子电流的流向是杂乱无章的,在磁介质中的任一宏观体积中,分子磁矩相互抵消,如图 9-44(a) 所示。因此,在无外磁场时,不论是抗磁质还是顺磁质对外都不显磁性。

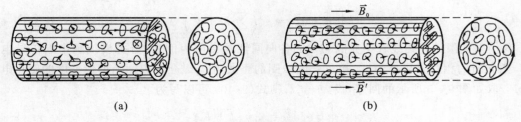

图 9-44　顺磁质中分子磁矩的取向

将磁介质放到磁场 $\vec{B}_0$ 中,磁介质将受到下面两种作用。

(1) 分子固有磁矩将受到外磁场 $\vec{B}_0$ 的磁力矩作用,使各个分子磁矩都有转向外磁场的方向排列的趋势,这样各个分子磁矩将沿外磁场 $\vec{B}_0$ 方向产生附加的磁场 $\vec{B}'$,如图 9-44(b) 所示。

(2) 外磁场 $\vec{B}_0$ 将使各个分子固有磁矩发生变化,每一个分子产生一个附加的磁矩。可以证明,不论外磁场的方向如何,总是产生一个与外磁场方向相反的附加磁矩,结果会产生一个与外磁场方向相反的 $\vec{B}'$。

顺磁质的分子固有磁矩不为零,加上外磁场 $\vec{B}_0$ 后,要产生与外磁场反向的附加分子磁矩。但是,由于顺磁质的分子固有磁矩一般要比附加磁矩大得多,因而在顺磁质内附加磁矩可以忽略不计。所以,顺磁质在外磁场中的磁化主要取决于分子磁矩的转向作用,即顺磁质产生的附加磁场总是与外磁场方向相同的。

抗磁质的分子固有磁矩为零,加上外磁场 $\vec{B}_0$ 后,不存在分子磁矩转向效应,所以外磁场引起的附加磁矩是产生附加磁场的唯一原因。因而抗磁质产生的磁场总是与外磁场反向。

抗磁性是一切磁介质的特性,顺磁质也具有这种抗磁性,只不过在顺磁质中,抗磁性的效应较顺磁性要小,因此,在研究顺磁质的磁化时,可以不考虑抗磁性。

由上面的讨论可以看出,磁介质的磁化实质上是分子磁矩的取向以及在外磁场作用下产生附加磁矩的作用。无论哪种作用,磁介质磁化后都产生磁矩。因此可以用磁介质中单位体积内分子磁矩的矢量和来描述磁介质磁化的程度,单位体积内的分子磁矩的矢量和称为**磁化强度**,用 $\vec{M}$ 表示。以 $\sum \vec{P}_{mi}$ 表示体积元 ΔV 内所有分子磁矩的矢量和,则有

$$\vec{M} = \frac{\sum \vec{P}_{mi}}{\Delta V}$$

(9-39)

式中,ΔV 是体积元体积,$\vec{P}_{mi}$ 是体积元内第 i 个分子的磁矩。在国际单位制中,磁化强度的单位是 A/m。

9.7.3　磁介质中的安培环路定理　磁场强度

不论是顺磁质还是抗磁质,都有分子固有磁矩或附加磁矩,与这些磁矩相对应的是等效分子电流。在磁介质内部各点处的分子电流会相互抵消;而在磁介质的表面上的分子电流没有抵

消，它们方向都相同，相当于在表面上有一层表面流动的电流，这种电流称为**磁化电流**或**束缚电流**，一般用 I_s 表示。

在磁介质中，由于磁化作用而产生磁化电流，这时总的磁感应强度为传导电流产生的 $\vec{B}_0$ 和磁化电流产生的 $\vec{B}'$ 的矢量和。此时的安培环路定理应写为

$$\oint_L \vec{B} \cdot d\vec{l} = \mu_0 \left(\sum_i I_i + I_s \right) \tag{9-40}$$

我们以无限长直螺线管中充满均匀的各向同性顺磁质为例来讨论。设线圈中的传导电流为 I，磁介质的相对磁导率为 μ_r，单位长度线圈的匝数为 n，磁介质表面上单位长度的磁化电流为 nI'，取如图 9-45 所示的回路，设 $ab = l$，则式（9-40）可以写为

$$\oint_l \vec{B} \cdot d\vec{l} = \mu_0 n(I + I') \tag{9-41}$$

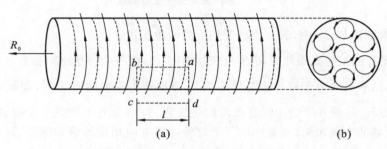

图 9-45　磁介质中的安培环路定理

对长直螺线管有

$$B_0 = \mu_0 nI \,, B' = \mu_0 nI'$$

由式（9-37）和式（9-38）有

$$\mu_0 nI + \mu_0 nI' = B = \mu_r B_0 = \mu_r \mu_0 nI = \mu nI \tag{9-42}$$

式中，$\mu = \mu_0 \mu_r$，将上式代入式（9-41），有

$$\oint_L \vec{B} \cdot d\vec{l} = \mu nI \tag{9-43}$$

令

$$\vec{H} = \frac{\vec{B}}{\mu} \tag{9-44}$$

式中，$\vec{H}$ 称为**磁场强度**，是表示磁场强弱与方向的物理量，是一个辅助量。在国际单位制中 H 的单位为 A/m。引入磁场强度 $\vec{H}$ 后，式（9-43）可以表示为

$$\oint_L \vec{H} \cdot d\vec{l} = nI \tag{9-45}$$

因为 nI 为闭合回路所包围的传导电流的代数和，可改写为 $\sum_i I_i$。这样上式可改写成

$$\oint_L \vec{H} \cdot d\vec{l} = \sum_i I_i \tag{9-46}$$

式（9-46）表明，磁场强度沿任意闭合回路的线积分，等于该回路所包围的传导电流的代数和。式（9-46）就是**磁介质中的安培环路定理**。虽然这一定理是通过长直螺线管这一特例导出的，但可以证明，它在一般情况下也是正确的。

由于 $\vec{H}$ 的环流只与闭合回路所包围的传导电流的代数和有关,与磁化电流及闭合回路之外的传导电流无关,因此,计算有磁介质存在的磁感应强度 $\vec{B}$ 时,一般方法是先利用式(9-46)求出 $\vec{H}$ 的分布,然后利用式(9-44)求出 $\vec{B}$ 的分布。当然,只有电流分布有一定的对称性时,$\vec{H}$ 才能方便地由磁介质中的安培环路定理求出。

9.7.4　铁磁质

铁磁质是一类性能特殊的磁介质,表现在它磁化后能产生很强的磁感应强度。铁磁质还具有以下两个性质。

(1) 铁磁质的磁导率(及磁化率)不是恒量,而且随外加在铁磁质上的磁场强度 $\vec{H}$ 的变化而变化,具有复杂的关系。对顺磁质和抗磁质来说,其相对磁导率都近似等于 1,而且一般为不随外磁场改变而改变的常量。铁磁质的相对磁导率 $\mu_r \gg 1$,一般可以达到 $10^2 \sim 10^4$,且随外磁场变化而变化。

(2) 在外磁场撤除后,仍能保留部分磁性。

铁磁质常用于电机、电气设备、电子器件等。

1. 铁磁质的磁化特性

铁磁质的磁化规律通常用以下实验方法测定,如图 9-46 所示,将待测的铁磁质做成闭合环填充在螺绕环内。设螺绕环单位长度上的匝数为 n,通过的电流为 I_0,则磁介质内磁场强度的大小为 $H = nI_0$,因而由 n 和 I_0 可以确定 H。至于磁感应强度的值 B,一般用一个与冲击电流计 G 相连接的、套在螺绕环上的次级线圈来测量,用反向开关 S 使螺绕环中的电流 I_0 反向,在反向的过程中,根据电磁感应原理,在次级线圈中将产生一个感应电动势,并在其中引起瞬时感应电流。用冲击电流计测出由此引起的迁移电荷量就可以确定 B,实验时,不断改变 I_0 值,测出相应的 B 和 H,就可确定磁介质的磁化规律。

假设磁介质环在磁场强度大小为零,即 $H = 0$ 时未处于磁化状态,即 $B = 0$。在 B-H 图(见图 9-47)中,这个状态对应于坐标原点 O。当 H 由零逐渐增大时,B 也从零增大。开始时,B

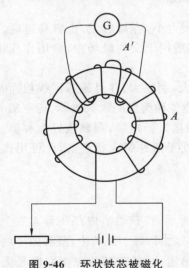

图 9-46　环状铁芯被磁化　　　　　　图 9-47　铁磁质的起始磁化曲线和磁滞回线

增大得比较慢（B-H 曲线上 OA 段），然后经过一段急剧增长过程（AF 段），又缓慢下来（FS 段）。当 H 再继续增大时，B 几乎不再增大，说明磁介质的磁化达到饱和。曲线 $OAFS$ 叫作**起始磁化曲线**。由于磁化曲线不是直线，磁导率 $\mu = B/H$ 和相对磁导率 $\mu_\mathrm{r} = \mu/\mu_0$ 都不是恒量。如果在磁化达到饱和以后，使磁场强度减小，则 B 也减小，但不是沿曲线 SO 减小，而是沿曲线 SR 减小，当 $H = 0$ 时，$B = B_\mathrm{r}$（曲线上 R 点）。在没有外磁场的条件下，铁磁质的磁感应强度值 B_r 叫作**剩余磁感应强度**，简称**剩磁**。有剩磁的磁介质，就是通常所说的永久磁石。如果使 H 再从零反向增大，则 B 继续减小，当反向磁场强度的值等于 H_c 时，B 变为零（曲线上 C 点）。值 H_c 叫作**矫顽力**，其含义是消除剩磁所需的外部作用。当反向磁场强度的值继续增大时，铁磁质将反向磁化，并且很快磁化到饱和状态（曲线上 S' 点）。此后若使反向磁场强度的值减小到零，则又沿正方向增大，B 将沿 $S'R'C'S$ 曲线变化，形成闭合曲线 $SRCS'R'C'S$，称为**磁滞回线**。

实验指出，当铁磁质在交变磁场作用下反复磁化时会发热。这表明有能量损耗，该能量是由磁化场的电流电源供给的。这种因铁磁质反复磁化而发生的能量损失叫作**磁滞损耗**。理论和实践都表明，磁滞回线所包围的面积越大，磁滞损耗也越大。在电气设备中，这种损耗十分有害，必须尽量减小它。

2. 铁磁材料

实验证明，不同铁磁材料的磁滞回线有很大的不同。如图 9-48 所示，根据矫顽力的大小或磁滞回线形状的不同，铁磁材料可分为软磁材料、硬磁材料和矩磁材料。

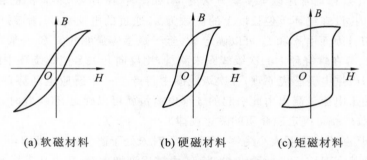

(a) 软磁材料　　　　(b) 硬磁材料　　　　(c) 矩磁材料

图 9-48　　不同铁磁质的磁滞回线

软磁材料（如软铁、硅钢、坡莫合金等）的特点是：矫顽力小，容易磁化，也容易退磁，并且磁滞回线细而窄，所包围的面积小，因此磁滞损耗也小。其适用于交变磁场中，常用作变压器、继电器、电磁铁、电动机和发电机的铁芯等。

硬磁材料（如碳钢、钕铁硼合金等）的特点是：矫顽力大，剩磁大，并且磁滞回线粗而宽，磁滞损耗大。硬磁材料磁化后能保留很强的磁性，适用于制造各种类型的永久磁体、扬声器等。

矩磁材料（如锰镁铁氧体、锂锰铁氧体等）的磁滞回线接近于矩形，剩磁接近饱和值。若矩磁材料在不同方向的外磁场下磁化，当电流为零时，总是处于两种剩磁状态，因此可用作计算机的"记忆"元件，或用在自动控制技术等方面。

3. 磁畴

铁磁质的特性可以用"磁畴"理论来解释。如图 9-49 所示，在铁磁质内存在着无数个自发磁化的小区域，称为磁畴。磁畴的体积在 $10^{-12} \sim 10^{-9}$ cm³ 之间。每个磁畴中，所有原子的磁矩都向着同一个方向排列整齐。在未磁化的铁磁质中，由于热运动，各磁畴的磁矩取向是无规则的，因此整块铁磁质在宏观上对外不显示磁性。当铁磁质置于外磁场中并逐渐增大外磁场时，磁畴将发生变化,这时磁矩方向与外磁场方向接近的磁畴逐渐增大,而方向相反的磁畴逐渐减小。当外加磁场加大到一定程度后,所有磁畴的磁矩方向都指向同一方向,这时磁介质达到饱和。

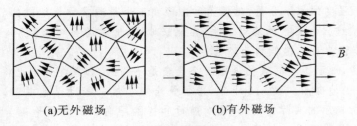

(a)无外磁场　　　　　　　(b)有外磁场

图 9-49　磁畴

当外加磁场去除后,铁磁质将重新分裂为许多磁畴,但由于掺杂和内应力等原因,各磁畴之间存在摩擦阻力,使磁畴并不能恢复到原来杂乱排列的状态,因而表现出磁滞现象,铁磁质仍能保留部分磁性。

当铁磁质的温度升高到某一临界温度时,分子热运动加剧,磁畴就会瓦解,从而使铁磁质的磁性消失,成为顺磁质,这个临界温度称为居里温度或居里点。

阅读材料九　地球的磁场

远在距今 1900 多年前,我国历史上就已有"磁勺柄指南"的记载。到了公元 11 世纪,我国宋代的航海家已开始使用指南针——罗盘来导航。但是长久以来,人们一直不明白,磁针静止时为什么总是指向南北方向。在观察小磁针在一根条形磁铁近旁的指向后,人们才猜想地球本身应该具有磁性。

一个用细线悬挂在水平位置的小磁针,在四周没有磁性物体和电流的影响时,小磁针的静止方位指向接近地理南、北极方向,就好像小磁针被一块磁铁紧紧吸引住那样。由此,人们更确信地球是一个大磁铁,上述现象是由地球表面处的磁场对小磁针的作用所致。地球自转轴与地面的两个交点,分别称为地理的南、北两极,而地球内部的磁化强度(猜测的)的方向与地球的自转轴的交角约为15°,所以地球两个磁极中心位于地理南、北极的附近。上述小磁针在静止时,磁针北端的磁极称为"指北极",简称北极;南端的磁极称为"指南极",简称南极。在地理北极附近的地磁极是磁南极 S_m;在地理南极附近的地磁极是磁北极 N_m(见图 9-50)。根据近代的精确测量,地磁的 S_m 极在北半球加拿大北海岸以北北纬70°50′、西经90°的地方,地磁的 N_m 极处于南半球罗斯海西部南纬70°10′、东经150°45′的地方。

地球是一个大磁铁,因此在它的周围存在着磁场,地球周围的磁场称为地球磁场或地磁场,简称地磁。在离地球约 5 倍地球半径远处,地球的磁场分布近似一个均匀磁化了的球产生的磁场。在不同的地点,磁场强度是不同的。而且除在磁赤道处外,地磁场都不是水平的。因此,地面上任一点的磁场可分为水平分量 B_θ(θ 为磁纬度)和径向分量 B_r。小磁针静

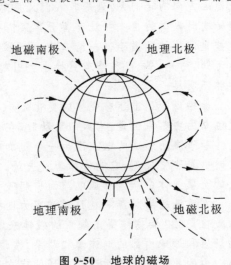

地磁南极　　　　　地理北极

地理南极　　　　　地磁北极

图 9-50　地球的磁场

止时所在的直立平面称为地磁子午面,这个平面与地球的地理子午面间的夹角称为磁偏角。根据测定发现,地面上不同地点的磁偏角是不同的,在赤道地区较小,在高纬度区可以很大。小磁针静止时与水平面间的夹角称为磁倾角。在地球赤道上,磁倾角为零;在磁南极和磁北极处的磁倾角为90°。磁场强度的水平分量、磁偏角和磁倾角三个量通常称为地磁的三个要素,地球磁场的研究必须先从这三个要素的测定入手。在北京地区,地磁场 $B = 0.548 \times 10^{-4}$ T,磁偏角为 $-6°$（偏东为正,偏西为负）,磁倾角为57°1′。

根据测量发现,地面上不同点的地磁三个要素是不同的。如果在地图上将要素相同的点连成曲线,可得出一张地磁图。早在1581年,诺尔曼绘制了第一张世界地磁图,在图上标明了世界各地罗盘指针所指示的实际方向。此图对航行和探险导向以及发现地磁异常等方面有很大的参考价值。例如:当发现某一地区的地磁显著偏离地磁图上标明的数据资料时,也就是出现地磁异常时,往往是该地区即将出现地震或气象突变的预兆;或者当从地磁图上发现某一地区的地磁数据与相邻地区相差悬殊时,则可能表明该地区地下深处蕴藏着丰富的磁铁矿（"磁法探矿"）。我国已于1950年、1960年和1970年先后发表了由地面测量得到的不同比例尺的全国地磁图。1960年10月,国际上采用了一个"国际参考地磁场",以此作为计算全球性地磁异常的参考。

人们还发现,地磁场的强度和方向已经过多次循环变化:其强度由强变弱,以致消失变为零,然后地磁方向倒转,强度再由弱变至反方向的最大值。地壳中的火山岩石清楚地保留了地磁变化的资料。自从地球形成以来,自远古至今,地球上各处频频出现火山的爆发,每一次爆发时从地球内部喷射出大量的岩浆。在这些岩浆逐渐冷却凝固的过程中,它里面的结晶体便会顺着当时地磁场的方向有序地排列起来。采用现代检测手段,人们很容易推断出熔岩凝固的年代,从而可推知不同历史时期地磁场的方向和强度。根据对这些火山的精确测定,已知在过去40万年内,地球磁场的方向倒转（地磁的 N_m 极和 S_m 极南北移位）已经有9次;而在近30万年内,地球磁极也曾有3次南北移位。

最近几个世纪以来,科学家们连续测量和记载了地磁场强度的数据,发现地磁强度一直在不断地减弱。大约在20年前,美国通过所发射的地磁卫星对地磁进行了长时间的精密测量和仔细研究,得出了一个精确的地磁减弱速度,由此推算到公元32世纪（1100年后）来临之前,地磁将消失殆尽。根据以往地磁变化、南北移位的历史,在32世纪开始时,是否会像过去那样出现地磁方向的转向呢?到那时人们又将怎样适应这样的地磁变化呢?在漫长的历史中,多次地磁转向时人类的祖先并没有留下真实情况及人们感受的记录,那么我们期望下一次地磁倒转能被我们的子孙描绘得一清二楚。至于是什么原因引起地磁场的循环变化,直到现在人们仍懵然无知。另外,昼、夜和季节更换也会引起地磁场有规律的变化。这种变化一般很小,在几十年中并不明显。

地磁场除了上述有规律的变化之外,还会突然出现不规则的变化,这种变化称为磁暴。产生磁暴的主要原因是:当太阳活动时,在太阳黑子区域有一股连续的带电粒子流射向地球,由这些粒子流所形成的电流产生一个附加磁场,这个附加磁场强烈地干扰地磁场而产生了磁暴。有时磁暴非常强烈,它能使指南针失效。它还会在地面上的输电线、电话线、输油管道和一切细长的金属导体中产生感应电流而引起破坏作用。磁暴和北极光往往同时发生。

有关地磁的起源一直是科学家力图探明的一个基本课题。自从1820年奥斯特发现电流的磁效应,1822年安培提出物质的磁性来源于分子电流的假说后,科学家们很自然地想到了地磁场应和地球内部的电流源相联系。按现代的观点,地磁场来源于磁流体力学机制:地球炽热核心内的导电流体的运动和磁场的存在形成一个自行维持着的巨大直流发电机,使在地球核心内导电流体形成一个巨大的环形电流,从而使地球产生如图 9-50 所示的磁场.但是内部的环形电流又是怎样形成的呢?因为地磁方向每倒转一次,表明产生地磁的环形电流也已反向,又是什么机制促使如此巨大的环形电流周期性地变换方向的呢?这些都是科学家正在探索的课题.

　　所有生物,包括人类在内,都已完全适应和习惯于在地磁环境下生活和繁衍.可以认为,地磁一方面对地球上的生命起着保护作用,另一方面也为其生存创造了条件.根据人造卫星的探测,地面周围的磁场并不延伸到很遥远的区域,这是因为从太阳发射出来的等离子体阻止了地磁场的向外延伸.因此,地磁场局限在地球周围的有限区域之内,这个区域称为磁层或地磁层.它随地球一起运动,就是这个磁层挡住了由宇宙空间射来的、足以使生物致命的高能粒子流,使所有生物得以安全栖息在地球上.还有人类和生物赖以生存的水,也是依靠地磁场将大量氢离子吸引到地球表面,从而使它和空气中的氧化合而形成水滴和雨降落到地面的.所以也可以这样说,地球上的生命是伴随着地磁场的形成并增强到足以对生命起保护作用时才出现的,即生命和地磁是紧紧地联系在一起的.

习　题

　　9-1　两根长度相同的细导线分别密绕在半径为 R 和 r 的两个长直圆筒上,形成两个螺线管,两个螺线管的长度相同,$R = 3r$,螺线管通过的电流相同,均为 I,螺线管中的磁感应强度大小 B_R,B_r 满足(　　).

A. $B_R = 3B_r$　　　　　B. $B_R = B_r$　　　　　C. $3B_R = B_r$　　　　　D. $B_R = 6B_r$

　　9-2　如图 9-51 所示,一个半径为 r 的半球面放在均匀磁场中,通过半球面的磁通量为(　　).

A. $2\pi r^2 B$　　　　　B. $\pi r^2 B$　　　　　C. $2\pi r^2 B\cos\alpha$　　　　　D. $\pi r^2 B\cos\alpha$

　　9-3　下列说法正确的是(　　).

A. 闭合回路上各点磁感应强度都为零时,回路内一定没有电流穿过

B. 闭合回路上各点磁感应强度都为零时,回路内穿过的电流的代数和必定为零

C. 磁感应强度沿闭合回路的积分为零时,回路上各点的磁感应强度必定为零

D. 磁感应强度沿闭合回路的积分不为零时,回路上任意一点的磁感应强度都不可能为零

　　9-4　如图 9-52 所示,各有一半径相同的圆形回路 L_1,L_2,圆周内有电流 I_1,I_2,其分布相同,且均在真空中,但在图 9-52(b) 中 L_2 回路外有电流 I_3,P,Q 为两圆形回路上的对应点,则(　　).

A. $\oint_{L_1} \vec{B} \cdot d\vec{l} = \oint_{L_2} \vec{B} \cdot d\vec{l}, \vec{B}_P = \vec{B}_Q$　　　　B. $\oint_{L_1} \vec{B} \cdot d\vec{l} \neq \oint_{L_2} \vec{B} \cdot d\vec{l}, \vec{B}_P = \vec{B}_Q$

C. $\oint_{L_1} \vec{B} \cdot d\vec{l} = \oint_{L_2} \vec{B} \cdot d\vec{l}, \vec{B}_P \neq \vec{B}_Q$　　　　D. $\oint_{L_1} \vec{B} \cdot d\vec{l} \neq \oint_{L_2} \vec{B} \cdot d\vec{l}, \vec{B}_P \neq \vec{B}_Q$

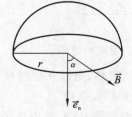

图 9-51　习题 9-2 图

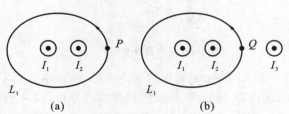

(a)　　　　　　　　(b)

图 9-52　习题 9-4 图

　　9-5　半径为 R 的圆柱形无限长载流直导体置于均匀无限大磁介质之中,若导体中流过

的恒定电流为 I,磁介质的相对磁导率为 $\mu_r(\mu_r < 1)$,则磁介质内的磁化强度为(   )。

    A. $-(\mu_r-1)I/(2\pi r)$ B. $(\mu_r-1)I/(2\pi r)$

    C. $-\mu_r I/(2\pi r)$ D. $I/(2\pi\mu_r r)$

    9-6   有两个同轴圆柱面,它们的长度均为 20 m,内圆柱面的半径为 3.0 mm,外圆柱面的半径为 9.0 mm,若两圆柱面之间有 10 μA 的电流沿径向通过,求通过半径为 6.0 mm 的圆柱面上的电流密度。

    9-7   一载有电流 I 的长导线弯折成如图 9-53 所示的形状,DE 为 $1/4$ 圆弧,半径为 R,圆心 O 在 AC,EF 的延长线上。求 O 点处的磁感应强度。

    9-8   如图 9-54 所示,已知地球北极地磁场磁感应强度 $\vec{B}$ 的大小为 6.5×10^{-5} T。如设想此地磁场是由地球赤道上一圆电流所激发的,此电流有多大?流向如何?

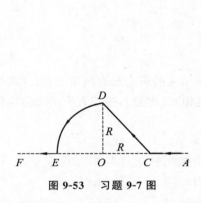

图 9-53   习题 9-7 图

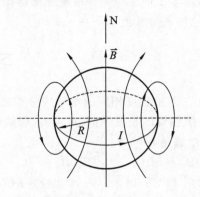

图 9-54   习题 9-8 图

    9-9   如图 9-55 所示,一个半径为 R 的无限长半圆柱面导体,沿长度方向的电流 I 在柱面上均匀分布。求半圆柱面轴线 OO' 上的磁感应强度。

    9-10   如图 9-56 所示,载流长直导线的电流为 I,试求通过矩形面积的磁通量。

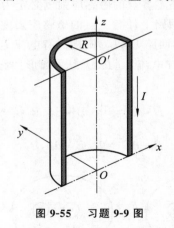

图 9-55   习题 9-9 图

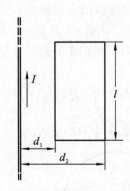

图 9-56   习题 9-10 图

    9-11   已知 10 mm² 裸铜线允许通过 50 A 电流而不会使导线过热,电流在导线横截面上均匀分布。求:(1) 导线内、外磁感应强度的分布;(2) 导线表面的磁感应强度。

    9-12   如图 9-57 所示,一根外径为 R_2,内径为 R_1 的无限长载流圆柱壳,其电流 I 沿轴向流过,并均匀分布在横截面上。试求导体中任意一点($R_1 < r < R_2$)的磁感应强度。

    9-13   有一同轴电缆,其尺寸如图 9-58 所示。两导体中的电流均为 I,但电流的流向相反,导体的磁性可不考虑。试计算以下各处的磁感应强度：$(1) r < R_1$；$(2) R_1 < r < R_2$；$(3) R_2 < r < R_3$；$(4) r > R_3$。

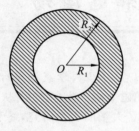 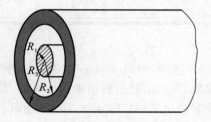

图 9-57　习题 9-12 图　　　　　　　　　图 9-58　习题 9-13 图

9-14　磁场中某点处的磁感应强度为 $\vec{B} = 0.40\vec{i} - 0.20\vec{j}$(SI)，一电子以速度 $\vec{v} = 0.50 \times 10^6\,\vec{i} + 1.0 \times 10^6\,\vec{j}$(SI) 通过该点，则作用于该电子上的磁场力 $\vec{F}_m$ 为多少？

9-15　如图 9-59 所示，一匝边长为 a 的正方形线圈与一无限长直导线共面，置于真空中。当二者之间的最近距离为 b 时，求线圈所受合力 $\vec{F}$ 的大小。

9-16　试证明霍尔电场强度与恒定电场强度之比 $E_H/E_C = B/(ne\rho)$，这里 ρ 为材料电阻率，n 为载流子的数密度。

9-17　如图 9-60 所示，一载流线半径为 R，载流为 I，置于均匀磁场 $\vec{B}$ 中，求：

(1) 线圈受到的安培力；

(2) 线圈受到的磁力矩（对 y 轴）。

9-18　半径为 $R = 0.1$ m 的半圆形闭合线圈，载有电流 $I = 10$ A，放在均匀磁场中，磁场方向与线圈平面平行，如图 9-61 所示。已知 $B = 0.5$ T，求：

(1) 线圈所受力矩的大小和方向（以直径为转轴）；

(2) 若线圈受上述磁场作用转到线圈平面与磁场垂直的位置，则力矩做功为多少？

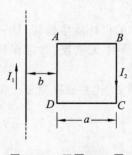 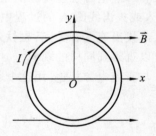 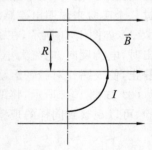

图 9-59　习题 9-15 图　　　　图 9-60　习题 9-17 图　　　　图 9-61　习题 9-18 图

9-19　在实验室，为了测得某种磁性材料的相对磁导率 μ_r，常将这种材料做成截面为矩形的环形样品，然后用漆包线绕成一环形螺线管。设圆环的平均周长为 0.10 m，横截面积为 0.50×10^{-4} m²，线圈的匝数为 200 匝，当线圈通以 0.10 A 的电流时，测得穿过圆环横截面积的磁通量为 6.0×10^{-5} Wb，求该材料的相对磁导率 μ_r。

第 10 章　　电磁感应和电磁场

自 1820 年奥斯特（H. C. Oersted）发现电流的磁效应以后，不少科学家就开始研究电流磁效应的逆现象，即如何利用磁场来产生电流。那么，能否利用磁效应产生电流呢？从 1822 年起，英国物理学家法拉第（M. Faraday）就开始对这一问题进行了大量的实验研究，终于在 1831 年发现了电磁感应现象，即利用磁场产生电流的现象，并总结出电磁感应定律。

电磁感应现象的发现，不仅阐明了变化磁场能够激发电场这一关系，还进一步揭示了电与磁之间的内在联系，促进了电磁理论的发展。电磁感应定律也是麦克斯韦电磁理论的基本组成部分之一。在实践上，它为人类获取巨大而廉价的电能开辟了道路，标志着一场重大的工业和技术革命的到来。

前面几章中讨论了静止电荷产生的电场和恒定电流产生的磁场所遵循的规律，它们都是不随时间变化的电场和磁场。本章主要在电磁感应现象的基础上讨论电磁感应定律，以及动生电动势和感生电动势，然后介绍互感和自感、磁场的能量，以及麦克斯韦关于有旋电场和位移电流的假设，最后简要介绍麦克斯韦方程组和电磁波的产生及性质。

10.1　　电磁感应定律

10.1.1　　电磁感应现象

1831 年 8 月 29 日，法拉第首次发现，处在随时间而变化的电流附近的闭合回路中有感应电流产生。随后，他做了一系列实验，用来判别产生感应电流（induction current）的条件和决定感应电流的因素，揭示了感应现象的奥秘。电磁感应定律是建立在广泛的实验基础上的，首先通过几个实验来说明电磁感应现象和产生电磁感应现象的条件。

（1）如图 10-1 所示，在磁铁插入或拔出线圈 A 的过程中，电流计的指针发生偏转。插入和拔出时，电流反向。电流大小与插入或拔出速度有关。若磁铁不动，线圈中无电流。如果保持磁铁静止，使线圈相对磁铁运动，也可以观察到同样的现象。

（2）如图 10-2 所示，将线圈 A′ 与直流电源相连。用这个通电线圈 A′ 代替磁铁重复上面的实验，可以观察到同样的现象。

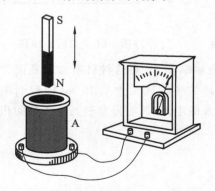

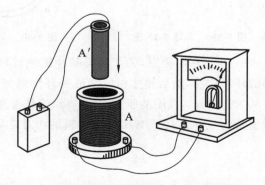

图 10-1　磁铁与线圈回路相对运动时，回路产生电流　　　图 10-2　载流线圈与线圈回路相对运动时，回路产生电流

　　通过这两个实验可以发现,当磁铁或通电线圈 A′ 与线圈 A 有相对运动时,A 中有电流。那么究竟是由于磁铁或通电线圈 A′ 与线圈 A 的相对运动,还是由于线圈 A 处磁场的变化引起的呢?观察下面的实验。

　　(3) 如图 10-3 所示,把线圈 A′ 跟开关 S 和直流电源串联起来,再把 A′ 插在线圈 A 内,A 与 A′ 无相对运动。在接通或断开开关 S 的瞬间,线圈 A 中产生感应电流,接通和断开时电流反向。如果用一个可变电阻代替开关 S,当调节可变电阻来改变线圈 A′ 中电流的时候,线圈 A 中亦有电流产生。调节可变电阻的动作愈快,线圈 A 中的电流就愈大。由此可见,相对运动不是 A 中产生电流的原因,A 中电流的产生应归结为 A 中磁场的变化。这样的认识是否全面?再通过下面的实验进行研究。

　　(4) 如图 10-4 所示,把接有电流计的导体线框放在均匀的恒定磁场中,使线框平面跟磁场方向垂直。导线 AB 可以沿着导轨滑动并保持接触。实验表明,当使 AB 朝某一方向滑动时,线框中有电流产生。AB 滑动得越快,电流计指针偏转的角度越大,即电流越大。当 AB 朝反方向滑动时,电流的方向相反。在这个实验里,磁场是恒定的,所以当导线 AB 滑动时,线框所处的磁场并没有变化。AB 的移动只是使线框的面积发生了变化,结果,同样产生了感应电流。由此可见,把感应电流的起因只归结为磁场变化的认识,是不够全面的。

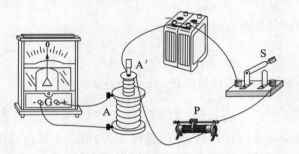

图 10-3　接通或断开开关时,线圈回路产生电流

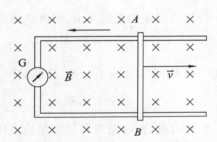

图 10-4　一段导线在磁场中运动时,
回路中产生电流

　　综上所述,无论是闭合回路(或线圈)保持不动,使闭合回路(或线圈)中的磁场发生变化,还是磁场保持不变,而使闭合回路(或线圈)在磁场中运动,都可以在闭合回路(或线圈)中产生电流。也就是说,尽管在闭合回路(或线圈)中产生电流的方式有所不同,但都可归结出一个共同点,即通过闭合回路(或线圈)的磁通量发生了变化。于是,可以得出如下结论:**当穿过一个闭合导体回路所围面积的磁通量发生变化时,不管这种变化是由于什么原因引起的,回路中都会产生电流**。这种现象叫作**电磁感应现象**。回路中所出现的电流叫作**感应电流**。在回路中出现电流,表明回路中有电动势存在。这种由于磁通量的变化而产生的电动势,叫作**感应电动势**(induction electromotive force)。感应电动势比感应电流更能反映电磁感应现象的本质。实际上,当回路不闭合时,也会发生电磁感应现象,这时并没有感应电流,而感应电动势却仍然存在。另外,感应电流的大小是随回路电阻而变的,而感应电动势的大小则与回路无关。因此,对于电磁感应现象,应更为本质地表述为:**当穿过闭合回路的磁通量发生变化时,导体回路中就产生感应电动势**。

10.1.2　电磁感应定律

　　通过大量的精确实验表明:闭合导体回路的感应电动势 $\mathscr{E}_i$ 与穿过这个回路的磁通量 Φ_m 的

变化率成正比。当采用国际单位制(SI)时,比例系数为 1,其数学表达式为

$$\mathscr{E}_i = -\frac{d\Phi_m}{dt} \tag{10-1}$$

式(10-1)称为**法拉第电磁感应定律**(Faraday law of electromagnetic induction)的数学表达式。在国际单位制中,$\mathscr{E}_i$ 的单位为伏特,Φ_m 的单位为韦伯,t 的单位为秒,式中负号表明了电动势的方向,是楞次定律的数学表示。如果回路由 N 匝线圈所组成,那么当磁通量变化时,每匝中都将产生感应电动势。由于各匝之间串联,故整个线圈总电动势为

$$\begin{aligned}
\mathscr{E}_i &= \left(-\frac{d\Phi_{m1}}{dt}\right) + \left(-\frac{d\Phi_{m2}}{dt}\right) + \cdots + \left(-\frac{d\Phi_{mN}}{dt}\right) \\
&= -\frac{d}{dt}(\Phi_{m1} + \Phi_{m2} + \cdots + \Phi_{mN}) \\
&= -\frac{d}{dt}\psi
\end{aligned} \tag{10-2}$$

式中,$\psi = \Phi_{m1} + \Phi_{m2} + \cdots + \Phi_{mN}$ 称为线圈的**全磁通**(fluxoid)或**磁链数**(magnetic flux linkage)。如果穿过每匝的磁通量都相等,为 Φ_m,则 $\psi = N\Phi_m$,于是式(10-2)变化为

$$\mathscr{E}_i = -\frac{d\psi}{dt} = -N\frac{d\Phi_m}{dt} \tag{10-3}$$

若闭合回路的电阻为 R,则由欧姆定律可得感应电流为

$$I_i = \frac{\mathscr{E}_i}{R} = -\frac{1}{R}\frac{d\psi}{dt}$$

则在一段时间内($t_1 \to t_2$),通过回路任一截面的**感应电量**(induction charge)为

$$q = \int_{t_1}^{t_2} I_i dt = \int_{t_1}^{t_2} -\frac{1}{R}\frac{d\psi}{dt}dt = -\frac{1}{R}\int_{\psi_1}^{\psi_2}d\psi = -\frac{1}{R}(\psi_2 - \psi_1) \tag{10-4}$$

由此可见,此电量只与磁通量的变化量有关,而与其变化的快慢无关。测出在某段时间内通过回路的感应电量,而且回路电阻为已知,则可求得在这段时间内通过回路所围面积的磁通量的变化。磁通计就是根据这个原理设计的。

10.1.3　楞次定律

1834 年,楞次(H. F. E. Lenz)在大量实验事实的基础上,总结出了判断感应电流方向的规律:**闭合回路中产生的感应电流的方向,总是使得它所激发的磁场阻碍引起感应电流的磁通量的变化**。这个规律称为**楞次定律**。

应用楞次定律判断感应电流的方向时,应该注意:① 回路绕行方向与回路正法线方向遵守右手螺旋法则;② 回路中感应电动势的方向与回路绕行方向一致时,感应电动势取正值,相反时取负值。

如图 10-5(a)所示,取回路的绕行方向为顺时针方向,各匝线圈的正法线 $\vec{e}_n$ 的方向与磁感应强度 $\vec{B}$ 的方向一致,因此穿过线圈的磁通量为正值。当磁铁移近线圈时,穿过线圈的磁通量增加。由式(10-1)得感应电动势 $\mathscr{E}_i$ 小于零,感应电动势 $\mathscr{E}_i$ 的方向应与回路绕行的方向相反,故其方向如图 10-5(a)所示。感应电流 I_i 与 $\mathscr{E}_i$ 方向相同,感应电流产生的磁场的方向与磁铁磁场的方向相反,将阻碍磁铁向线圈运动。如果磁铁远离线圈,如图 10-5(b)所示,穿过线圈的磁通量仍然为正值。当磁铁远离线圈时,磁感应强度 $\vec{B}$ 减小,穿过回路的磁通量将减小,由式(10-1)得感应电动势 $\mathscr{E}_i$ 大于零,即感应电流 I_i、$\mathscr{E}_i$ 都与回路绕行方向一致,I_i 产生的磁场方向与磁体

磁场方向相同,将阻碍磁铁远离线圈的运动。

又如图 10-6 所示,在闭合回路中,导线运动切割磁场线时,回路绕行方向为 $abcda$,$\vec{e}_n$ 与 $\vec{B}$ 反向,$\Phi_m < 0$。当 ab 向右滑动,即回路所围面积增大时,$\dfrac{\mathrm{d}\Phi_m}{\mathrm{d}t} < 0$,则 $\mathscr{E}_i = -\dfrac{\mathrm{d}\Phi_m}{\mathrm{d}t} > 0$,$I_i$,$\mathscr{E}_i$ 方向 应与回路绕行方向一致。导线 ab 将受到力 $\vec{F}_i$ 的作用,方向向左,阻碍导线向右运动。因此,要移动导线,就要对外力做功,这样就把其他形式的能量转变为感应电流通过回路时所放出的焦耳热。

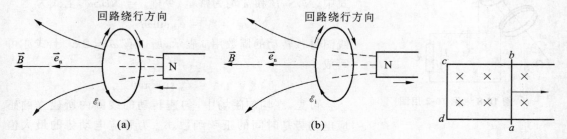

图 10-5　感应电动势方向的确定　　　　　　　　　　　图 10-6　导体切割磁场线

楞次定律是能量守恒定律在电磁感应现象上的具体体现。感应电流在闭合回路中流动时将释放焦耳热,根据能量守恒定律,这部分热量只能从其他形式的能量转化而来。法拉第电磁感应定律中的负号,正表明了感应电动势的方向和能量守恒定律之间的内在联系。从前面的讨论可知,把磁棒插入线圈或从线圈中拔出,必须克服斥力或引力做机械功。实际上,正是这部分机械功转化成了感应电流所释放的焦耳热。

例 10-1　如图 10-7 所示,一个由导线做成的回路 $ABCDA$,其中长度为 l 的导体棒 AB 可在磁感应强度为 $\vec{B}$ 的匀强磁场中以速度 $\vec{v}$ 向右做匀速直线运动,假定 AB,$\vec{v}$ 和 $\vec{B}$ 三者互相垂直,求回路中的感应电动势。

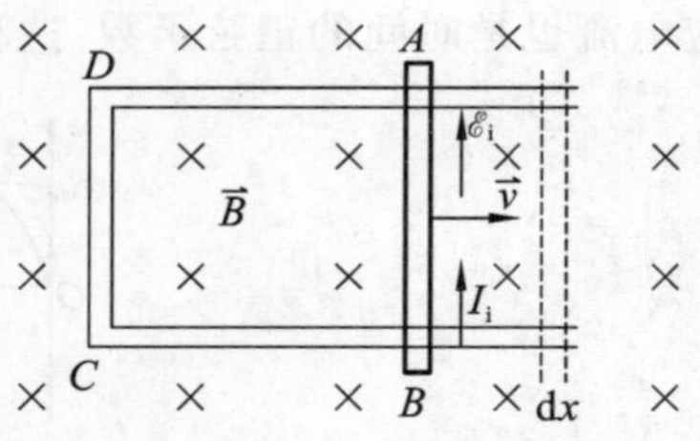

解　若在 $\mathrm{d}t$ 时间内,导体棒 AB 移动的距离为 $\mathrm{d}x$,则在 这段时间内回路面积的增量为 $\mathrm{d}S = l\mathrm{d}x$。如果选取回路的正方向为顺时针方向,则回路所围面积的正法线方向为垂直纸面向里。通过回路所围面积的磁通量的增量为

$$\mathrm{d}\Phi_m = \vec{B} \cdot \mathrm{d}\vec{S} = Bl\,\mathrm{d}x$$

图 10-7　例 10-1 用图

根据法拉第电磁感应定律,在运动的导体棒 AB 段上产生的感应电动势为

$$\mathscr{E}_i = -\frac{\mathrm{d}\Phi_m}{\mathrm{d}t} = -Bl\frac{\mathrm{d}x}{\mathrm{d}t} = -Blv$$

这里 $\mathscr{E}_i < 0$,$\mathscr{E}_i$ 的方向为逆时针。由于导线 AB 是向右运动的,因此,通过回路所围面积的磁通量是增大的,根据楞次定律,当引起感应电流的磁通量增大时,感应电流所激发的磁场必定与引起感应电流的原磁场方向相反。这样,在回路内,感应电流所产生的磁场方向应该是垂直纸面向外。由于磁场与电流成右手螺旋关系,所以感应电流的方向即 $\mathscr{E}_i$ 的方向为逆时针方向。

例 10-2　在如图 10-8 所示的均匀磁场中,置有面积为 S 的可绕 OO' 轴转动的 N 匝线圈。若线圈以角速度 ω 做匀速转动。求线圈中的感应电动势。

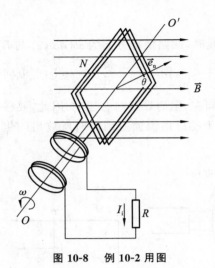

图 10-8　例 10-2 用图

解　设在 $t = 0$ 时,线圈平面的正法线 $\vec{e}_n$ 的方向与磁感应强度 $\vec{B}$ 的方向相同,那么在 t 时刻,$\vec{e}_n$ 与 $\vec{B}$ 之间的夹角为 $\theta = \omega t$。此时,穿过 N 匝线圈的全磁通为

$$\psi = N\Phi_m = NBS\cos\theta = NBS\cos\omega t$$

由电磁感应定律可得线圈中的感应电动势为

$$\mathscr{E}_i = -\frac{d\psi}{dt} = NBS\omega\sin\omega t$$

式中,N,S,B 和 ω 均为常量。令 $\mathscr{E}_{im} = NBS\omega$,上式为

$$\mathscr{E}_i = \mathscr{E}_{im}\sin\omega t$$

线圈每秒转动的周数用 ν 表示,所以有 $\omega = 2\pi\nu$。上式亦可写成

$$\mathscr{E}_i = \mathscr{E}_{im}\sin 2\pi\nu t$$

可见,在均匀磁场中,匀速转动的线圈内所建立的感应电动势是时间的正弦函数。$\mathscr{E}_{im}$ 为感应电动势的最大值(见图 10-9(a)),叫作感应电动势的振幅幅值,它与磁场的磁感应强度、线圈的面积、匝数 N 和转动的角速度成正比。

若电路的电阻为 R,根据欧姆定律,回路中的感应电流为

$$I_i = \frac{\mathscr{E}_{im}}{R}\sin\omega t = I_{im}\sin\omega t$$

式中,$I_{im} = \dfrac{\mathscr{E}_{im}}{R}$ 为感应电流的幅值(见图 10-9(b))。可见,在均匀磁场中匀速转动的线圈内的感应电流也是时间的正弦函数。这种电流称为交流电。

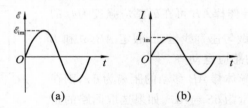

图 10-9　感应电动势、感应电流随时间的变化

10.2　感应电动势

法拉第电磁感应定律表明,只要闭合导体回路中的磁通量随时间变化,就会在闭合回路中产生感应电动势。根据磁通量的表达式可以看出,穿过回路所围面积 S 的磁通量是由磁感应强度、回路面积的大小以及面积在磁场中的取向等三个因素决定的,因此,只要这三个因素中任一个因素发生变化,都可使磁通量变化,从而引起感应电动势。所以根据磁通量变化的原理不同,可将感应电动势分为两种:一种是由于回路所围面积的变化或面积取向变化,使通过回路的磁通量发生变化而产生的感应电动势,称为**动生电动势**(motional electromotive force);另一种是回路不动,由于磁感应强度变化从而使通过回路的磁通量发生变化而产生的感应电动势,称为**感生电动势**(induced electromotive force)。下面我们分别加以讨论。

10.2.1　动生电动势

如图 10-10 所示，一矩形导体回路，可动的边为长 l 的导体棒，在磁感应强度为 $\vec{B}$ 的均匀磁场中，以速度 $\vec{v}$ 向右运动，且速度 $\vec{v}$ 与 $\vec{B}$ 的方向垂直。某时刻，穿过回路面积的磁通量为

$$\Phi_{\mathrm{m}} = BS = Blx$$

当 ab 运动时，回路所围面积扩大，则回路中的磁通量发生变化。由法拉第电磁感应定律可知，回路中感应电动势的大小为

$$|\mathscr{E}_{\mathrm{i}}| = \frac{\mathrm{d}\Phi_{\mathrm{m}}}{\mathrm{d}t} = \frac{\mathrm{d}(Blx)}{\mathrm{d}t} = Bl\frac{\mathrm{d}x}{\mathrm{d}t} = Blv$$

由楞次定律可知，感应电动势的方向为逆时针。由于只是 ab 运动，其他边均不动，所以，动生电动势应归于导体棒 ab 的运动，所以动生电动势集中于 ab 段内，这一段可视为整个回路的电源。棒 ab 中的动生电动势的方向由 a 指向 b，所以在棒上，b 点电势高于 a 点的电势。

在前面已经介绍过，电动势是非静电力作用的表现，那么引起动生电动势的非静电力是什么呢？

当导体棒 ab 以速度 $\vec{v}$ 在磁场中运动时，导体棒中的自由电子也以速度 $\vec{v}$ 随着棒一起向右运动，因而每个自由电子所受的洛伦兹力为

$$\vec{F}_{\mathrm{m}} = -e\vec{v} \times \vec{B}$$

式中，$-e$ 为电子所带的电量，$\vec{F}_{\mathrm{m}}$ 的方向由 b 指向 a，如图 10-11(a) 所示。在洛伦兹力的作用下，自由电子沿 $b \to a$ 方向运动，即电流沿 $a \to b$ 方向。自由电子的运动结果，是使棒 ab 两端出现了电荷积累，a 端带负电，b 端带正电。这两种电荷在导体中产生自 b 指向 a 的静电场，其电场强度为 $\vec{E}$。所以，电子还要受到一个与洛伦兹力方向相反的静电力 $\vec{F}_{\mathrm{e}} = -e\vec{E}$ 的作用，此静电力随电荷的累积而增大，当静电力的大小增大到等于洛伦兹力的大小时，即 $F_{\mathrm{m}} = F_{\mathrm{e}}$ 时，ab 两端保持稳定的电势差。这时，导体棒 ab 相当于一个有一定电动势的电源，如图 10-11(b) 所示。洛伦兹力是使在磁场中运动的导体棒维持恒定电势差的根本原因，即洛伦兹力是非静电力。若以 $\vec{E}_{\mathrm{k}}$ 表示非静电场强，则有

$$\vec{E}_{\mathrm{k}} = \frac{\vec{F}_{\mathrm{m}}}{-e} = \vec{v} \times \vec{B} \tag{10-5}$$

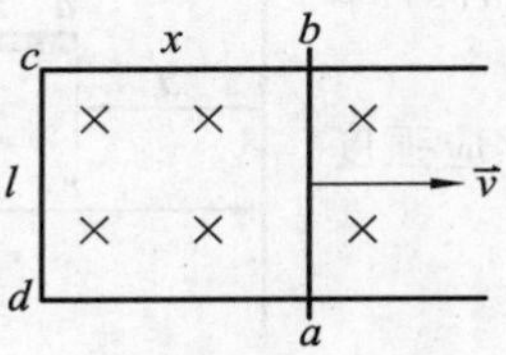

图 10-10　动生电动势 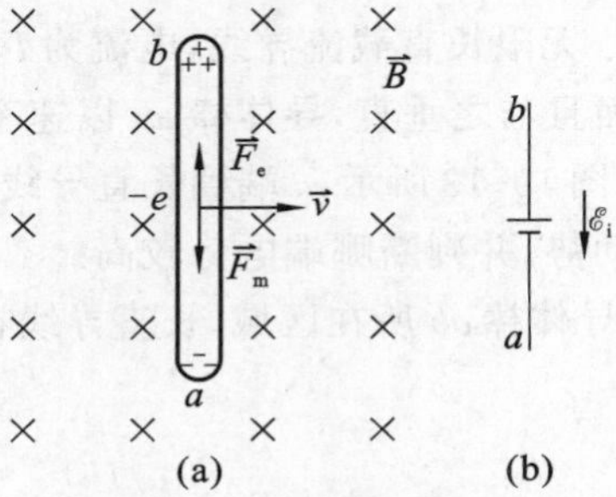　　　　图 10-11　动生电动势与洛伦兹力

由电动势的定义，可知在磁场中运动的导体棒 ab 上产生的动生电动势为

$$\mathscr{E}_{\mathrm{i}} = \int_a^b \vec{E}_{\mathrm{k}} \cdot \mathrm{d}\vec{l} = \int_a^b (\vec{v} \times \vec{B}) \cdot \mathrm{d}\vec{l} \tag{10-6}$$

如图 10-11 所示，由于 $\vec{v}, \vec{B}$ 和 $\mathrm{d}\vec{l}$ 三者相互垂直，式（10-6）积分可得

$$\mathscr{E}_i = \int_0^l vB\,\mathrm{d}l = Bvl$$

对于一个任意形状的导线，在非均匀磁场中做任意运动时，导线中的自由电子在随导线运动时，同样会受到洛伦兹力的作用，导线内就会有 $\vec{E}_k$，且产生动生电动势。整个导线上的动生电动势应该是各导线元的动生电动势之和。设导线 ab 中的一段导线元 $\mathrm{d}\vec{l}$ 以速度 $\vec{v}$ 运动，则在导线元中产生的动生电动势为

$$\mathrm{d}\mathscr{E}_i = \vec{E}_k \cdot \mathrm{d}\vec{l} = (\vec{v} \times \vec{B}) \cdot \mathrm{d}\vec{l}$$

导线 ab 上产生的总的动生电动势为

$$\mathscr{E}_i = \int_a^b \mathrm{d}\mathscr{E}_i = \int_a^b \vec{E}_k \cdot \mathrm{d}\vec{l} = \int_a^b (\vec{v} \times \vec{B}) \cdot \mathrm{d}\vec{l}$$

如果整个导体回路 L 都在磁场中运动，则闭合回路中产生的动生电动势为

$$\mathscr{E}_i = \oint_L \mathrm{d}\mathscr{E}_i = \oint_L (\vec{v} \times \vec{B}) \cdot \mathrm{d}\vec{l} \tag{10-7}$$

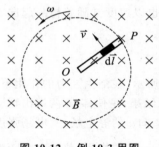

图 10-12　例 10-3 用图

例 10-3　　如图 10-12 所示，一根长度为 L 的导体棒，在磁感应强度为 $\vec{B}$ 的均匀磁场中，以角速度 ω 在与磁场方向垂直的平面上绕棒的一端 O 做匀速转动，试求在导体棒两端的感应电动势。

解　　取 OP 方向为导线的正方向，在导体棒上取极小的一段线元 $\mathrm{d}\vec{l}$，方向为 OP 方向。线元运动的速度大小为 $v = l\omega$，方向如图 10-12 所示。由于 $\vec{v}, \vec{B}, \mathrm{d}\vec{l}$ 互相垂直，所以 $\mathrm{d}\vec{l}$ 两端的动生电动势为

$$\mathrm{d}\mathscr{E}_i = (\vec{v} \times \vec{B}) \cdot \mathrm{d}\vec{l} = -vB\,\mathrm{d}l = -B\omega l\,\mathrm{d}l$$

把导体棒看成是由许多长度为 $\mathrm{d}l$ 的线元组成的，于是导体棒两端之间的动生电动势为各线元的动生电动势之和，即

$$\mathscr{E}_i = \int_L \mathrm{d}\mathscr{E}_i = \int_0^L -\omega Bl\,\mathrm{d}l = -\frac{1}{2}B\omega L^2$$

式中，负号表示 $\mathscr{E}_i$ 的方向与选定方向相反，即动生电动势的方向由 P 指向 O，也可以由 $\vec{v} \times \vec{B}$ 确定 $\mathscr{E}_i$ 的方向，显然两者是一致的。此时 O 端积累正电荷而带正电，P 端带负电。

例 10-4　　无限长直载流导线，电流为 I，长为 L 的导体细棒 ab 与长直导线共面且与之垂直，导体棒 ab 以速率 v 沿平行于长直导线的方向运动，如图 10-13 所示，a 端到长直导线的距离为 d，求导体棒 ab 中的动生电动势，并判断哪端电势较高。

解　　在导体棒 ab 所在区域，长直导线在距其 r 处的磁感应强度 $\vec{B}$ 的大小为

$$B = \frac{\mu_0 I}{2\pi r}$$

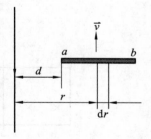

图 10-13　例 10-4 用图

$\vec{B}$ 的方向为垂直纸面向外。可见，棒是在非均匀磁场中运动。在导体棒 ab 上距长直导线 r 处取一线元 $\mathrm{d}\vec{r}$，方向向右，因 $\vec{v} \times \vec{B}$ 方向也向右，所以该线元中产生的电

动势为

$$d\mathscr{E}_i = (\vec{v} \times \vec{B}) \cdot d\vec{r} = vB \, dr = \frac{\mu_0 I v}{2\pi r} dr$$

故导体棒 ab 上的总动生电动势为

$$\mathscr{E}_i = \int d\mathscr{E}_i = \int_d^{d+L} \frac{\mu_0 I v}{2\pi r} dr = \frac{\mu_0 I v}{2\pi} \ln \frac{d+L}{d}$$

$\mathscr{E}_i > 0$，表明电动势的方向由 a 指向 b，a 端电势低，b 端电势高。

10.2.2　感生电动势

前面用洛伦兹力解释了导体在磁场中运动时动生电动势产生的原因，指出洛伦兹力就是使电子运动并产生电动势的非静电力。现在讨论置于磁场中的导体回路不动，而磁场随时间变化的情形。根据法拉第电磁感应定律可知，导体回路中有感应电动势产生。那么，在这种情况下产生感应电动势的非静电力是什么？首先，它不是洛伦兹力，因为导体并没有运动，所以导体中的载流子没有定向宏观的运动速度。麦克斯韦(J. C. Maxwell，1831—1879 年)在分析电磁感应现象的基础上提出了一个大胆的假设：**变化的磁场在其周围空间激发一种新的电场**，这种电场称为**感生电场**(induced electric field)或**涡旋电场**(curl electric field)。产生感生电动势的非静电力就是这个感生电场力。若用符号 $\vec{E}_k$ 表示感生电场强度，则沿任意闭合回路的感生电动势为

$$\mathscr{E}_i = \oint_L \vec{E}_k \cdot d\vec{l} \tag{10-8}$$

根据法拉第电磁感应定律，可以得到感生电场的环路积分

$$\oint_L \vec{E}_k \cdot d\vec{l} = -\frac{d\Phi_m}{dt} \tag{10-9}$$

这说明，只要穿过空间内某一闭合回路所围面积的磁通量发生变化，那么此闭合回路上的感生电动势总是等于感生电场 $\vec{E}_k$ 沿该闭合回路的环流。

感生电场与静电场既有相同之处，也有不同之处。相同之处是：静电场和感生电场都能对静电荷产生作用力，在形式上也是 $\vec{F} = q\vec{E}_k$。不同之处是：首先，产生原因不同，静电场是由静止电荷激发产生的，而感生电场则是由变化的磁场激发产生的；其次，场的性质不同，静电场的电场线是始于正电荷、终于负电荷的，它的环路积分为零，是一个有源场、无旋场，而感生电场的电场线则是闭合的，其环路积分不一定为零，是一个无源场、涡旋场；最后，静电场的环路积分始终为零，也说静电场是保守场，并可以引进电势能，而感生电场的环路积分不恒等于零，说明感生电场不是保守场，从而不能引进电势能。

由于磁通量 $\Phi_m = \int_S \vec{B} \cdot d\vec{S}$，且闭合回路是静止的，它所围的面积 S 也不随时间变化，故式(10-9)可写成

$$\oint_L \vec{E}_k \cdot d\vec{l} = -\int_S \frac{\partial \vec{B}}{\partial t} \cdot d\vec{S} \tag{10-10}$$

式中，$\frac{\partial \vec{B}}{\partial t}$ 是闭合回路所围面积内面元 $d\vec{S}$ 处的磁感应强度随时间的变化率。式(10-10)表明，只要存在着变化的磁场，就一定会有感生电场。而且感生电场 $\vec{E}_k$ 与 $-\frac{\partial \vec{B}}{\partial t}$ 在方向上满足右手螺旋

关系,显然,它与用楞次定律判断的 $\mathscr{E}_i$ 和 $\vec{E}_k$ 的方向是一致的。

在一般的情况下,空间的电场可能既有静电场 $\vec{E}_0$,又有感生电场 $\vec{E}_k$。根据叠加原理,总电场 $\vec{E}$ 沿封闭路径 L 的环流应是静电场 $\vec{E}_0$ 的环流和感生电场 $\vec{E}_k$ 的环流之和。由于前者为零,所以 $\vec{E}$ 的环流等于 $\vec{E}_k$ 的环流。因此,利用式(10-10)可得

$$\oint_L \vec{E} \cdot \mathrm{d}\vec{l} = -\int_S \frac{\partial \vec{B}}{\partial t} \cdot \mathrm{d}\vec{S} \tag{10-11}$$

式(10-11)是关于磁场和电场关系的又一个普遍的基本规律。它可以理解为变化的磁场产生电场。

例 10-5　一半径为 R 的无限长直螺线管,其中的电流做线性变化($\frac{\mathrm{d}I}{\mathrm{d}t} = $ 常量)时,内部的磁场也随时间做线性变化,若 $\vec{B}$ 的变化率 $\frac{\mathrm{d}\vec{B}}{\mathrm{d}t}$ 为一常量,求管内、外的感生电场 $\vec{E}_k$。

解　螺线管的截面如图 10-14 所示,图中圆周 c 为螺线管的边缘。根据对称性可知,管内、外的感生电场线都是 c 的同心圆。圆上各点 $\vec{E}_k$ 的方向皆沿切向,且同一圆周上各点的 $\vec{E}_k$ 大小相同。假定电流随时间增加,则磁场也随时间增加,即 $\frac{\mathrm{d}B}{\mathrm{d}t} > 0$。

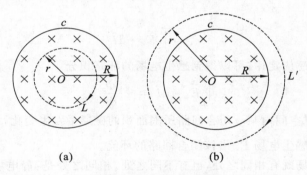

(a)　　　　　　　　(b)

图 10-14　例 10-5 用图

先求管内的 $\vec{E}_k$,取半径为 $r(r < R)$ 的同心圆周 L 为积分路径,如图 10-14(a)所示。选顺时针方向作为感应电动势的正方向,则有

$$\oint_L \vec{E}_k \cdot \mathrm{d}\vec{l} = E_k 2\pi r$$

又有

$$\int_S \frac{\partial \vec{B}}{\partial t} \cdot \mathrm{d}\vec{S} = \int_S \frac{\partial B}{\partial t} \mathrm{d}S = \frac{\partial B}{\partial t} \pi r^2$$

式中,S 是圆周 L 所围的面积,根据式(10-10)得

$$E_k 2\pi r = -\frac{\partial B}{\partial t} \pi r^2$$

所以

$$E_k = -\frac{r}{2} \frac{\partial B}{\partial t} \quad (r < R)$$

式中,负号表示 $\vec{E}_k$ 的方向与选定的正方向相反,即 $\vec{E}_k$ 沿逆时针方向。

再求管外的 $\vec{E}_k$,取半径为 $r(r > R)$ 的圆周 L' 为积分路径,如图 10-14(b)所示,选顺时针

方向作为 L' 中感应电动势的正方向,则有

$$\oint_{L'} \vec{E}_k \cdot \mathrm{d}\vec{l} = 2\pi r E_k$$

又有

$$\int_{S'} \frac{\partial \vec{B}}{\partial t} \cdot \mathrm{d}\vec{S} = \int_{S_0} \frac{\partial B}{\partial t} \mathrm{d}S = \frac{\partial B}{\partial t} \pi R^2$$

式中 S' 是圆周 L' 所围的面积,S_0 为 c 所围的面积,因在圆周 c 外的空间有 $B = 0$,$\frac{\partial B}{\partial t} = 0$,故有上式的关系。根据式(10-10),得

$$E_k 2\pi r = -\frac{\partial B}{\partial t} \pi R^2$$

所以

$$E_k = -\frac{R^2}{2r} \frac{\partial B}{\partial t} \quad (r > R)$$

式中,负号表示 $\vec{E}_k$ 的方向为逆时针方向。若 $\frac{\mathrm{d}B}{\mathrm{d}t} < 0$,则管内、外的 $\vec{E}_k$ 方向为顺时针。

10.2.3　电子感应加速器

电子感应加速器是利用感生电场对电子加速的设备。其结构原理如图 10-15 所示。在电磁铁的两磁极间放一个真空室,电磁铁受交变电流激励,在两磁极间产生交变磁场。当磁场发生变化时,两极间任意闭合回路的磁通量发生变化,就会产生感生电场。射入其中的电子在感生电场的作用下就不断被加速,同时电子还要受到磁场的洛伦兹力作用,使其在环形真空室内沿圆形轨道运动。为了使电子稳定在半径为 R 的圆形轨道上运动,则产生向心力的洛伦兹力应满足

$$evB_R = m\frac{v^2}{R}$$

即

$$B_R = \frac{mv}{eR}$$

式中,B_R 是电子轨道上的磁感应强度,R 为轨道半径,v 为电子运动速率。

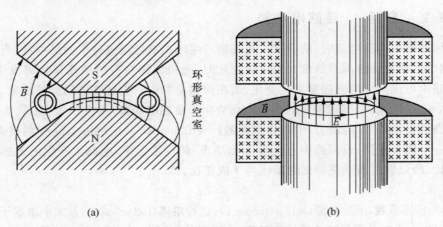

(a) 　　　　　　　　　　　　　　　(b)

图 10-15　电子感应加速器

设轨道平面上的平均磁感应强度为 $\overline{B}$,则通过轨道面积的磁通量为

$$\Phi_m = \overline{B}S = \overline{B}\pi R^2$$

由式(10-9)可得

$$\oint_L \vec{E}_k \cdot \mathrm{d}\vec{l} = E_k 2\pi R = -\frac{\mathrm{d}\Phi_m}{\mathrm{d}t} = -\pi R^2 \frac{\mathrm{d}\overline{B}}{\mathrm{d}t}$$

所以得

$$E_k = -\frac{R}{2}\frac{\mathrm{d}\overline{B}}{\mathrm{d}t}$$

作用在电子上的切向力的大小为

$$eE_k = -\frac{eR}{2}\frac{\mathrm{d}\overline{B}}{\mathrm{d}t}$$

根据牛顿第二定律,有

$$F_e = \frac{\mathrm{d}}{\mathrm{d}t}(mv) = \frac{\mathrm{d}}{\mathrm{d}t}(eRB_R) = eR\frac{\mathrm{d}B_R}{\mathrm{d}t}$$

所以

$$\frac{\mathrm{d}B_R}{\mathrm{d}t} = \frac{1}{2}\frac{\mathrm{d}\overline{B}}{\mathrm{d}t}$$

即只要 $B_R = \overline{B}/2$,被加速的电子就可稳定在半径为 R 的圆形轨道上运动。

小型电子感应加速器可将电子加速至几十万电子伏,大型的电子感应加速器可达数百万电子伏。电子感应加速器是近代物理研究的重要装置,用加速后具有较高能量的电子束去轰击各种靶,可得到穿透能力很强的 X 射线。利用这些 X 射线,可研究某些核反应和制备一些放射性同位素。电子在加速时,由于要辐射能量,所以限制了加速能量的进一步提高。

10.3　自感和互感

作为法拉第电磁感应定律的特例,下面将讨论两个在电工、无线电技术中有着广泛应用的电磁感应现象——自感和互感。

10.3.1　自感　自感电动势

当任何回路中通有电流时,就有这一电流所产生的磁通量通过这个回路本身,当该回路的电流、回路的形状或回路周围的磁介质发生变化时,通过回路自身的磁通量也将发生变化。这种由于回路中电流产生的磁通量发生变化,而在回路自身中产生感应电动势的现象,称为**自感**(self-induction)现象。自感现象中的感生电动势叫作**自感电动势**,用符号 $\mathscr{E}_L$ 表示。为描述一个线圈产生自感电动势 $\mathscr{E}_L$ 的能力,引进**自感系数**(coefficient of self-inductance)的概念。

考虑一个闭合回路,设回路中电流为 I,由毕奥-萨伐尔定律,电流 I 产生的磁感应强度 B 与 I 成正比,所以穿过该回路的磁通量也与 I 成正比,即

$$\Phi_m = LI \tag{10-12}$$

式中,L 称为自感系数,简称**自感**(self-inductance),也称**电感**(inductance),其**大小决定于回路的匝数、几何形状、大小以及周围磁介质的磁导率**。在国际单位制中,它的单位是亨利,用符号 H 表示。可见,回路中自感的大小等于回路中的电流为单位值时通过这个回路所围面积的磁通量。

当线圈的自感系数为常量,线圈中的电流发生变化时,根据法拉第电磁感应定律和式

(10-12),线圈自身产生的自感电动势为

$$\mathcal{E}_L = -\frac{d\Phi_m}{dt} = -L\frac{dI}{dt} \tag{10-13}$$

式(10-13)说明,自感电动势与其电流的变化率成正比,比例系数即为自感系数 L。式中的负号表明:当线圈回路中的 $\frac{dI}{dt} > 0$ 时,$\mathcal{E}_L < 0$,即自感电动势与电流方向相反;反之,当 $\frac{dI}{dt} < 0$ 时,$\mathcal{E}_L > 0$,即自感电动势与电流方向相同。其实这表示 $\mathcal{E}_L$ 反抗 I 的变化,这正是楞次定律所要求的。

当线圈的自感系数不为常量,线圈中的电流也发生变化时,则有

$$\mathcal{E}_L = -\frac{d\Phi_m}{dt} = -L\frac{dI}{dt} - I\frac{dL}{dt} \tag{10-14}$$

式中,第一项代表了变化电流对自感电动势的贡献部分;第二项代表了线圈的自感系数变化时对自感电动势的贡献。

例 10-6　一个长直密绕螺线管共有 N 匝,螺线管长为 l,截面积为 S,管内充满磁导率为 μ 的均匀介质,求其自感系数。

解　设长直螺线管内通有电流 I,忽略边缘效应,用 $n = \dfrac{N}{l}$ 表示螺线管单位长度上的匝数,则螺线管内的均匀磁场为

$$B = \mu nI = \mu\frac{N}{l}I$$

通过螺线管的全磁通为

$$\psi = NBS = \mu\frac{N^2}{l}IS$$

由式(10-12)得

$$L = \frac{\psi}{I} = \mu\frac{N^2}{l}S$$

若用 $V = lS$ 表示螺线管的体积,则有

$$L = \mu n^2 V$$

可见,欲获得较大自感的螺线管,通常采用较细导线制成的绕组,增加单位长度上的匝数,并选取较大磁导率的磁介质放置在螺线管内以增加其自感。这个例题提供了改变螺线管自感系数的有效途径。

自感现象的应用很广泛,利用线圈具有阻碍电流变化的特性,可以稳定电路中的电流,例如日光灯上的镇流器,无线电设备中常以自感线圈和电容器组合构成共振电路或滤波器等。在某些情况下,自感现象又是有害的,例如在具有很大自感的线圈电路断开时,由于电路中的电流变化很快,在电路中产生很大的自感电动势,甚至会使线圈击穿或在电闸间隙产生强烈的电弧,这些都要加以避免。

10.3.2　互感　互感电动势

设有两个邻近的回路,其中分别通有电流,则任一回路中的电流所产生的磁感应线将有一部分通过另一个回路所包围的面积。当其中任意一个回路中的电流发生变化时,通过另一个回路所围面积的磁通量也随之变化,因而在回路中产生感应电动势。这种由于一个回路中的电流变化而在邻近另一个回路中产生感应电动势的现象,称为**互感现象**(mutual inductance phenomenon),所产生的感应电动势称为**互感电动势**(mutual inductance electromotive force)。

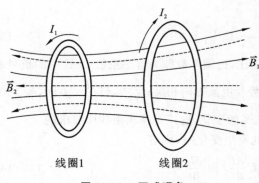

图 10-16　互感现象

如图 10-16 所示,在空间放置两个邻近的闭合线圈 1 和 2,线圈 1 中通有电流 I_1,在空间产生的磁场为 $\vec{B}_1$,它穿过线圈 2 的磁通量为 Φ_{m21}。由毕奥-萨伐尔定律可知,电流 I_1 产生的磁场正比于 I_1,其穿过回路 2 的磁通量也与 I_1 成正比,即

$$\Phi_{m21} = M_{21} I_1 \qquad (10\text{-}15)$$

同理,电流 I_2 产生的磁场通过回路 1 的磁通量与 I_2 成正比,即

$$\Phi_{m12} = M_{12} I_2$$

式中,M_{21} 和 M_{12} 只与两线圈的形状、大小、匝数、相对位置以及周围磁介质的磁导率有关,把它称为两线圈的**互感**(mutual inductance)。实验和理论证明,对于给定的两个导体回路,M_{21} 和 M_{12} 总是相等的,即

$$M_{21} = M_{12} = M$$

它是一个能反映两线圈之间耦合程度的物理量。在国际单位制中,互感的单位与自感相同,为亨利(H)。当 M 不变时,根据电磁感应定律有

$$\mathscr{E}_{21} = -\frac{\mathrm{d}\Phi_{m21}}{\mathrm{d}t} = -M \frac{\mathrm{d}I_1}{\mathrm{d}t} \qquad (10\text{-}16)$$

$$\mathscr{E}_{12} = -\frac{\mathrm{d}\Phi_{m12}}{\mathrm{d}t} = -M \frac{\mathrm{d}I_2}{\mathrm{d}t} \qquad (10\text{-}17)$$

例 10-7　如图 10-17 所示,有一长直螺线管,长为 l_1,半径为 $r(l_1 \gg r)$,单位长度上有 n_1 匝导线。在螺线管外部再紧绕一螺线管,长为 l_2,单位长度上有 n_2 匝导线。求两螺线管之间的互感系数及与 L_1,L_2 的关系。

解　设在螺线管 1 中通以电流 I_1,则产生的磁场为

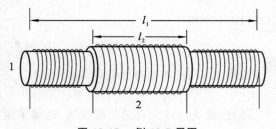

图 10-17　例 10-7 用图

$$B_1 = \mu_0 n_1 I_1$$

穿过螺线管 2 的全磁通为

$$\psi_{21} = N_2 B_1 S = \mu_0 n_1 n_2 l_2 \pi r^2 I_1$$

则互感系数为

$$M = \frac{\psi_{21}}{I_1} = \mu_0 n_1 n_2 l_2 \pi r^2 = \mu_0 n_1 n_2 V_2$$

根据例 10-6 的结果,可得

$$L_1 = \mu_0 n_1^2 V_1$$

$$L_2 = \mu_0 n_2^2 V_2$$

所以有

$$M = \sqrt{\frac{l_2}{l_1}} \sqrt{L_1 L_2}$$

必须指出,此结果是在题设条件下的两个耦合回路情况下得到的。而一般情况下,$M =$

K $\sqrt{L_1 L_2}$，且 $K \leqslant 1$，称为耦合系数。两个半径相同的线圈，只有当 $l_1 = l_2$，且每个回路的自身全磁通都通过另一个回路，或者说无漏磁时，才有 $K = 1$。在有漏磁的情况下，$K < 1$，即 $M < \sqrt{L_1 L_2}$。

　　互感现象在电工电子技术中有广泛应用，利用互感现象能很方便地使能量或信号由一个线圈传递到另一个线圈，而且在传递过程中可以随设计要求改变电流或电压，例如变压器和感应线圈等。在有些情况下，互感是有害的，例如收音机各回路之间、电话线与电力输送线之间会因互感现象产生有害的干扰。了解了互感现象的物理本质，就可以设法改变电器之间的布置，从而尽量减小回路之间相互干扰的影响。

10.4　磁场的能量

10.4.1　线圈储存的磁能

　　当对电容器充电时，储存在电容器中的能量是储存在两极板之间的电场中的。由于电流在激发磁场的过程中需要供给能量，所以磁场也储存能量。如图 10-18 所示，电路中含有一自感为 L 的线圈，电阻为 R，电源电动势为 $\mathscr{E}$。当开关 S 与电键 1 闭合后，电路中的电流由零迅速增加，电流达到稳定值 I_0 后，突然把开关 S 合到电键 2 处，这时电源已切断，但回路中的电流没有立即降到零。这时电流将在电阻 R 上产生焦耳热。那么这个能量从何而来？它又储存在哪里？

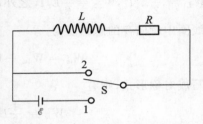

图 10-18　线圈中的能量

　　根据能量守恒定律，能量不可能无中生有，想必这个能量是在线圈充电过程中由电源提供而储存于自感线圈之中的。当开关 S 与电键 1 闭合后，电路中的电流由零迅速增加，此时自感线圈中会产生自感电动势 $\mathscr{E}_i$，其方向与电流方向相反，因此电流就必须克服自感电动势做功，从而使部分电能转化为自感线圈的磁能。这也就是说，在电流从零达到稳定值的整个过程中，电源供给的能量一部分为电阻上的焦耳热，另一部分则转化为线圈中的磁场能量，在线圈中建立磁场。

　　现在研究开关 S 合到电键 1 处进行充电时的情况。设某时刻回路中的电流为 i，应用欧姆定律得

$$\mathscr{E} - L \frac{\mathrm{d}i}{\mathrm{d}t} = iR \tag{10-18}$$

设 $t = 0$ 时，$i = 0$；$t = t_0$ 时，$i = I_0$。上式经变形，两边积分后可得

$$\int_0^{t_0} \mathscr{E} i \mathrm{d}t = \frac{1}{2} L I_0^2 + \int_0^{t_0} i^2 R \mathrm{d}t \tag{10-19}$$

上式中，$\int_0^{t_0} \mathscr{E} i \mathrm{d}t$ 为电流在 0 到 t_0 时间内所做的功，即供给的能量；$\int_0^{t_0} i^2 R \mathrm{d}t$ 为这段时间内电阻上消耗的焦耳热；而 $\frac{1}{2} L I_0^2$ 表示电源反抗自感电动势而做的功，即线圈中的磁场能量 W_m。故对自感为 L 的线圈，当其电流为 I 时，磁场的能量为

$$W_m = \frac{1}{2} L I^2 \tag{10-20}$$

　　也可用类似的方法来计算两个互感线圈的磁能。设两个相邻的线圈 1 和 2，分别通以电流，

在电流从零增大到 I_1，I_2 的过程中，电源除了供给产生焦耳热的能量和克服自感电动势做功外，还要克服各自的互感电动势做功，在建立 I_1 和 I_2 的过程中，某一时间间隔 dt 内，克服两个互感电动势所做的功为

$$
\begin{aligned}
dA &= dA_1 + dA_2 = -\mathscr{E}_{12} i_1 dt - \mathscr{E}_{21} i_2 dt \\
&= -\left(-M\frac{di_2}{dt}\right)i_1 dt - \left(-M\frac{di_1}{dt}\right)i_2 dt \\
&= M i_1 di_2 + M i_2 di_1 \\
&= M d(i_1 i_2)
\end{aligned}
\tag{10-21}
$$

整个过程中，电源克服互感电动势做的总功为

$$
A = \int dA = M\int_0^{I_1}\int_0^{I_2} d(i_1 i_2) = M I_1 I_2
\tag{10-22}
$$

这部分功也以磁能的形式储存起来。一旦电流中止，这部分磁能便通过互感电动势做功全部释放出来。由此可见，当两个线圈中各自建立了电流 I_1 和 I_2 后，除了每个线圈里各储有自感磁能 $W_{L1}=\frac{1}{2}L_1 I_1^2$，$W_{L2}=\frac{1}{2}L_2 I_2^2$ 之外，它们之间还储有另一部分磁能 $W_{12}=M I_1 I_2$。故两个相邻的线圈中所储存的总磁能为

$$
W_m = W_{L1} + W_{L2} + W_{12} = \frac{1}{2}L_1 I_1^2 + \frac{1}{2}L_2 I_2^2 + M I_1 I_2
\tag{10-23}
$$

写成对称形式，则有

$$
W_m = \frac{1}{2}L_1 I_1^2 + \frac{1}{2}L_2 I_2^2 + \frac{1}{2}M I_1 I_2 + \frac{1}{2}M I_2 I_1
\tag{10-24}
$$

还可将上式推广到 N 个线圈的普遍情形

$$
W_m = \frac{1}{2}\sum_{i=1}^N L_i I_i^2 + \frac{1}{2}\sum_{i,j=1}^N {}' M_{ij} I_i I_j
\tag{10-25}
$$

式中，$\sum'$ 表示 $i\neq j$，L_i 为第 i 个线圈的自感系数，M_{ij} 为第 i 个和第 j 个线圈之间的互感系数。

10.4.2　磁场的能量

载有电流 I 的自感线圈内具有磁场，自感线圈的能量也就是储存在自感线圈磁场中的能量。下面将从长直螺线管的特例导出磁场能量和磁场能量密度的一般表达式。

已知长直螺线管的自感系数为 $L=\mu n^2 V$，当载有电流 I 时，长直螺线管具有的能量为 $W=\frac{1}{2}LI^2$，即有

$$
W_L = \frac{1}{2}\mu n^2 V I^2
\tag{10-26}
$$

当忽略边缘效应后，载流长直螺线管内产生的均匀磁场将全部集中于螺线管内部，其磁感应强度 $B=\mu n I$。所以上式中的 I 可以由磁感应强度 B 取代，可得到

$$
W_L = \frac{1}{2}\mu n^2 V \frac{B^2}{\mu^2 n^2} = \frac{B^2}{2\mu} V
\tag{10-27}
$$

由于载流螺线管具有的能量 W_L 也就是载流螺线管的磁场所有的能量，通常将磁场的能量记为 W_m。由上式可以得到单位体积内的磁场能量

$$
\omega_m = \frac{dW_m}{dV} = \frac{B^2}{2\mu}
\tag{10-28}
$$

式中，ω_m 为**磁场能量密度**（density of magnetic energy），简称**磁能密度**。虽然这个公式是从长直螺线管磁场的特例中推出的，但可以证明它是磁能密度的一般表达式。

由此可以得出以下结论：在空间中任何存在磁场的地方都存在磁场的能量，若空间某处的磁感应强度为 B，磁导率为 μ，则该处的磁能密度为

$$\omega_m = \frac{B^2}{2\mu} = \frac{1}{2}BH = \frac{1}{2}\mu H^2 \tag{10-29}$$

式中，H 为磁场强度，$H = \dfrac{B}{\mu}$。

已知磁能密度后，我们可以计算出定域于某一区域内的磁场中的能量

$$W_m = \int_V \omega_m \mathrm{d}V = \frac{1}{2}\int_V BH\,\mathrm{d}V \tag{10-30}$$

例 10-8　如图 10-19 所示，一根很长的同轴电缆由内、外半径分别为 r_1，r_2 的同轴圆筒组成，其间充满磁导率为 μ 的均匀介质，它们所通过的电流为 I，大小相等、方向相反。试求长度为 l 的一段电缆内储存的能量和自感系数。

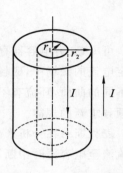

解　由安培环路定理可求得

$$B = \begin{cases} 0, & r < r_1 \text{ 或 } r > r_2, \\ \dfrac{\mu I}{2\pi r}, & r_1 < r < r_2 \end{cases}$$

两圆筒间的磁能密度为

图 10-19　例 10-8 用图

$$\omega_m = \frac{1}{2}BH = \frac{1}{2}\frac{B^2}{\mu} = \frac{\mu I^2}{8\pi^2 r^2}$$

长为 l 的电缆内的总磁能为

$$W_m = \int_V \omega_m \mathrm{d}V = \int_{r_1}^{r_2} \frac{\mu I^2 l}{8\pi^2 r^2}2\pi r\,\mathrm{d}r = \frac{\mu I^2 l}{4\pi}\ln\frac{r_2}{r_1}$$

对于同轴电缆，长为 l 的一段电缆内的磁场能量就是同长度电缆内的自感磁能，即 $W_m = W_L = \dfrac{1}{2}LI^2$，所以

$$L = \frac{2W_m}{I^2} = \frac{\mu l}{2\pi}\ln\frac{r_2}{r_1}$$

10.5　位移电流　　麦克斯韦方程组

麦克斯韦（J. C. Maxwell）于 1865 年在前人的基础上总结了电磁学的全部定律，提出了有旋电场和位移电流的概念，并把全部电磁学规律概括成一组方程，即麦克斯韦方程组，建立了完整的电磁场理论，并预言了以光速传播的电磁波的存在。不久，赫兹便从实验中证实了这个预言，实现了电、磁、光的统一。

10.5.1　位移电流

由法拉第电磁感应定律可知，变化的磁场能在周围空间激发电场。那么，变化的电场能否在周围空间激发磁场呢？下面就来讨论这个问题。对于恒定电流，磁场满足安培环路定理 $\oint_L \vec{H} \cdot \mathrm{d}\vec{l} = \sum I_i$，式中，$\sum I_i$ 是穿过以任一闭合回路 L 为边界的任意曲面的传导电流的总和。

现在来讨论在非恒定电流产生的磁场中,上式是否成立。先讨论电流随时间变化的一个

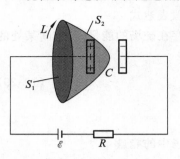

特例——电容器充、放电的过程。如图 10-20 所示,电容器在充放电过程中,电路中的电流 I 是随时间变化的,若在极板附近取一闭合回路 L,并以 L 为边界作两个面 S_1 和 S_2,S_1 与导线相交,S_2 在两极板间,S_1 和 S_2 构成一个闭合曲面。由于电流穿过以 L 为边界的曲面 S_1,根据安培环路定理有

图 10-20　电容器充电过程

$$\oint_L \vec{H} \cdot \mathrm{d}\vec{l} = I \tag{10-31}$$

对于同样以 L 为边界,但穿过电容器两极板之间的曲面 S_2,由于这一曲面上并没有电流穿过,根据安培环路定理有

$$\oint_L \vec{H} \cdot \mathrm{d}\vec{l} = 0 \tag{10-32}$$

可见,在有电容器存在的非恒定电流情况下,安培环路定理出现了自相矛盾的结果。在非恒定电流的磁场中,磁场强度沿回路 L 的环流与如何选取以闭合回路 L 为边界的曲面有关,选取不同的曲面,环流有不同的值。这说明,在非恒定电流的情况下,安培环路定理是不适用的,必须寻求新的规律。

麦克斯韦在分析产生上述矛盾的原因时指出,关键在于该电路中的传导电流不连续,传导电流流至电容器时中断了。他还进一步分析电路中有交变电流通过时,由于电容器充放电,电容器极板上的自由电荷的电量将随时间发生变化,电容器两极板间的电场 $\vec{E}$(以及电位移矢量 $\vec{D}$)也随时间发生变化。麦克斯韦假设在非恒定条件下高斯定理仍然成立。对于图 10-20 中由 S_1 和 S_2 组成的闭合曲面 S,则有

$$\oint_S \vec{D} \cdot \mathrm{d}\vec{S} = q \tag{10-33}$$

式中,q 为闭合曲面 S 所包围的自由电荷。将上式对时间 t 求导,并交换对时间求导和对空间积分的运算顺序,得

$$\oint_S \frac{\partial \vec{D}}{\partial t} \cdot \mathrm{d}\vec{S} = \frac{\mathrm{d}q}{\mathrm{d}t} \tag{10-34}$$

式中,$\dfrac{\mathrm{d}q}{\mathrm{d}t}$ 为闭合曲面 S 内自由电荷的增加率,根据电荷守恒定律,$\dfrac{\mathrm{d}q}{\mathrm{d}t}$ 应等于单位时间内流入闭合曲面 S 的电量,所以

$$\frac{\mathrm{d}q}{\mathrm{d}t} = -\oint_S \vec{j}_c \cdot \mathrm{d}\vec{S} \tag{10-35}$$

式中,$\vec{j}_c$ 为电路中的传导电流密度矢量。由式(10-34)和式(10-35)可得

$$\oint_S \frac{\partial \vec{D}}{\partial t} \cdot \mathrm{d}\vec{S} = -\oint_S \vec{j}_c \cdot \mathrm{d}\vec{S} \tag{10-36}$$

上式可改写为

$$\oint_S \left(\frac{\partial \vec{D}}{\partial t} + \vec{j}_c \right) \cdot \mathrm{d}\vec{S} = 0 \tag{10-37}$$

由此可见,在普遍情况下,虽然传导电流密度 $\vec{j}_c$ 是不连续的,而 $\dfrac{\partial \vec{D}}{\partial t} + \vec{j}_c$ 却是连续的。只要

边界 L 相同，$\dfrac{\partial \vec{D}}{\partial t} + \vec{j}_c$ 在以 L 为边界的任意曲面上的积分是相等的。因此，麦克斯韦称 $\dfrac{\partial \vec{D}}{\partial t}$ 为位移电流密度，用 $\vec{j}_d$ 来表示，即

$$\vec{j}_d = \frac{\partial \vec{D}}{\partial t} \tag{10-38}$$

称 $\dfrac{\partial \vec{D}}{\partial t} + \vec{j}_c$ 为全电流密度，用 $\vec{j}_s$ 来表示，即

$$\vec{j}_s = \frac{\partial \vec{D}}{\partial t} + \vec{j}_c = \vec{j}_d + \vec{j}_c \tag{10-39}$$

而位移电流密度 $\vec{j}_d$ 和全电流密度 $\vec{j}_s$ 在曲面上的通量分别称为位移电流 I_d 和全电流 I_s，即

$$I_d = \int_S \frac{\partial \vec{D}}{\partial t} \cdot d\vec{S} \tag{10-40}$$

$$I_s = \int_S \frac{\partial \vec{D}}{\partial t} \cdot d\vec{S} + \int_S \vec{j}_c \cdot d\vec{S} \tag{10-41}$$

于是，在上述的电容器电路中，极板间的传导电流中断，但可以由位移电流来接替，从而维持了电路中电流的连续性。这样一来，安培环路定理可修正为

$$\oint_L \vec{H} \cdot d\vec{l} = \int_S \vec{j}_c \cdot d\vec{S} + \int_S \frac{\partial \vec{D}}{\partial t} \cdot d\vec{S} \tag{10-42}$$

式中，S 是指以 L 为边界的曲面。式(10-42)表明，**磁场强度 $\vec{H}$ 沿任意闭合回路的积分等于穿过此闭合回路所包围曲面的全电流**，这就是**全电流安培环路定理**。式(10-42)还表明，不仅传导电流能产生有旋磁场，位移电流也能产生有旋磁场，即变化的电场产生有旋磁场。这就是麦克斯韦位移电流假设的实质。

最后需特别指出，虽然位移电流和传导电流在激发磁场方面是等效的，但它们在本质上是不同的。传导电流是大量自由电荷的宏观定向运动形成的，通过电阻时产生焦耳热；而位移电流实质上是电位移通量的变化率，没有热效应。

10.5.2　麦克斯韦方程组

前面先后介绍了麦克斯韦关于有旋电场和位移电流的两个假设。有旋电场假设指出变化磁场激发有旋电场，位移电流假设指出变化电场激发有旋磁场。这两个假设揭示了电场和磁场之间的内在联系。存在变化电场的空间必存在有旋磁场，同样，存在变化磁场的空间也必存在有旋电场。也就是说，变化电场和变化磁场是密切地联系在一起的，它们构成一个统一的电磁场整体。这就是麦克斯韦关于电磁场的基本概念。麦克斯韦在系统总结前人成就的基础上，结合他引入的有旋电场和位移电流两个假设，把静电场和恒定磁场的基本规律加以修正和推广，得到一组适用于一般电磁场的完整的方程组。这个方程组叫作**麦克斯韦方程组**，其积分形式是

$$\oint_S \vec{D} \cdot d\vec{S} = \sum_i q_i \tag{10-43}$$

$$\oint_L \vec{E} \cdot d\vec{l} = -\int_S \frac{\partial \vec{B}}{\partial t} \cdot d\vec{S} \tag{10-44}$$

$$\oint_S \vec{B} \cdot d\vec{S} = 0 \tag{10-45}$$

$$\oint_L \vec{H} \cdot d\vec{l} = \int_S \left(\vec{j}_c + \frac{\partial \vec{D}}{\partial t} \right) \cdot d\vec{S} \tag{10-46}$$

下面简要地说明以上四个方程的物理意义：

方程（10-43）是一般形式下电场的高斯定理，它说明电位移矢量与电荷的联系。尽管电场与随时间变化的磁场也能有联系（如感生电场），但总电场遵从这一高斯定理。

方程（10-44）是法拉第电磁感应定律。它揭示出随时间变化的磁场与电场之间的联系。尽管电场也可能由电荷激发，但总电场与磁场总是遵从这一条定律的。

方程（10-45）是磁场的高斯定理。它反映一个实验事实，即磁感应线不可能起于、终于空间任一点；也就是说，不存在单一的"磁荷"。

方程（10-46）是推广后的安培环路定理。它揭示出磁场与电流以及随时间变化的电场之间的联系，即磁场强度对任意闭合路径的环流取决于通过该闭合路径所围面积的传导电流和电位移矢量的变化率的通量，它反映了传导电流和变化的电场都可以激发磁场，同时也表明变化的电场必伴随着磁场。

上面所讨论的麦克斯韦方程组的积分形式，能够适用于一定范围内的电磁场，而不能适用于某一给定点上的电磁场。在实际应用中，更重要的是麦克斯韦方程组的微分形式。根据矢量分析中的高斯定理 $\oint_S \vec{A} \cdot d\vec{S} = \int_V \nabla \cdot \vec{A} dV$ 和斯托克斯定理 $\oint_L \vec{A} \cdot d\vec{l} = \int_S (\nabla \times \vec{A}) \cdot d\vec{S}$，可以很容易由麦克斯韦方程组的积分形式导出其微分形式。

假定自由电荷是体分布的，且电荷的体密度为 ρ，则高斯定理可写成

$$\oint_S \vec{D} \cdot d\vec{S} = \int_V \rho dV$$

式中，V 为高斯面 S 所包围的体积。根据矢量分析中的高斯定理，可把上式左端的面积分化为体积分

$$\int_V \nabla \cdot \vec{D} dV = \int_V \rho dV$$

上式对任何体积都成立，被积函数本身应处处相等，故有

$$\nabla \cdot \vec{D} = \rho \tag{10-47}$$

这就是高斯定理的微分形式。同样可得磁场中的高斯定理的微分形式为

$$\nabla \cdot \vec{B} = 0 \tag{10-48}$$

对于安培环路定理，也假定电流是体分布的。利用斯托克斯定理，把式（10-46）左端的线积分化为面积分，则有

$$\int_S (\nabla \times \vec{H}) \cdot d\vec{S} = \int_S \left(\vec{j}_c + \frac{\partial \vec{D}}{\partial t} \right) \cdot d\vec{S}$$

上式中，积分范围可以任意，被积函数必须相等，可得

$$\nabla \times \vec{H} = \vec{j}_c + \frac{\partial \vec{D}}{\partial t}$$

对于式（10-44）也可以进行类似处理，最后可以得到如下四式

$$\begin{cases} \nabla \cdot \vec{D} = \rho \\[2mm] \nabla \times \vec{E} = -\dfrac{\partial \vec{B}}{\partial t} \\[2mm] \nabla \cdot \vec{B} = 0 \\[2mm] \nabla \times \vec{H} = \vec{j}_c + \dfrac{\partial \vec{D}}{\partial t} \end{cases} \tag{10-49}$$

式(10-49)便是麦克斯韦方程组的微分形式。由麦克斯韦方程组可以看出,变化的电场和磁场是相互联系、不可分割的统一的整体,把它们称为电磁场。麦克斯韦方程组是对整个电磁场理论的总结,它形式上简洁优美,全面反映了电磁场的基本性质和规律。从麦克斯韦方程组出发,通过数学运算,可以推测出电磁场的各种性质。麦克斯韦电磁理论的建立是 19 世纪物理学史上的又一个重要里程碑。正如爱因斯坦在一次纪念麦克斯韦诞辰时所说,"这是自牛顿以来物理学上所经历的最深刻和最有成果的一次变革"。

10.6　电　磁　波

根据麦克斯韦电磁场理论,只要在空间某区域有非均匀的变化电场(或变化磁场),在邻近区域将产生变化磁场(或变化电场),这变化磁场(或变化电场)又在较远区域产生新的变化电场(或变化磁场),并在更远的区域产生新的变化磁场(或变化电场),这种变化的电场和变化的磁场不断地交替产生,由近及远以有限的速度在空间传播,形成电磁波。在物理学史上,麦克斯韦先从理论上预言电磁波的存在,1887 年,德国物理学家赫兹(Heinrich Rudolf Hertz)用实验证实了电磁波的存在。电磁波的发现为近代无线电通信开辟了道路。

10.6.1　电磁波的产生与传播

只有加速运动的带电粒子、宏观上随时间变化的电荷和电流分布,才能激发脱离场源、在空间独立运动的电磁波。因此,如果要产生电磁波,需要一个电场或磁场做周期性变化的振荡电路作为波源。下面我们简单介绍一下 LC 振荡电路及其辐射的电磁波。

如图 10-21 所示,将自感为 L 的线圈、电容为 C 的电容器、电动势为 $\mathscr{E}$ 的电源以及电键 S 连接成的电路称为 LC 电路。当电键 S 合向 1 时,电源对电容器充电,当电容器上充有电量 Q_0 后,突然将电键合向 2,充有电量的电容器将开始放电。在电容器放电完毕时,电容器中电场的能量为零,线圈中磁场的能量达到最大值,电场能全部转换为自感线圈的磁场能。此时,虽然电容器两极板上的电荷为零,但电流并不立即消失,由于线圈的自感作用,使感应电流的方向和原电流的方向一致,从而对电容器反向充电,在两极板间建立了与先前方向相反的电场。

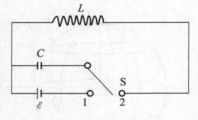

图 10-21　LC 谐振电路

当电容器两极板上的电量达到最大值时,反向充电结束,电路中的电流减小到零,线圈中的磁场也相应消失。至此,线圈中的磁场能量又全部转变为电容器极板间的电场能量。接着,电容器再通过线圈放电,电场能量再次转换为磁场能量。如此周而复始地重复下去,电路中就产生了周期性变化的电流,这种电荷和电流随时间做周期性变化的现象称为**电磁振荡**

(electromagnetic oscillation)。

LC 振荡所形成的电场和磁场是不会显著地以电磁波的形式传播出去的,要有效地发射电磁波,必须具备两个条件:一是振荡频率要高;二是电路要开放。要提高电磁振荡频率,就必须减小电路中线圈的自感 L 和电容器的电容 C。也就是增大电容器两极板间的距离和减小极板面积以减小 C,同时减少电感线圈的匝数来使 L 变小。所谓开放电路就是设法使电路中的电磁能辐射到空间中去,向外辐射电磁波。最后用导线的横截面积取代两极板的面积,并以线状导线代替螺线管,把电路改造成一条直导线,如图 10-22 所示。这样不仅能提高其辐射频率,而且使场所占的空间范围变大,电荷在其中来回振荡,两端出现交替的等量异号电荷,这样的电路称为**偶极振子**。当 LC 回路向空间辐射能量时,电磁振荡的振幅会逐渐减小,为了使电磁振荡继续下去,必须给系统补充能量。

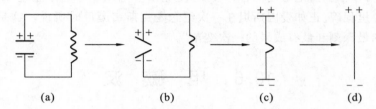

图 10-22   从 LC 振荡电路演变为偶极振子

偶极振子周围的电磁场,可以用麦克斯韦方程组严格计算出来,这里只给出结论和简单的讨论。设偶极振子的电偶极矩为

$$p_e = ql = lQ_0\cos\omega t = p_{e0}\cos\omega t$$

在离偶极振子足够远的地方,波阵面逐渐趋于球形。若以偶极振子的中心为原点,偶极振子激发的电磁场在足够远处为球面电磁波,其表达式为

$$\begin{cases} E = \dfrac{\mu p_{e0}\omega^2\sin\theta}{4\pi r}\cos\left[\omega\left(t-\dfrac{r}{u}\right)\right] \propto \dfrac{1}{r} \\[4mm] H = \dfrac{\sqrt{\varepsilon\mu}\,p_{e0}\omega^2\sin\theta}{4\pi r}\cos\left[\omega\left(t-\dfrac{r}{u}\right)\right] \propto \dfrac{1}{r} \end{cases} \tag{10-50}$$

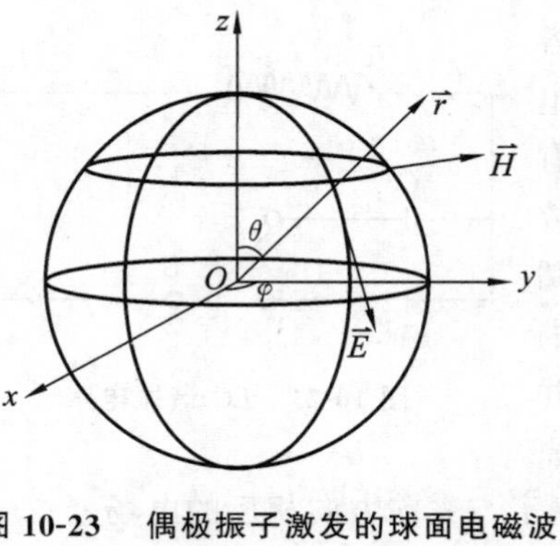

图 10-23 是偶极振子激发的球面电磁波的示意图,空间某点处的 $\vec{E},\vec{H},\vec{r}$ 相互垂直。当 r 很大时,式(10-50)振幅中的 r 和 $\sin\theta$ 可看成是恒量,这时电磁波可近似为平面简谐波,其表达式为

$$\begin{cases} E = E_0\cos\left[\omega\left(t-\dfrac{r}{u}\right)\right] \\[4mm] H = H_0\cos\left[\omega\left(t-\dfrac{r}{u}\right)\right] \end{cases} \tag{10-51}$$

图 10-23   偶极振子激发的球面电磁波

可见,平面电磁波可以看成是离场源非常远时的球面电磁波。理论和实践证明平面电磁波具有如下性质:

(1)**平面电磁波是横波**。电磁波中的电场强度 $\vec{E}$、磁场强度 $\vec{H}$ 和电磁波的传播速度 $\vec{u}$ 三者相互垂直,即 $\vec{E}\perp\vec{u},\vec{H}\perp\vec{u},\vec{E}\perp\vec{H}$,并且 $\vec{E}\times\vec{H}$ 的方向与 $\vec{u}$ 的方向相同,即 $\vec{E},\vec{H},\vec{u}$ 三者互相垂直且成右手螺旋关系。

（2）**平面电磁波具有偏振性**。沿给定方向传播的电磁波，电场强度 $\vec{E}$ 和磁场强度 $\vec{H}$ 分别在各自的平面上振动，而且它们具有相同的相位，这说明电场强度和磁场强度在传播过程中同时为零，同时达到极大值，如图 10-24 所示。

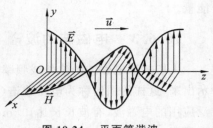

图 10-24　平面简谐波

（3）**电磁波的传播速度取决于介质的性质**，$u = \dfrac{1}{\sqrt{\mu\varepsilon}}$。在真空中，将 μ_0，ε_0 的具体数值代入，计算可得电磁波在真空中的传播速度与光在真空中的传播速度相等，即

$$u_0 = \frac{1}{\sqrt{\mu_0 \varepsilon_0}} = c = 3 \times 10^8 \text{ m/s}$$

这是光本性的反映，光波其实就是一定频率范围内的电磁波。

（4）**电场强度 $\vec{E}$ 和磁场强度 $\vec{H}$ 的幅值成比例**，波线上同一点的瞬时值之间也满足同样的比例关系，其结论为：$\sqrt{\varepsilon}E = \sqrt{\mu}H$。

10.6.2　电磁波的能量

电磁场是一种客观存在的物质形态，具有能量。在各向同性介质中，电场和磁场的能量密度分别为 $\omega_e = \dfrac{1}{2}\varepsilon E^2$，$\omega_m = \dfrac{1}{2}\mu H^2$，因此电磁场的总能量密度为

$$\omega = \omega_e + \omega_m = \frac{1}{2}\varepsilon E^2 + \frac{1}{2}\mu H^2 = \sqrt{\varepsilon\mu}EH = \varepsilon E^2 = \mu H^2 \tag{10-52}$$

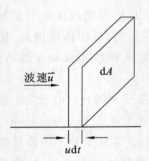

图 10-25　能流密度矢量计算

随着电磁波的传播，电磁波携带的电磁能量也以波速 $\vec{u}$ 沿波传播的方向向外传播。我们把单位时间内通过垂直于传播方向上单位面积的电磁能称为**能流密度**（energy flux density），能流密度是矢量，又常称其为**坡印亭矢量**（Poynting vector），用 $\vec{S}$ 表示。如图 10-25 所示，设 $\mathrm{d}A$ 为垂直于电磁波传播方向的一个面积元，在介质不吸收电磁能量的条件下，在 $\mathrm{d}t$ 时间内，通过面积元 $\mathrm{d}A$ 的电磁能为

$$\mathrm{d}W = \omega u \mathrm{d}A \mathrm{d}t$$

因此能流密度矢量的量值为

$$S = \frac{\mathrm{d}W}{\mathrm{d}A\mathrm{d}t} = \omega u = \frac{u}{2}(\varepsilon E^2 + \mu H^2) \tag{10-53}$$

把 $u = \dfrac{1}{\sqrt{\varepsilon\mu}}$ 和 $\sqrt{\varepsilon}E = \sqrt{\mu}H$ 的关系代入上式，得

$$S = EH$$

由于平面电磁波能流的方向与波传播方向相同，故 $\vec{S}$ 的方向与 $\vec{E}$ 和 $\vec{H}$ 的方向三者相互垂直，可用矢量式表示为

$$\vec{S} = \vec{E} \times \vec{H} \tag{10-54}$$

可见，$\vec{S}$ 表示能流密度的大小和方向，说明了电能、磁能分别存在于电场、磁场中，并不为电荷、电流所携带。电磁场的能量也是由电磁波输送的，电流和运动电荷本身并不传送电磁场

能量。

10.6.3 电磁波的波谱

人们按照电磁波的波长或频率大小的次序,把各种波长不同的电磁波排列成谱,并用图表示出来,这样的图谱称为**电磁波谱**(electro-magnetic spectrum),如图 10-26 所示。目前得到广泛应用的电磁波,有波长长达 10^4 m 以上的,也有短到 10^{-14} m 以下的;有频率高达 10^{22} Hz 的,也有低到 10^4 Hz 的。电磁波的波长越长,频率越低。所有电磁波仅在波长(或频率)上有所差别,而在本质上完全相同,且波长不同的电磁波在真空中的传播速度与光速相等。

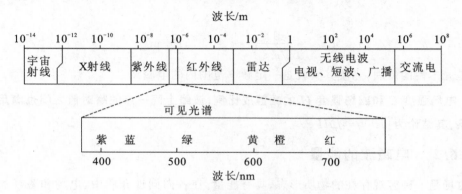

图 10-26 电磁波的波谱

在电磁波谱中,波长最长的是无线电波。无线电波按波长的不同,又被分为长波、中波、短波、超短波、微波等波段,不同波长的电磁波有不同的用途。就其传播特性而言,长波、中波由于波长很长,衍射现象显著,所以从电台发射出去的电磁波能够绕过高山、房屋而传播到千家万户;短波的波长较短,衍射现象减弱,主要在地球外的电离层与地面间反射,故能传得很远。超短波、微波由于波长小而几乎只能按直线在空间传播,但因地球表面是球形的,故需设中继站,以改变其传播方向,使之克服地球形状将电信号传到远处。

炽热的物体、气体放电以及其他的光源发射的电磁波,是由分子或原子中的外层电子发生能级跃迁时发射的。波长在 $400 \sim 760$ nm 范围内的电磁波,能引起视觉,称为可见光(visible light),可见光在整个电磁波谱中只占很小的一部分。人眼所看见的不同颜色的光实际上是不同波长的电磁波,白光则是各种颜色的可见光的混合。波长最长的可见光是红光($620 \sim 760$ nm),波长最短的可见光是紫光($400 \sim 446$ nm)。波长从 $1 \times 10^6 \sim 760$ nm 的电磁波称为红外线(infrared ray),不引起视觉,但热效应特别显著;波长 $400 \sim 10$ nm 的电磁波称为紫外线(ultraviolet ray),也不引起视觉,但容易使被照射物体发生化学反应,有很强的杀菌本领。

X 射线可用高速电子流轰击金属靶产生,它是由原子中的内层电子发射的,波长在 10 nm 到 0.01 nm 范围内。X 射线穿透物质的本领很强,能使照相底片感光,也能使荧光屏发光,是医疗透视和检查金属部件内部损伤的重要工具。由于 X 射线的波长与晶体中原子间距的线度相近,因此在科学研究中常被用来分析晶体结构。

原子核内部状态的变化也能产生电磁辐射,称为 γ 射线。它的波长比 X 射线更短,波长在 4×10^{-2} nm 以下,穿透本领也更强。许多放射性同位素都发射 γ 射线,γ 射线有多方面的应用。研究 γ 射线可以帮助人们了解原子核的内部结构。

阅读材料十　超导电性

超导是超导电性的简称,它是指金属、合金或其他材料在一定温度 T_c 以下电阻变为零的性质.超导现象是荷兰物理学家昂内斯(H. K. Onnes,1853—1926 年)首先发现的.他由于这一发现获得了 1913 年的诺贝尔奖.

一、超导现象

1911 年,昂内斯在测量一个固态汞样品的电阻与温度的关系时发现,当温度下降到 4.2 K 附近时,样品的电阻突然减小到无法觉察出的一个值(当时约为 $1 \times 10^{-5}\ \Omega$),如图 10-27 所示.该曲线表示在低于 4.15 K 的温度下,汞的电阻率为零(作为对比,在图 10-27 中用虚线画出了正常金属铂的电阻率随温度变化的关系).

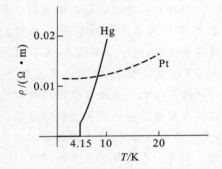

图 10-27　汞和金属铂的电阻率随温度的变化关系

超导现象有许多特性,其中最主要的有三个,即零电阻效应、完全抗磁性效应(Meissner 效应)、约瑟夫森效应(Josephson 效应).

1. 零电阻效应

临界温度 T_c 是物态常量,同一种材料在相同的条件下有严格的确定值.到目前为止,人们发现相当一部分元素在各种条件下出现超导电性.镧、钇、铋、铊四大系列氧化物超导体的临界温度值稳定在 $77 \sim 120$ K 之间,最高可达 125 K,是目前发现的临界温度最高的超导体.

同时,科学家们还发现,强磁场能破坏超导状态.每一种超导材料除了有一定的临界温度 T_c 外,还有一个临界磁场强度 H_c.当外界磁场强度超过 H_c 时,即使用低于 T_c 的温度也不可能获得超导态.对于一定的超导体,临界磁场强度不仅与物质的性质有关,还是温度的函数.

当超导体中有电流通过时,无阻的超流态要受到电流大小的限制,因为这一电流本身也会产生磁场,当电流值达到某一临界值的时候,超导电性也要被破坏,超导体将恢复到正常态.对大多数超导金属元素,正常态的恢复是突变的.这个能破坏超导电性的最小电流,称为临界电流,用 I_c 表示.

2. 完全抗磁性效应

超导电性被发现之后的很长一段时间,人们一直认为磁场对超导体的作用如同对理想导体的作用.直到 1933 年,德国物理学家迈斯纳(Meissner)和奥奇森菲尔德(Ochsenfeld)观察到,磁场中的锡样品冷却为超导体时,能排斥磁场进入样品内部,保持体内磁感应强度等于零.超导体的这一性质称为完全抗磁性效应或 Meissner 效应.

3. 约瑟夫森效应

1962 年,英国剑桥大学卡文迪许实验室物理研究生、20 岁的约瑟夫森(Josephson)提出,应有电子对通过超导-绝缘层-超导隧道元件,即一对对电子能成伴地从势垒中贯穿过去.例如，在两层超导物质间夹有厚度为纳米量级的绝缘层时，若通过连线导入电流，则该电流以电阻为零的状态流动。超导体的这一性质称为约瑟夫森效应（Josephson 效应）或双电子隧道效应。

除了前面提到的超导现象的三种特性以外，超导还有很多其他特性，如二级相变效应、单电子隧道效应等。

二、超导体的应用

超导体的特性，如零电阻效应、完全抗磁性、隧道效应等，以及在强磁场中能承受很大的超导电流和它在发生超导态和正常态转变时的物理性能的变化，已开始在能源、工业、交通、医疗、航天、国防和科学实验等领域得到应用，并显示出突出的优点和广阔的前景。超导技术用于电力输送，可以节省大量能源；用于磁疗上的核磁共振成像，可以在不接触人体的条件下，检查人体的各种疾病；用于分离技术，可以将小到病毒大到矿石的颗粒分离出来；用于电子计算机，可以大幅度地缩小体积，提高计算速度，降低成本；用于交通，可以制成磁悬浮列车；用于测量，可以制成超导核磁共振断层摄像仪和超导量子干涉仪。此外，在一些科学研究装置中，从小型磁体到同步加速器等大规模系统的磁体，都可用超导磁体取而代之。这样，既可以提高设备的效率，又可以节省能源，减小体积。

最后简单介绍超导磁悬浮的应用。设想在列车下部装上超导线圈，当它通有电流而列车启动后，列车就可以悬浮在铁轨上。这样就大大减小了列车与铁轨之间的摩擦，从而可以提高列车的速度。有的工程师估计，在车速超过 200 km/h 的情况下，超导磁悬浮列车比利用轮子的列车更安全。目前，德国、日本等国已有超导磁悬浮列车在做实验短途运行，速度已达 500 km/h。我国上海已建成一段超导磁悬浮铁路。

三、高温超导

自超导现象被发现之后，科学家一直寻求在较高温度下具有超导电性的材料，然而到1985 年所能达到的最高超导临界温度也不过 32 K，所用材料是 Nb_3Ge。1986 年 4 月，美国 IBM 公司的缪勒（K. A. Müller）和柏诺兹（J. G. Bednorz）博士宣布钡镧铜氧化物在 35 K 时出现超导现象。1987 年，超导材料的研究出现了划时代的进展。先是年初华裔美籍科学家朱经武、吴茂昆宣布制成了转变温度为 98 K 的钇钡铜氧超导材料。其后，1987 年 2 月 24 日，中科院的新闻发布会宣布，物理所赵忠贤、陈立泉等 13 位科技人员制成了主要成分为钇、钡、铜、氧四种元素的钡基氧化物超导材料，其零电阻的温度为 78.5 K。几乎同一时期，日本、苏联等国的科学家也获得了类似的成功。这样，科学家就获得了液氮温区的超导体，从而把人们认为到 2000 年才能实现的目标提前实现了。这一突破性的成果带来许多学科领域的革命，对电子工业和仪器设备产生重大影响，并为实现电能超导输送、数字电子学革命、大功率电磁铁和新一代粒子加速器的制造等提供实际的可能。

目前，中国在高温超导材料的研制方面仍处于世界领先地位，具体的成果有：钇钡铜氧材料临界电流密度可达 6000 A/cm^2，同样材料的薄膜临界电流密度可达 10^6 A/cm^2；利用自制超导材料可测到 2×10^{-12} T 的极弱磁场（这相当于人体内肌肉电流的磁场）；新研制的铋铅锑锶钙铜氧超导体的临界温度已达 $132 \sim 164$ K；中国科学家在超导理论方面也正做着开创性的工作。

习　题

10-1　一根无限长平行直导线载有电流 I，一矩形线圈位于导线平面内沿垂直于载流导线方向以恒定速率运动，如图 10-28 所示，则（　　）。

A. 线圈中无感应电流

B. 线圈中感应电流为顺时针方向

C. 线圈中感应电流为逆时针方向

D. 线圈中感应电流方向无法确定

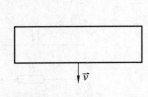

图 10-28　习题 10-1 图

10-2　将形状完全相同的铜环和木环静止放置在交变磁场中，并假设通过两环面的磁通量随时间的变化率相等，不计自感，则（　　）。

A. 铜环中有感应电流，木环中无感应电流

B. 铜环中有感应电流，木环中有感应电流

C. 铜环中感应电动势大，木环中感应电动势小

D. 铜环中感应电动势小，木环中感应电动势大

10-3　有两个线圈，线圈 1 对线圈 2 的互感系数为 M_{21}，而线圈 2 对线圈 1 的互感系数为 M_{12}。若它们分别流过 i_1 和 i_2 的变化电流且 $\left|\dfrac{\mathrm{d}i_1}{\mathrm{d}t}\right| < \left|\dfrac{\mathrm{d}i_2}{\mathrm{d}t}\right|$，并设由 i_2 变化在线圈 1 中产生的互感电动势为 $\mathscr{E}_{12}$，由 i_1 变化在线圈 2 中产生的互感电动势为 $\mathscr{E}_{21}$，下述论断正确的是（　　）。

A. $M_{12} = M_{21}, \mathscr{E}_{21} = \mathscr{E}_{12}$　　　　B. $M_{12} \neq M_{21}, \mathscr{E}_{21} \neq \mathscr{E}_{12}$

C. $M_{12} = M_{21}, \mathscr{E}_{21} > \mathscr{E}_{12}$　　　　D. $M_{12} = M_{21}, \mathscr{E}_{21} < \mathscr{E}_{12}$

10-4　对位移电流，下列四种说法中正确的是（　　）。

A. 位移电流的实质是变化的电场

B. 位移电流和传导电流一样是定向运动的电荷

C. 位移电流服从传导电流遵循的所有定律

D. 位移电流的磁效应不服从安培环路定理

10-5　下列概念正确的是（　　）。

A. 感应电场是保守场

B. 感应电场的电场线是一组闭合曲线

C. $\Phi_{\mathrm{m}} = LI$，因而线圈的自感系数与回路的电流成反比

D. $\Phi_{\mathrm{m}} = LI$，回路的磁通量越大，回路的自感系数也一定越大

10-6　如图 10-29 所示，磁感应强度 $\vec{B}$ 垂直于线圈平面向里，通过线圈的磁通量按下式关系随时间变化 $\Phi_{\mathrm{m}} = 6t^2 + 7t + 1$，式中 Φ 的单位为毫韦伯，时间的单位为 s，问：

（1）当 $t = 2.0$ s 时，回路中的感应电动势的大小是多少？

（2）通过 R 的电流方向如何？

10-7　一铁芯上绕有线圈 100 匝，已知铁芯中磁通量与时间的关系为 $\Phi_{\mathrm{m}} = 1.6 \times 10^{-5}\sin100\pi t$，式中 Φ_{m} 的单位为 Wb，t 的单位为 s。求在 $t = 1.0 \times 10^{-2}$ s 时，线圈中的感应电动势。

10-8　　直导线 ab 以速率 v 沿平行于无限长直导线的方向运动,ab 与无限长直导线共面且与它垂直,如图 10-30 所示。设无限长直导线中的电流强度为 I,导线 ab 长为 L,a 端到无限长直导线的距离为 d,求导线 ab 中的动生电动势,并判断哪端电势较高。

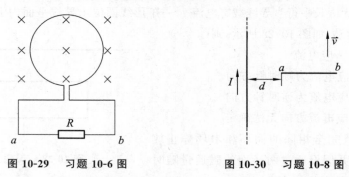

图 10-29　习题 10-6 图　　　　　图 10-30　习题 10-8 图

10-9　　有一测量磁感应强度的线圈,其截面积 $S = 4.0 \text{ cm}^2$,匝数 $N = 160$,电阻 $R = 50 \text{ }\Omega$。线圈与一内阻 $R_i = 30 \text{ }\Omega$ 的冲击电流计相连。若开始时,线圈的平面与均匀磁场的磁感应强度 $\vec{B}$ 相垂直,然后线圈的平面很快地转到与 $\vec{B}$ 的方向平行,此时从冲击电流计中测得电荷值 $q = 4.0 \times 10^{-5} \text{ C}$。问此均匀磁场的磁感应强度 $\vec{B}$ 的值为多少。

10-10　　如图 10-31 所示,把一半径为 R 的半圆形导线 OP 置于磁感应强度为 $\vec{B}$ 的均匀磁场中,当导线以速率 v 水平向右移动时,求导线中感应电动势 $\mathcal{E}$ 的大小,哪一端电势较高?

10-11　　如图 10-32 所示,一边长为 a 的正方形线圈,在磁感应强度为 B 的匀强磁场中绕 OO' 轴每秒转动 n 圈。求:

(1) 线圈从图示位置转过45°时 $\mathcal{E}$ 的大小。

(2) 线圈转动时感应电动势的最大值及该时刻的角位置。

(3) 线圈电阻为 R,当线圈从图示位置转过180°时,通过导线任一截面的电量 q。

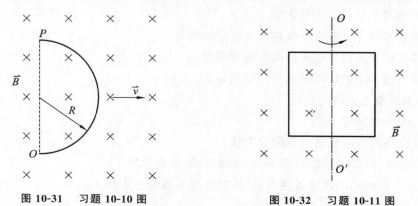

图 10-31　习题 10-10 图　　　　　图 10-32　习题 10-11 图

10-12　　如图 10-33 所示,一长直导线中通以交变电流 $I = I_0 \sin(2\pi t)$,旁边有一长为 a、宽为 b 的 N 匝矩形线圈,线圈与导线共面,长度为 a 的边与导线平行,相距为 d,求线圈中的感应电动势。

10-13　　半径为 $R = 2.0 \text{ cm}$ 的无限长直载流密绕螺线管,管内磁场可视为平行于管壁的均匀磁场,管外磁场可近似看作零。若通电电流均匀变化,使得磁感应强度 $\vec{B}$ 随时间的变化率 $\dfrac{\mathrm{d}B}{\mathrm{d}t}$ 为常量,且为正值,试求:(1) 管内外由磁场变化激发的感生电场分布;(2) 如 $\dfrac{dB}{dt} = 0.010$ T/s,求距螺线管中心轴 $r = 5.0$ cm 处感生电场的大小和方向。

10-14　如图 10-34 所示,半径为 a 的细长螺线管中有均匀磁场且 $\dfrac{dB}{dt} > 0$,一直线弯成等腰梯形闭合回路如图放置。已知梯形上底长为 a,下底长为 $2a$,求各边产生的感应电动势和回路中总电动势。

10-15　截面积为长方形的环形均匀密绕螺绕环,其尺寸如图 10-35 所示,共有 N 匝(图中仅画出少量几匝),求该螺绕环的自感 L。

11-16　有两根半径均为 a 的平行长直导线,它们的中心距离为 d。试求长为 l 的一对导线的自感(导线内部的磁通量可略去不计)。

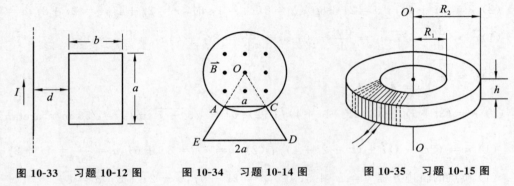

图 10-33　习题 10-12 图　　　图 10-34　习题 10-14 图　　　图 10-35　习题 10-15 图

10-17　一圆形线圈 A 由 50 匝细线绕成,其面积为 4 cm²,放在另一个匝数等于 100 匝、半径为 20 cm 的圆形线圈 B 的中心,两线圈同轴,设线圈 B 中的电流在线圈 A 所在处激发的磁场可看作均匀的。求两线圈的互感。

10-18　一无限长直导线,截面各处的电流密度相等,总电流为 I。试证:单位长度导线内所储存的磁能为 $\mu_0 I^2/(16\pi)$。

10-19　由一个电容 $C = 4.0\ \mu$F 的电容器和一个自感为 $L = 10$ mH 的线圈组成的 LC 电路,当电容器上电荷的最大值 $Q_0 = 6.0 \times 10^{-5}$ C 时开始做无阻尼自由振荡,试求:(1)电场能量和磁场能量的最大值;(2)当电场能量和磁场能量相等时,电容器上的电荷量。

10-20　一个沿负 z 方向传播的平面电磁波,其电场强度沿 x 方向,传播速度为 c,在空间某点的电场强度为 $E_x = 300\cos\left(2\pi vt + \dfrac{\pi}{3}\right)$,试求在同一点的磁场强度的表达式,并用图表示电场强度和传播速度之间的相互关系。

习 题 答 案

第 1 章

1-1　A；1-2　B；1-3　B；1-4　B；1-5　D。

1-6　$\vec{v} = a\omega\cos(\omega t)\vec{i} - a\omega\sin(\omega t)\vec{j}$；$\vec{a} = -a\omega^2[\sin(\omega t)\vec{i} + \cos(\omega t)\vec{j}]$。

1-7　(1) 轨道曲线 $y = x^2$。

(2) $\vec{r} = 2t\vec{i} + 4t^2\vec{j}$；$\vec{v} = 2\vec{i} + 8t\vec{j}$；$\vec{a} = 8\vec{j}$；$t = 1$ s 时，$\vec{r} = 2\vec{i} + 4\vec{j}$，$\vec{v} = 2\vec{i} + 8\vec{j}$，$\vec{a} = 8\vec{j}$。

1-8　(1) $\vec{v}_1 = \dfrac{d\vec{r}}{dt} = 2\vec{i}$，$\vec{a}_1 = \dfrac{d\vec{v}_1}{dt} = 0$；$\vec{v}_2 = \dfrac{d\vec{r}}{dt} = 8t\vec{j} + \vec{k}$，$\vec{a}_2 = \dfrac{d\vec{v}_2}{dt} = 8\vec{j}$。

(2) $y = 5$；$\begin{cases} x = 1, \\ y = 4z^2. \end{cases}$

1-9　(1) $\vec{r} = (3t+5)\vec{i} + (0.5t^2+3t+4)\vec{j}$；(2) $|\vec{v}| = \sqrt{3^2+7^2}$ m/s $= \sqrt{58}$ m/s，$\arctan\dfrac{7}{3}$。

1-10　(1) $\vec{r} = (2t^2+3)\vec{i} + (t^2+2t+4)\vec{j}$；(2) $\vec{v} = \dfrac{d\vec{r}}{dt} = 8\vec{i} + 6\vec{j}$，$\vec{a} = \dfrac{d\vec{v}}{dt} = 4\vec{i} + 2\vec{j}$。

1-11　(1) 质点的轨迹方程 $y = x^2 + 5$；(2) $\vec{r} = 2\vec{i} + 9\vec{j}$，$\vec{v} = 2\vec{i} + 8\vec{j}$，$\vec{a} = 8\vec{j}$。

1-12　$\vec{v} = 4\vec{i} + 20\vec{j}$，$\vec{a} = 16\vec{j}$。

1-13　$\vec{v} = 30\vec{i} + 20\vec{j}$，$\vec{r} = 85\vec{i} + 55\vec{j}$。

1-14　$v = \dfrac{Ct^3}{3} + v_0$，$x = \dfrac{Ct^4}{12} + v_0 t + x_0$。

1-15　法向加速度大小 $a_n = 0.25$ m/s^2，方向指向圆心；总加速度的大小 $a = 0.32$ m/s^2，

$\tan\alpha = \dfrac{a_t}{a_n} = 0.8$，$\alpha = 38°40'$，则总加速度与速度夹角 $\theta = 90° + \alpha = 128°40'$。

1-16　(1) $a_t = 12$ m/s^2，$a_n = 288$ m/s^2；(2) 1.5 rad。

1-17　(1) 8 m/s；(2) $16\sqrt{5}$ m/s^2。

1-18　$x = 0.8$ m。

1-19　$\dfrac{v_0}{\cos\theta}$。

1-20　大小：$v_{BA} = 50$ km/h。方向：西偏北 63°。

第 2 章

2-1　D；2-2　B；2-3　D；2-4；A。

2-5　330 N，550 N。

2-6　$r = \dfrac{g}{\omega^2\tan\alpha\sin\alpha}$。

2-7　$\theta = 45°$ 时，时间最短。

2-8　$F = 12\sqrt{5}$ N；$\arctan\dfrac{1}{2}$。

2-9　$v = 38$ m/s，$x = 32$ m。

2-10　$F_{Mm} = \dfrac{MF}{m+M}$，发生变化。

2-11　4.4 m/s^2。

2-12　$v = \sin\theta\sqrt{\dfrac{gl}{\cos\theta}}$，$T = \dfrac{mg}{\cos\theta}$。

2-13　略。

2-14　$v = \sqrt{2gr\cos\theta} = \sqrt{gr}$；$F_N = 3mg\cos\theta = 3mg/2$。

2-15　$v = v_0 e^{-\frac{kt}{m}}$；$x = mv_0/k$。

2-16　19.4 N。

2-17　$T = \dfrac{\sqrt{2}mg}{2}$。

2-18　$t = \dfrac{mv_m}{2F}\ln 3$。

第 3 章

3-1　C；3-2　A；3-3　D；3-4　A；3-5　C。

3-6　880 N。

3-7　5 m/s，3 m。

3-8　0.003 s，0.6 N·s。

3-9　(1)$I_重 = -mv_0\sin\alpha$，方向竖直向下；(2)$I_重 = -2mv_0\sin\alpha$，方向竖直向下。

3-10　$mg \cdot 2\pi R\vec{k}/v$。

3-11　1138.4 N。

3-12　(1)$v = \sqrt{2gH}$，方向沿 AC 方向；(2)$v = \sqrt{2gH}\cos\theta$，方向沿 CD 方向。

3-13　(1)$v = \dfrac{mv_0}{m+M}$，$Mv = M\dfrac{mv_0}{m+M}$；(2)$mv = \dfrac{m^2 v_0}{m+M}$。

第 4 章

4-1　C；4-2　C；4-3　A；4-4　C；4-5　B。

4-6　-26 J，32.5 W。

4-7　8.5 J，-4.9 J，-1.3 J，0 J，2.3 J。

4-8　$Fh\left(\dfrac{1}{\sin\theta_1} - \dfrac{1}{\sin\theta_2}\right)$。

4-9　$-FR$。

4-10　(1) 0.7 m/s^2，-0.02 m/s^2；(2) 8.2 m/s。

4-11　-2.65 J。

4-12　$(m_2 - m_1)gh$；(2) 0；(3) $(m_2 - m_1)gh$，$(m_1 - m_2)gh$，0。

4-13　0.64 m，0.16 m。

4-14　0.36 m。

4-15　(1) 12.7 J；(2) −421.9 J；(3) 409.2 J。

4-16　$\dfrac{1}{3}R$。

4-17　$\dfrac{v^2}{2g}\left(1-\dfrac{V}{v}\right)$。

4-18　0.4 m。

4-19　$\sqrt{\dfrac{m_2}{k(m+m_1)(m+m_1+m_2)}}\,mv$。

4-20　(1) $mgs\sin\theta+\dfrac{1}{2}ks^2$；(2) $mgs\sin\theta+\mu mgs\cos\theta+\dfrac{1}{2}ks^2$。

第 5 章

5-1　B；5-2　D；5-3　A；5-4　D；5-5　B。

5-6　(1)mv_0a；(2) $-Fa$，Fa。

5-7　$L=0$，　$\vec{M}=4.5\vec{k}$。

5-8　$6\dfrac{2}{3}\vec{k}$，$13\dfrac{1}{3}\vec{k}$。

5-9　$-9\vec{i}+12\vec{j}-5\vec{k}$，$-18\vec{i}+12\vec{j}-2\vec{k}$。

5-10　$\omega\approx4.13\times10^{16}$ rad/s。

5-11　略。

5-12　27.0 rad/s，0.324 J。

5-13　$r_{\mathrm{m}}=\dfrac{k+\sqrt{k^2+m^2b^2v_0^4}}{mv_0^2}$。

5-14　4.2 km/s。

5-15　(1) 3900 kg·m²/s；(2) 13m/s；(3) 3.8×10^3 J；(4) 4056 N。

5-16　$v=\sqrt{\left(\dfrac{mv_0}{M+m}\right)^2-\dfrac{k\,(l-l_0)^2}{M+m}}$，$\theta=\arcsin\left[\dfrac{mv_0l_0}{l\,\sqrt{m^2v_0^2-k(M+m)\,(l-l_0)^2}}\right]$。

第 6 章

6-1　B；6-2　C；6-3　B；6-4　A；6-5　C。

6-6　(1) 0.6π rad/s²，35π rad；(2) 10.5π m，1.95π m/s，0.18π m/s²，$12.7\pi^2$ m/s²。

6-7　略。

6-8　(1) $0.6\omega_0$；(2) $0.64\omega_0$。

6-9　30 kg·m²，162 rad/s。

6-10　$\dfrac{1}{3}ml^2+\dfrac{2}{5}MR^2+M\,(l+R)^2$。

6-11　12.5π N。

6-12　3.92 rad/s²。

6-13　$a=\dfrac{2(m_1-\mu m_2)}{m+2m_1+2m_2}g$，$T_1=\dfrac{m_1\,[m+2(1+\mu)m_2]}{m+2m_1+2m_2}g$，$T_2=\dfrac{m_2\,[\mu m+2(1+\mu)m_1]}{m+2m_1+2m_2}g$。

6-14　(1) $h_{\max} = \dfrac{\omega_0^2 R^2}{2g}$；(2) $\omega = \omega_0$，$L = \left(\dfrac{1}{2}MR^2 - mR^2\right)\omega_0$，$E_k = \dfrac{1}{4}(M - 2m)R^2\omega_0^2$。

6-15　$69mr^2$。

6-16　$a = \dfrac{mg(1 - \sin\theta)r^2}{J + 2mr^2}$，$\dfrac{[J + (1 + \sin\theta)mr^2]}{J + 2mr^2}mg$，$\dfrac{[J\sin\theta + (1 + \sin\theta)mr^2]}{J + 2mr^2}mg$。

6-17　$2\ \text{m/s}^2$，$10\ \text{N}$。

6-18　$v = \sqrt{\dfrac{4m_1 gs\sin\theta - 2ks^2}{2m_1 + m_2}}$。

6-19　$\omega = \dfrac{2mvr}{2mr_2 + MR^2}$。

6-20　(1) $3\ \text{rad/s}$；(2) $46°04'$。

第7章

7-1　B；7-2　B；7-3　D；7-4　D；7-5　C。

7-6　$1.2 \times 10^{-5}\ \text{C}$，$3.8 \times 10^{-5}\ \text{C}$。

7-7　$3.2 \times 10^4\ \text{V/m}$。

7-8　$E = \dfrac{\sqrt{2}\eta_e}{4\pi\varepsilon_0 a}$，与水平线成 $45°$ 角。

7-9　$\vec{E} = -\dfrac{q}{\pi^2\varepsilon_0 R^2}\vec{j}$。

7-10　$\dfrac{\eta_e L}{4\pi\varepsilon_0\left(r^2 - \dfrac{L^2}{4}\right)}$，沿带电直线指向远处。

7-11　(1) $1.05\ \text{N·m}^2/\text{C}$；(2) $9.29 \times 10^{-12}\ \text{C}$。

7-12　(1) $E = 0$；(2) $E = \dfrac{\eta_e}{2\pi\varepsilon_0 r}$；(3) $E = 0$。

7-13　(1) $E_1 = 0\ (r < R_1)$；(2) $E_2 = \dfrac{1}{4\pi\varepsilon_0}\dfrac{q_1}{r^2}\ (R_1 < r < R_2)$；(3) $E_3 = \dfrac{1}{4\pi\varepsilon_0}\dfrac{q_1 + q_2}{r^2}\ (r > R_2)$。

7-14　$A_{ba} = -1.55 \times 10^{-5}\ \text{J}$。

7-15　(1) $\dfrac{q}{6\pi\varepsilon_0 l}$；(2) $-\dfrac{q}{6\pi\varepsilon_0 l}$。

7-16　$U_{12} = \dfrac{\eta_e}{2\pi\varepsilon_0}\ln\dfrac{r_2}{r_1}$。

7-17　$\pm\dfrac{\sigma x}{2\varepsilon_0}$。

7-18　(1) $0 < r \leqslant R_A$，$U_1 = \dfrac{Q_A}{4\pi\varepsilon_0 R_A} + \dfrac{Q_B}{4\pi\varepsilon_0 R_B}$；$R_A < r \leqslant R_B$，$U_2 = \dfrac{Q_A}{4\pi\varepsilon_0 r} + \dfrac{Q_B}{4\pi\varepsilon_0 R_B}$；

　　　　$R_B < r$，$U_3 = \dfrac{Q_A}{4\pi\varepsilon_0 r} + \dfrac{Q_B}{4\pi\varepsilon_0 r}$。

　　　(2) $U_A - U_B = \dfrac{Q_A}{4\pi\varepsilon_0}\left(\dfrac{1}{R_A} - \dfrac{1}{R_B}\right)$。

7-19　(1) $r > R$，$\dfrac{Q}{4\pi\varepsilon_0 r^2}$；$r < R$，$0$。(2) $r > R$，$\dfrac{Q}{4\pi\varepsilon_0 r}$；$r < R$，$\dfrac{Q}{4\pi\varepsilon_0 R}$。

7-20　(1) $9.0 \times 10^4\ \text{V}$；(2) $9.0 \times 10^{-4}\ \text{J}$。

第 8 章

8-1　A；8-2　A；8-3　A；8-4　D；8-5　A。

8-6　当 $r < R_3$ 时，$E_1 = 0$；当 $R_3 < r < R_2$ 时，$E_2 = \dfrac{q}{4\pi\varepsilon_0 r^2}$；当 $R_2 < r < R_1$ 时，$E_3 = 0$；

　　当 $r > R_1$ 时，$E_4 = \dfrac{2q}{4\pi\varepsilon_0 r^2}$。

8-7　$Q_{外球壳} = 0$，$V_{外球} = \dfrac{q}{4\pi\varepsilon_0 r_2}$。

8-8　(1) 略。(2) $\sigma_1 = \sigma_4 = 6\ \mu\text{C/m}^2$，$\sigma_2 = -2\ \mu\text{C/m}^2$，$\sigma_3 = 2\ \mu\text{C/m}^2$。

8-9　(1) $E_A = \dfrac{\sigma}{2\varepsilon_0}$，$E_B = \dfrac{\sigma}{2\varepsilon_0}$，方向都是由 A 指向 B；(2) $E = \dfrac{\sigma}{\varepsilon_0}$，方向指向 B；(3) $E = \dfrac{\sigma}{2\varepsilon_0}$，

　　方向垂直于 A 板指向外侧。

8-10　751.4 V。

8-11　$V = \dfrac{q}{4\pi\varepsilon_0}\left(\dfrac{1}{r} - \dfrac{1}{R_1} + \dfrac{1}{R_2}\right)$。

8-12　$C = \dfrac{Q_0}{U} = \dfrac{\varepsilon_0 \varepsilon_{r1} \varepsilon_{r2} S}{\varepsilon_{r1} d_2 + \varepsilon_{r2} d_1}$。

8-13　(1) 4 μF；(2) 4 V。

8-14　(1) $q_a = \dfrac{Qa}{a+b}$，$q_b = \dfrac{Qb}{a+b}$；(2) $C = 4\pi\varepsilon_0(a+b)$。

8-15　4.58×10^{-2} F。

8-16　3.5×10^{-5} C/m^2，1.997×10^7 N/C，1.75×10^{-5} C/m^2。

8-17　(1) $\dfrac{4\pi a}{\ln(R_2/R_1)}$；(2) $\left(\dfrac{\varepsilon_0 R_1}{a} - 1\right)\dfrac{Q}{4\pi R_1^2}$。

8-18　(1) $\dfrac{4\pi\varepsilon_{r1}\varepsilon_{r2} RR_1 R_2}{\varepsilon_{r2} R_2(R - R_1) + \varepsilon_{r1} R_1(R_2 - R)}$；(2) $\dfrac{(\varepsilon_{r2} - \varepsilon_{r1})Q}{4\pi\varepsilon_{r1}\varepsilon_{r2} R^2}$；

　　(3) $\omega_e = \dfrac{Q^2}{32\pi^2 \varepsilon_0 \varepsilon_{r1} r^4}(R_1 < r < R)$，$\omega_e = \dfrac{Q^2}{32\pi^2 \varepsilon_0 \varepsilon_{r2} r^4}\ (R < r < R_2)$。

8-19　$W_e = \dfrac{Q^2}{8\pi\varepsilon}\left(\dfrac{1}{R_1} - \dfrac{1}{R_2}\right)$。

第 9 章

9-1　C；9-2　D；9-3　B；9-4　C；9-5　B。

9-6　13.3 mA/m^2。

9-7　$\dfrac{\mu_0 I}{2R}\left(\dfrac{1}{\pi} + \dfrac{1}{4}\right)$，方向：垂直纸面向外。

9-8　1.87×10^9 A，方向：由东向西。

9-9　$\dfrac{\mu_0 I}{\pi^2 R}$，方向：Ox 轴负方向。

9-10　$\dfrac{\mu_0 Il}{2\pi}\ln\dfrac{d_2}{d_1}$。

9-11　(1) 导线内 $r < R$，$B = \dfrac{\mu_0 Ir}{2\pi R^2}$；导线外 $r > R$，$B = \dfrac{\mu_0 I}{2\pi r}$。

(2) $B = \dfrac{\mu_0 I}{2\pi R} = 5.6 \times 10^{-3}$ T。

9-12 $B = \dfrac{\mu_0 I}{2\pi r} \dfrac{(r^2 - R_1^2)}{(R_2^2 - R_1^2)}$。

9-13 (1) $r < R_1, B_1 = \dfrac{\mu_0 I r}{2\pi R_1^2}$; (2) $R_1 < r < R_2, B_2 = \dfrac{\mu_0 I}{2\pi r}$;

(3) $R_2 < r < R_3, B_3 = \dfrac{\mu_0 I}{2\pi r} \dfrac{R_3^2 - r^2}{R_3^2 - R_2^2}$; (4) $r > R_3, B_4 = 0$。

9-14 $8 \times 10^{-14} \vec{k}$。

9-15 $\dfrac{\mu_0 I_1 I_2 a^2}{2\pi b(a+b)}$ ，方向水平向左。

9-16 略。

9-17 (1) 0；(2) $I\pi R^2 B$ ，沿 y 轴负方向。

9-18 (1) 0.0785 N・m，沿直径向上；(2) 0.0785 J。

9-19 4.78×10^3。

第 10 章

10-1 B；10-2 A；10-3 D；10-4 A；10-5 B。

10-6 (1) 3.1×10^{-2} V；(2) I 的方向为 $a \to R \to b$。

10-7 0.5024 V。

10-8 $\dfrac{v\mu_0 I}{2\pi} \ln \dfrac{d+L}{d}$ ；电动势的方向由 $b \to a$，a 端电势较高。

10-9 0.050 T。

10-10 $2RvB$ ；端点 P 的电势较高。

10-11 (1) $\sqrt{2} n\pi Ba^2$ ；(2) $2n\pi Ba^2$，$\theta = k\pi + \dfrac{\pi}{2}$ （k 为任意整数）；(3) $\dfrac{2Ba^2}{R}$。

10-12 $-N\mu_0 aI_0 \cos(2\pi t) \ln \dfrac{d+b}{d}$。

10-13 (1) $r < R, E_k = -\dfrac{r}{2} \dfrac{\mathrm{d}B}{\mathrm{d}t}$ ；$r > R, E_k = -\dfrac{R^2}{2r} \dfrac{\mathrm{d}B}{\mathrm{d}t}$，故电场线的绕向为逆时针。

(2) $E_k = -4.0 \times 10^{-5}$ V/m，逆时针方向。

10-14 $\mathscr{E}_{AE} = \mathscr{E}_{CD} = 0$，$\mathscr{E}_{AC} = -\dfrac{\sqrt{3}}{4} a^2 \dfrac{\mathrm{d}B}{\mathrm{d}t}$，$\mathscr{E}_{ED} = -\dfrac{\pi}{6} a^2 \dfrac{\mathrm{d}B}{\mathrm{d}t}$ ；$\mathscr{E}_{总} = -\left(\dfrac{\pi}{6} - \dfrac{\sqrt{3}}{4} \right) a^2 \dfrac{\mathrm{d}B}{\mathrm{d}t}$。

10-15 $\dfrac{\mu_0 N^2 h}{2\pi} \ln \dfrac{R_2}{R_1}$。

10-16 $\dfrac{\mu_0 l}{\pi} \ln \dfrac{d-a}{a}$。

10-17 6.28×10^{-6} H。

10-18 略。

10-19 (1) $W_{emax} = W_{mmax} = 4.5 \times 10^{-4}$ J；(2) $q = \pm 4.3 \times 10^{-5}$ C。

10-20 $H_y = -0.8\cos\left(2\pi vt + \dfrac{\pi}{3} \right)$，$\vec{S} = \vec{E} \times \vec{H}$。

参考文献

[1] 马文蔚. 物理学[M]. 5 版. 北京：高等教育出版社，2006.

[2] 吴百诗. 大学物理[M]. 西安：西安交通大学出版社，2008.

[3] 严导淦，王晓鸥，万伟. 大学物理学[M]. 北京：机械工业出版社，2009.

[4] 赵凯华，罗蔚茵. 新概念物理教程——力学[M]. 2 版. 北京：高等教育出版社，2004.

[5] 赵凯华，罗蔚茵. 新概念物理教程——热学[M]. 北京：高等教育出版社，1998.

[6] 毛骏健，顾牡. 大学物理学[M]. 北京：高等教育出版社，2006.

[7] 贾瑞皋. 大学物理教程[M]. 3 版. 北京：科学出版社，2009.

[8] 敦永康. 光学[M]. 北京：高等教育出版社，2005.

[9] 张玉民. 热学[M]. 2 版. 北京：科学出版社，2006.

[10] 李椿，章立源，钱尚武. 热学[M]. 北京：高等教育出版社，1978.

[11] 张三慧. 大学物理学[M]. 北京：清华大学出版社，1999.

[12] 赵凯华，陈熙谋. 电磁学[M]. 北京：高等教育出版社，1985.

[13] 赵凯华，钟锡华. 光学[M]. 北京：北京大学出版社，1984.

[14] 胡素芬. 近代物理基础[M]. 杭州：浙江大学出版社，1988.

[15] 郭奕玲，沈慧君. 物理学史[M]. 北京：清华大学出版社，1993.

[16] 盛正卯，叶高翔. 物理学与人类文明[M]. 杭州：浙江大学出版社，2000.